"十三五"国家重点出版物出版规划项目

光电子科学与技术前沿丛书

光电功能聚酰亚胺材料及器件

路庆华　郑　凤/著

科学出版社
北京

内 容 简 介

　　本书围绕聚酰亚胺材料在光电器件中的应用,介绍了聚酰亚胺结构与性能的关系、材料性能调控方法以及聚酰亚胺合成途径与控制因素。然后从电子封装、液晶显示、柔性有机发光显示、光学薄膜器件、有机信息存储器、柔性传感器六个方面详细介绍了聚酰亚胺在光电器件应用领域的发展现状,以及在相关领域聚酰亚胺材料研究和开发的最新进展。

　　本书适合光电器件及相关材料领域的科技工作者、产品设计者、工程技术人员,以及光电、材料、化学、物理等相关专业的研究生和高年级本科生阅读和参考。

图书在版编目(CIP)数据

光电功能聚酰亚胺材料及器件 / 路庆华等著. —北京:科学出版社,2020.10
(光电子科学与技术前沿丛书)
"十三五"国家重点出版物出版规划项目　国家出版基金项目
ISBN 978－7－03－057678－1

Ⅰ.①光…　Ⅱ.①路…　Ⅲ.①聚酰亚胺—光电材料—功能材料—研究　Ⅳ.①TN204

中国版本图书馆 CIP 数据核字(2020)第 185739 号

责任编辑:许　健 / 责任校对:谭宏宇
责任印制:黄晓鸣 / 封面设计:黄华斌

科学出版社 出版
北京东黄城根北街 16 号
邮政编码:100717
http://www.sciencep.com

南京展望文化发展有限公司排版
广东虎彩云印刷有限公司印刷
科学出版社发行　各地新华书店经销

*

2020 年 10 月第　一　版　开本:B5(720×1000)
2025 年 1 月第六次印刷　印张:18
字数:360 000
定价:**130.00 元**
(如有印装质量问题,我社负责调换)

丛书序

　　光电子科学与技术涉及化学、物理、材料科学、信息科学、生命科学和工程技术等多学科的交叉与融合,涉及半导体材料在光电子领域的应用,是能源、通信、健康、环境等领域现代技术的基础。光电子科学与技术对传统产业的技术改造、新兴产业的发展、产业结构的调整优化,以及对我国加快创新型国家建设和建成科技强国将起到巨大的促进作用。

　　中国经过几十年的发展,光电子科学与技术水平有了很大程度的提高,半导体光电子材料、光电子器件和各种相关应用已发展到一定高度,逐步在若干方面赶上了世界水平,并在一些领域实现了超越。系统而全面地梳理光电子科学与技术各前沿方向的科学理论、最新研究进展、存在问题和发展前景,将为科研人员以及刚进入该领域的学生提供多学科交叉、实用、前沿、系统化的知识,将启迪青年学者与学子的思维,推动和引领这一科学技术领域的发展。为此,我们适时成立了“光电子科学与技术前沿丛书”编委会,在丛书编委会和科学出版社的组织下,邀请国内光电子科学与技术领域杰出的科学家,将各自相关领域的基础理论和最新科研成果进行总结梳理并出版。

　　“光电子科学与技术前沿丛书”以高质量、科学性、系统性、前瞻性和实用性为目标,内容既包括光电转换基本理论、有机自旋光电子学、有机光电材料理论等基础科学理论,也涵盖了太阳能电池材料、有机光电材料、硅基光电材料、微纳光子材料、非线性光学材料和导电聚合物等先进的光电功能材料,以及有机／聚合物光电子器件和集成光电子器件等光电子器件,还包括光电子激光技术、飞秒光谱技术、太赫兹技术、半导体激光技术、印刷显示技术和荧光传感技术等先进的光电子技术及其应用,将涵盖光电子科学与技术的重要领域。希望业内同行和读者不吝赐教,帮助我们共同打造这套丛书。

在丛书编委会和科学出版社的共同努力下,"光电子科学与技术前沿丛书"获得2018年度国家出版基金支持并入选了"十三五"国家重点出版物出版规划项目。

我们期待能为广大读者提供一套高质量、高水平的光电子科学与技术前沿著作,希望丛书的出版有助于光电子科学与技术研究的深入,促进学科理论体系的建设,激发科学发现,推动我国光电子科学与技术产业的发展。

最后,感谢为丛书付出辛勤劳动的各位作者和出版社的同仁们!

"光电子科学与技术前沿丛书"编委会

2018 年 8 月

序　言

聚酰亚胺是一种以耐热性著称、综合性能极其优越的高分子材料,自 20 世纪 60 年代美国杜邦公司将聚均苯四甲酰亚胺薄膜商业化以来,世界各地围绕着化工、机械、军事、航空与航天的需求,掀起了聚酰亚胺材料多样化和商业化的研发热潮。由于聚酰亚胺分子可设计性强、加工方式多样化,并具有极其优越的综合性能,所以聚酰亚胺材料被赋予"解决问题的能手"的美称。

20 世纪 80 年代,随着半导体器件和微电子技术等新行业的快速发展,聚酰亚胺又因为其优良的电子绝缘性、与半导体工艺良好的匹配性、耐化学溶剂腐蚀、与金属兼容性、可图案化等特点而成功地踏入半导体和集成电路领域,在半导体器件的绝缘、钝化、应力缓冲和射线阻挡等方面发挥了关键性作用。伴随着芯片加工和封装技术的发展,人们对聚酰亚胺结构与性能关系的理解更加深刻,聚酰亚胺的功能得到了充分挖掘,聚酰亚胺商业化产品更加丰富多彩。人们更加体会到"没有聚酰亚胺就没有今天的微电子"。

自聚酰亚胺商业化以来,每一次新的技术革命都有聚酰亚胺的贡献。同样,如今最热门的 5G 技术、柔性 OLED 显示、光刻胶也都需要聚酰亚胺材料的支撑,因此聚酰亚胺再次成为了科研人员心中的"明星材料"。例如,实现 OLED 显示的柔性化,就需用耐高温、低热膨胀的聚酰亚胺薄膜代替传统的 3D 玻璃,用高模量耐刮擦的透明聚酰亚胺代替蓝宝石做盖板膜,用透明聚酰亚胺导电膜代替触摸屏的导电玻璃。

聚酰亚胺性能优越、用途广泛,但在聚酰亚胺的开发和生产上还存在一定的技术壁垒。例如,缩聚反应为典型的高黏与强放热体系,在规模化生产中如何均匀地传热和传质以确保不出现爆聚,如何控制预聚体的降解和储运稳定性,如何针对不同应用场景开发各种功能性聚酰亚胺材料,等等。随着高科技的新一轮发展,对聚酰亚胺的需求正在快速放大,社会对于聚酰亚胺专业人才的需求也更加迫切。为此,路庆华结合多年来在聚酰亚胺领域的基础研究和应用开发的积累,针对聚酰亚胺在光电领域的最新发展撰写了该书,以供专业技术人员和高校研究生参考使用。

该书首先描述了聚酰亚胺的分子结构与性能关系,在此基础上系统地讲述了聚酰亚胺在芯片封装、液晶平板显示、柔性 OLED 显示、柔性导电薄膜、微型传感器、信息存储等方面的应用,同时介绍了理论模拟和机器学习在聚酰亚胺性能预测和功能设计方面的最新研究成果。

该书对光电器件领域应用的功能性聚酰亚胺进行了系统总结,我带着极大的兴趣阅读了该书的底稿。我认为该书有三个特点:① 与最新技术结合紧密,无论是 5G、OLED、芯片、传感器还是信息存储器都是当今技术发展的热点,时代感明显,该书充分展现了聚酰亚胺在这些领域的应用成果;② 材料与器件的高度融合,该书首先介绍器件的结构原理和对材料的性能要求,接着结合聚酰亚胺结构与性能的关系,分析聚合物分子结构设计的原理,然后列举现有的材料体系和未来的发展趋势;③ 充分体现基础研究成果,该书不仅综述了聚酰亚胺各个领域的最新研究成果,还引进机器学习等最新的研究方法,为聚酰亚胺的性能预测、理论模拟和分子设计提供新的思路。另外,该书文字通俗易懂,理论与实际有效融合,能给材料研究工作者、器件设计和生产技术人员带来全新的阅读体验。

我真诚地希望每位读者能够从中受到启迪、获得灵感,愿本书的出版能为我国的高性能聚酰亚胺材料的发展及其在高新技术领域的应用提供帮助。

上海交通大学讲席教授
中国科学院院士
2020 年 10 月

前　言

可折叠屏手机、柔性穿戴、5G 技术、光刻胶及人工智能与芯片技术等成为当前科技领域最为热门的话题,而热点背后,无论是学术界还是产业界都将目光聚焦到核心材料——聚酰亚胺(PI)上,因此,聚酰亚胺成了近年来颇为耀眼的"材料明星"。实际上,聚酰亚胺材料并非新近出现,自 20 世纪 60 年代杜邦公司成功地商业化 PI 薄膜以来,由于其在耐热性、机械性、电绝缘性和耐溶剂性等方面表现出众,且可以薄膜、纤维、涂层、泡沫、模塑料和先进复合材料等多种形式进行加工成型,被广泛地应用于航空、航天、机械、电子等高技术领域,成为各个高科技领域"解决问题的能手"。

近年来,随着有机发光显示(OLED)技术的突破,柔性主动驱动式 OLED(AMOLED)显示用基板、可折叠触控屏透明基膜以及可折叠手机盖板用的光学膜都寄希望于聚酰亚胺或透明聚酰亚胺(CPI)薄膜的应用;随着 5G 技术的出现,高频高速传输天线 MPI 及热管理高导热膜也成为 PI 大显身手的领域;作为活性功能层,聚酰亚胺还在有机存储器件和传感器领域开辟了一片崭新的天地;最近日本对韩国半导体材料的禁用,让人们意识到聚酰亚胺也是半导体芯片封装和光刻胶领域的关键材料。随着在新能源电池、氢能等领域的研究取得阶段性成果,聚酰亚胺也许又成为下一个的新技术革命的风口。

新需求的出现并非只是对现有材料进行简单的取舍,还需要对产品的性能进行升级换代和应用拓展,需要技术人员进行大量的研究和再创新。我国是聚酰亚胺材料应用最大的国际市场,但是相关产业的研发和生产水平和美、日、韩等国家存在很大的差距。据统计,2019 年我国柔性线路板用聚酰亚胺薄膜约 85%需要进口,柔性 OLED 基板用聚酰亚胺树脂和透明聚酰亚胺盖板膜全部依赖进口,聚酰亚胺电子化学材料国内企业只能满足约占 10%左右的低端市场的需求。因此,聚酰亚胺专业技术人才的培养迫在眉睫。大学里需要培养既懂得基础理论知识,又掌握现代科学技术的人才,以促使高科技产业快速发展。鉴于此,作者萌生了撰写关于聚酰亚胺在光电技术领域应用方面的专业书的意愿,希望将多年从事聚酰亚胺基础研究和应用开发的专业知识奉献给社会。巧合的是,科学出版社在此时向我发出了撰写专著的邀请,故而写书的冲动变成了现实。

在撰写本书之前,我查阅了市面在售的三本有关聚酰亚胺的专著,其中科学出版社的《聚酰亚胺——化学、结构与性能的关系及材料》是一部经典的关于聚酰亚胺的专著。全书共分为三编,分别从聚酰亚胺合成化学、聚酰亚胺结构与性能关系以及聚酰亚胺材料的角度,系统地介绍了聚酰亚胺的合成、性能、加工及应用,是从事聚酰亚胺材料研究的必备工具书。另外,国防工业出版社聚焦聚酰亚胺的两个细分领域,分别出版了《聚酰亚胺泡沫》和《聚酰亚胺纤维》,是相关专业领域重要的参考用书。本书侧重于聚酰亚胺的光电特性及其在光电器件领域的最新应用成果的介绍。我们经过收集有关资料、归纳整理,结合了自己的一些研究成果,在较短的时间内编写了本书,殷切希望本书的出版能够起到抛砖引玉的作用。

本书围绕聚酰亚胺在光学、电学及光电领域的应用,介绍了聚酰亚胺的分子结构特点、结构与性能关系、调控性能的基本原理和方法以及聚酰亚胺的合成与表征技术。在此基础上,系统地介绍了聚酰亚胺在光学显示、半导体器件、有机信息存储、柔性传感器等领域的应用状况、商业化程度和相关领域聚酰亚胺材料的最新研究进展。本书的结构层次兼顾了聚酰亚胺材料研究者和光电器件设计人员不同的知识背景。为使材料研究者更容易理解,本书的每个章节从光电器件结构和工作原理出发,提出对聚酰亚胺性能的要求,然后结合结构与性能关系分析聚酰亚胺分子设计原理,最后总结现有研究的最新成果。每个章节提供针对各种领域的商业化聚酰亚胺产品及文献最新报道聚酰亚胺的性能指标一览表,为光电器件的研究者和产品设计人员提供聚酰亚胺材料选择的科学依据。为了向研究生和高年级本科生提供帮助,本书除重视知识结构的系统性之外,也结合相关领域的最新成果,并对该领域研究方向进行展望。本书可以作为研究生和高年级本科生的专业课教材,或作为从事高性能分子材料领域科技工作者的参考用书,也可作为从事光电器件领域的科技工作者和产品设计开发技术人员的工具书。

全书共分八章,第1章对聚酰亚胺的结构与性能进行了总体介绍,包括聚酰亚胺分子结构特点、结构与性能关系和合成方法等;第2章介绍芯片和分立器件等半导体器件封装领域中应用的非感光聚酰亚胺和聚酰亚胺光刻胶,以及不同场合聚酰亚胺的分子设计原理和各类聚酰亚胺光刻胶图案化机制等;第3章介绍聚酰亚胺在液晶显示(LCD)中的应用和相关材料的新发展;第4章介绍聚酰亚胺作为柔性 OLED 基板的应用和对材料的设计要求,以及当前聚酰亚胺树脂的研制和应用情况;第5章针对透明聚酰亚胺在柔性透明导电膜和柔性显示盖板膜中的应用要求,介绍了透明聚酰亚胺的研制思路、树脂发展现状,以及柔性透明导电膜的制备方法;第6章介绍聚酰亚胺基有机信息存储器的种类和工作机制,以及相应聚酰亚胺的分子结构特点与研究发展现状;第7章介绍了聚酰亚胺在柔性传感器领域的多种应用方式以及对应的分子结构设计和最新研究成果;第8章介绍了理论模拟和机器学习方法在聚酰亚胺性能预测和聚合物分子结构辅助设计方面的最新应用。

课题组的陆学民/路庆华、许成强/郑凤、童发钦、路庆华、向双飞/徐文华、郑凤、袁嘉男/郑凤、马晓茹/张嵩阳分别负责了第1、第2、第3、第4、第5、第6、第7和第8章的文献查阅、资料整理和初稿撰写,郑凤对全文图标及文字进行了校对,路庆华负责全书的统稿、修改和审核等工作。感谢所有参与本书撰写的老师和同学。同时,在本书出版过程中,得到了科学出版社的鼎力相助,在此表示衷心的感谢。

由于学识水平有限,收集资料又欠全面,加之编写比较仓促,书中难免有不足之处,欢迎阅读本书的专家、学者和工程技术人员不吝赐教,提出宝贵意见。

路庆华

2020 年 3 月

第1章

聚酰亚胺结构与性能

1.1 引言

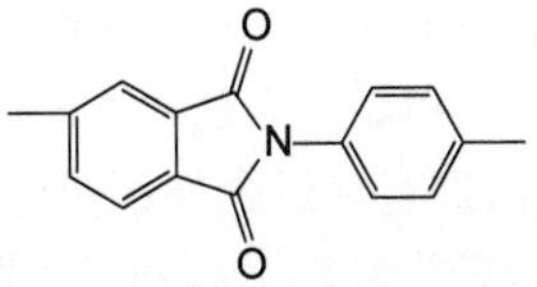

聚酰亚胺(polyimide，PI)是大分子主链由酰亚胺环[其中尤以酞酰亚胺环(苯并酰亚胺)最为重要]与苯环交替排列构成的长链高分子(图1-1)。酞酰亚胺环是平面对称的环状结构,键长和键角均处于正常舒展状态,热力学上高度稳定。刚性、直链和共轭的分子结构强化了分子链的有序排列及分子链间的相互作用,

图1-1　聚酰亚胺主链的重复单元结构示例

因此聚酰亚胺具有高力学强度和模量以及突出的耐热性能,在500℃温度下可短期保持物理性能不变,并能在-200~300℃长期使用。聚酰亚胺也具有优异的电绝缘性能,其介电常数小于4,介电损耗小于0.01。此外,在尺寸稳定性、氧化稳定性和耐化学溶剂性等方面,聚酰亚胺也表现优异。由于聚酰亚胺材料具有极其优异的综合性能,自1955年美国杜邦(DuPont)公司申请首个应用专利以来[1],其以薄膜、纤维、复合材料、模塑料、电子化学品、工程塑料、多孔泡沫、耐高温黏结剂和胶带等形式在航空航天、电子电气、石油化工、精密机械、动车高铁、环境分离等众多领域得到了广泛的应用。不论是用作结构材料还是功能材料,聚酰亚胺都表现出巨大的应用价值,被赋予材料领域"解决问题的能手"的称号。

聚酰亚胺的研究可以追溯到20世纪初,科学家Bogert和Renshaw在实验室里发现熔融后的4-氨基邻苯二甲酸酐和4-氨基邻苯二甲酸二甲酯通过自身之间的缩聚反应脱水或脱醇后将生成聚酰亚胺,如图1-2所示。然而受限于当时人们对高分子材料的认知,该成果没有获得应有的重视和深入的挖掘。

直到20世纪30年代,高分子成为学术主流,合成高分子得到井喷式发展。特别是进入50年代后,人们围绕化工、军事、航空航天等领域的需求,就聚酰亚胺开展了大量研究。美国杜邦公司发掘了聚酰亚胺作为材料的各种优异性质,先后研

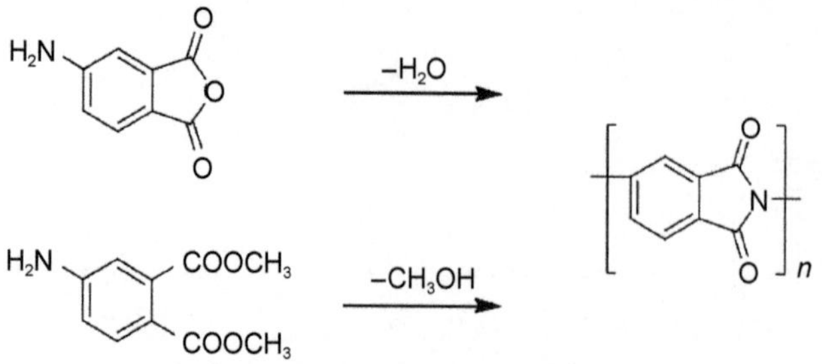

图 1-2　最初发现聚酰亚胺的合成方法

发出了由聚均苯四甲酰亚胺树脂(图 1-3)加工得到的薄膜 Kapton、粉末 Vespel 和一系列的泡沫、涂料、纤维,并申请了相关专利。从此,掀起了聚酰亚胺材料多样化和商品化的热潮。法国 Rhone-Poulenc 公司研发了由双马来酰亚胺预聚体 Kerimid 601 加工而得的模塑成型材料 Kinel。美国通用电气公司以聚醚酰亚胺结构为基础推出了商业化产品 Ultem。20 世纪 80 年代,随着汽车、半导体等新兴行业的发展,各类功能性聚酰亚胺不断涌现。日本宇部公司开发了一系列适用于柔性印刷电路板、拥有接近金属铜热膨胀系数、尺寸稳定性良好的聚联苯四甲酰亚胺 Upilex。日本三井东亚化学公司开发了首款热塑性聚酰亚胺树脂及薄膜 Regulus。

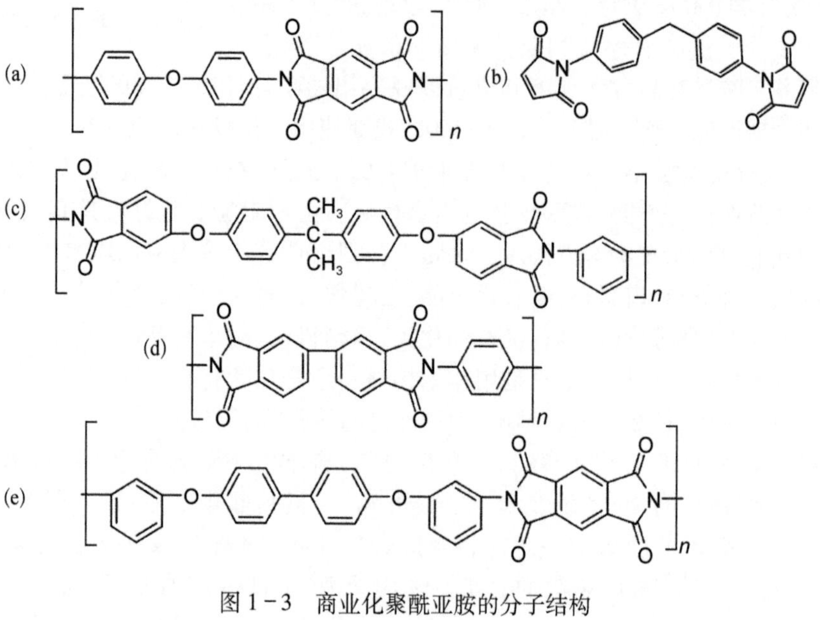

图 1-3　商业化聚酰亚胺的分子结构

(a) Kapton;(b) Kerimid 601;(c) Ultem;(d) Upilex;(e) Regulus

　　发展至今,聚酰亚胺材料种类繁多、应用广泛,在高性能高分子材料中占据领先的地位。国际上知名的聚酰亚胺生产公司有杜邦、巴斯夫、通用电气、宇部兴产和钟渊化学等。我国虽然在聚酰亚胺领域的研究起步较晚,但是发展至今,我国在聚酰亚胺树脂和复合材料领域已取得了许多重要的成果。

聚酰亚胺材料优异的性能及良好的加工工艺在光电领域也得到了充分的体现,被成功应用于柔性印刷线路基板、柔性太阳能电池基板、柔性 OLED 显示基板、柔性触控屏导电膜和盖板膜、液晶显示取向膜、电气绝缘膜、电池隔膜材料、光学开关与光波导材料、耐高温光刻胶,以及半导体器件的绝缘、钝化、射线屏蔽和应力缓冲层材料等,目前还在进一步取代传统无机材料在相关领域的应用范围(图1-4)。近年来随着柔性电子器件在不同应用领域的不断拓展,对新型结构的聚酰亚胺的性能需求也在不断更新。因

图 1-4　光电器件领域中聚酰亚胺的应用

此,研制新型聚酰亚胺材料正成为目前这一领域的重要课题。

1.2　聚酰亚胺分子结构特征

由于聚酰亚胺具有多样的分子结构,其性能也各有特点。根据单体结构的不同,聚酰亚胺可以分为以下三种类型:全芳香族聚酰亚胺(均为芳香族单体)、半芳香聚酰亚胺(二酐或二胺其一为脂环族单体)、全脂环族聚酰亚胺(均为脂环族单体)。除特殊应用之外,大多数情况提及的聚酰亚胺均指全芳香聚酰亚胺。

聚酰亚胺是由电子给体(芳香二胺)和电子受体(芳香二酐)通过缩合反应制备的大分子,其主链由二酐和二胺通过化学键连接交替组成。这种含有大量六元环、五元环和共轭结构的分子结构特点,一方面造成其分子链具有很强的刚性,为了改善聚合物的柔韧性,聚酰亚胺分子链需要存在一定的桥连结构,使得苯环能够绕中间桥连原子旋转,从而形成聚酰亚胺链的柔性基础;另一方面使得其分子链间具有很强的相互作用。这些作用力除了经典的范德瓦耳斯力外,还有电荷转移络合物(charge transfer complex, CTC)的形成、优势层间堆砌及混合层堆砌等多种形式[2]。分子内或分子间的 CTC 对聚酰亚胺的颜色、光分解、绝缘性、玻璃化转变温度和熔点、有机信息存储等特性具有直接的影响。分子内 CTC 取决于电子给体和电子受体所在平面的夹角:两者夹角不断减小有利于 CTC 的形成,当两者共平面时,电荷转移作用达到最大。如图1-5所示的不同聚酰亚胺结构,通过不同位置的侧甲基可以分别调控两个苯环之间或苯环与亚胺环之间的平面角,从而改善聚酰亚胺的透明性[3]。

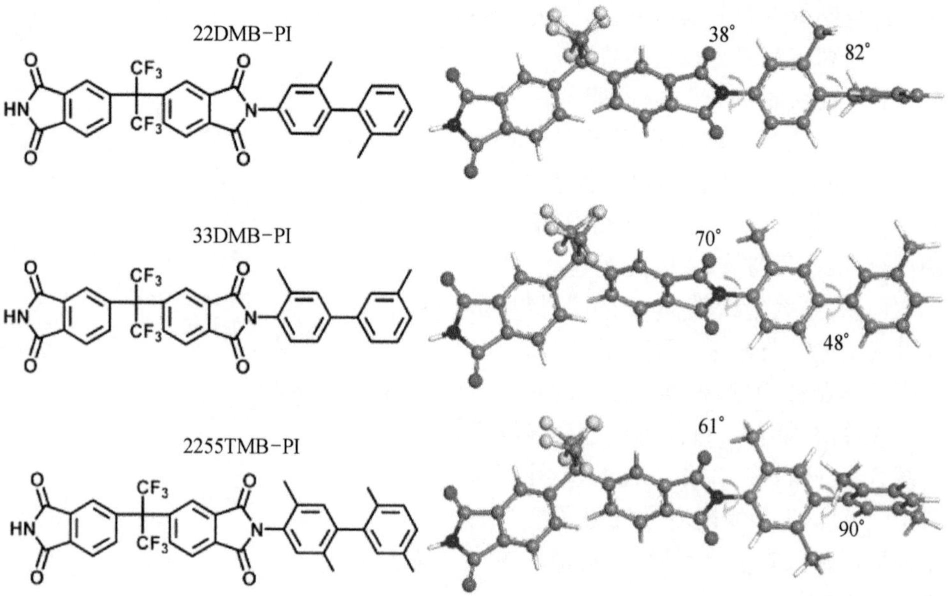

22DMB-PI
38°
82°
33DMB-PI
70°
48°
2255TMB-PI
61°
90°

图 1-5　通过侧基来调控苯环之间的平面角

电荷转移的吸收峰经常出现在可见光区域，所以聚合物的颜色可以和电子给体、电子受体的电子亲和性(E_a)及电离势联系起来。但是在基态时，电荷转移作用较小，此时起主要作用的是色散力和范德瓦耳斯力。这种作用使聚酰亚胺相邻链上酰亚胺基团产生最大的面面排列，形成优势层间堆砌[图 1-6(a)]。而以电荷转移为主的堆砌使得一个分子链上的酰亚胺单体与另一个分子上的胺链节互相结合，即形成混合层间堆砌[图 1-6(b)][4]。

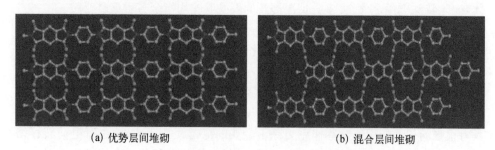

(a) 优势层间堆砌　　(b) 混合层间堆砌

图 1-6　聚酰亚胺分子链段的特征堆砌方式

1.3　聚酰亚胺的合成

利用二酐和二胺的缩聚反应是制备聚酰亚胺最普遍采用的一种方法。根据反应过程的差异，该方法又可分为两步法和一步法。

两步法：将二胺单体溶解在 N,N-二甲基甲酰胺（DMF）、N,N-二甲基乙酰胺（DMAc）或 N-甲基吡咯烷酮（NMP）等非质子极性溶剂中，在低温环境下缩聚。首先获得聚酰亚胺的前体——聚酰胺酸 [Poly（amide acid），PAA] 溶液，然后将其加工成型（膜、纤维、涂层等），通过脱水环化，形成聚酰亚胺成品，反应过程如图 1-7 所示。聚酰胺酸亚胺化过程有两种方式：热亚胺化和化学亚胺化。

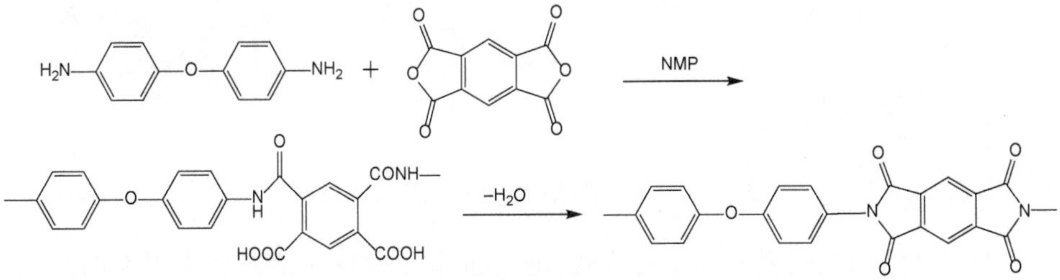

图 1-7　两步法合成聚酰亚胺示意图

热亚胺化一般是指将聚酰胺酸溶剂脱除后，在一定的条件下程序化升温，使得羧酸基团和酰胺基团在高温下脱水，实现闭环的亚胺化过程。实际上聚酰胺酸加热过程包含了溶剂脱除、脱水亚胺化和分子链紧密堆积三个过程。聚酰胺酸中的溶剂又分为自由溶剂及与聚合物分子链形成氢键的溶剂，后者需要经历 200℃ 以上的温度才能被彻底去除。实验中发现聚酰胺酸的脱水环化在 60℃ 就已少量开始，一直到 250℃ 左右彻底形成亚胺环。亚胺化程度除了受最高温度影响，还和亚胺化时间密切相关。为了获得优异的聚酰亚胺性能，除了控制其完全亚胺化之外，还需要进一步提高热处理温度和延长热处理时间，使聚酰亚胺分子链能够充分的自组织排列和紧密堆积，因此聚酰亚胺的实际热处理温度远高于分子链亚胺化的温度。亚胺化过程中产生的水分子对聚酰胺酸的分子链具有一定的水解作用，造成聚酰亚胺的分子量有所降低，这也是热亚胺化处理制备的聚酰亚胺性能往往低于化学亚胺化法制备的聚酰亚胺的一个重要原因。聚酰亚胺是一种晶圆级封装的常用材料。由于其在封装过程中对固化温度的限制，低固化温度聚酰亚胺在封装应用中引起了越来越多的关注。聚酰亚胺的亚胺化温度与单体二胺的酸碱性有密切的关系。一般来说，芳香二胺单体的碱性越强亚胺化需要的温度越低。

化学亚胺化是利用适量的脱水剂（如乙酸酐）和催化剂（如吡啶、三乙胺等），使得聚酰胺酸溶液在室温下发生脱水反应，从而制备亚胺化结构的聚酰亚胺。不同的脱水剂及亚胺化反应条件会生成不同比例的聚酰亚胺和聚异酰亚胺的混合物（图 1-8）。一般而言，采用乙酸酐/吡啶体系作为催化剂时，亚胺化结束后会同时产生聚酰亚胺和聚异酰亚胺，在一定条件下（如加热升温），聚异酰亚胺结构可以转变为热力学稳定的聚酰亚胺结构。而采用乙酸酐/三乙胺体系作为催化剂时，相比于前一体系，其诱导时间较长、环化速度降低，但是该体系不会形成聚异酰亚胺结构。

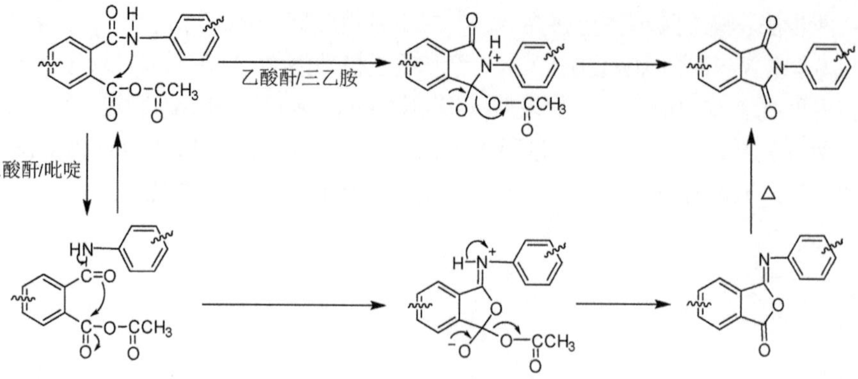

图 1-8 聚酰胺酸化学亚胺化反应示意图

与极性溶剂之间强烈的络合作用,对二酐单体的反应活性具有极大的影响。因此,在制备聚酰亚胺的反应过程中,通常是把固体二酐分批次加到二胺的溶液中,使局部过量的二胺分子快速与二酐发生聚合反应,这样就避免了二酐因和溶剂络合而破坏与二胺的配比,从而得以生成高浓度而稳定的 PAA 溶液。二酐与二胺的反应通常伴随着热量的产生,因此低温下反应有利于提高 PAA 的分子量,但是温度太低又会影响缩聚反应速度。当温度超过 60℃时,部分 PAA 转化成 PI,从反应介质中沉淀出来,同时反应所释放出的水会进一步造成 PAA 水解。两步法工艺成熟,但中间生成的 PAA 溶液对水汽很敏感,储存过程中常发生分解。相比聚酰胺酸,聚酰胺酸烷基酯可以有效提升聚合物溶液的稳定性。

一步法:将等摩尔量的二胺和二酐加到高沸点溶剂(如间甲酚等)中,以少量喹啉或异喹啉作催化剂,在高温下直接反应,副产物水可以采用甲苯共沸的方式脱除,使平衡向右移动,反应完全。水分子的脱除情况直接影响到聚合物的分子量和物理性能。一步法不经过聚酰胺酸阶段,直接合成聚酰亚胺。相对于两步法后序的高温热处理,一步法反应温度相对温和,因此在需要避免高温处理的透明聚酰亚胺及单体反应活性较低的聚酰亚胺的制备上具有一定的优势,但仅适用于可溶性聚酰亚胺的制备。

1.4 聚酰亚胺的性能

1.4.1 耐热性

耐热性是指材料和覆盖层抗热的能力,通常以在保持物理性能不发生变化时材料所能耐受的最高温度作为衡量指标,该温度是高分子材料作为结构材料的实际使用极限温度。聚合物材料耐热性能的衡量指标一般为材料的玻璃化转变温度(T_g)或者软化点及熔点(T_m)。聚合物的 T_g 是指非晶态或结晶聚合物的非晶区在热作用下因链段运动使得材料由玻璃态转变为橡胶态的温度,它不仅与聚合物分子链的化学结构、分子间作用力等因素相关,而且与测量时样品的形态和制备方法、测量方法及样品的热历史有着密切关系。对于绝大多数聚酰亚胺分子来说,由于玻璃化转变过程中热效应比较弱,采用通常的差示扫描量热法(DSC)很难检测到明显的玻璃化转变温度,而采用动态力学分析仪(DMA)或热机械分析仪(TMA)则可以得到明显的转变温度。DMA 分析可以监控聚合物分子链段的运动,当聚合物处于玻璃态时链段被冻结,分子链段间不存在因相对迁移而产生的摩擦力,因此力学内耗极小。而当聚合物处于黏弹态时,分子链段可以自由运动,意味着分子链段之间相互作用很小,链段间相对移动产生的摩擦力也不大,内耗也较小。只有当链段从解冻开始转变成自由过程中,链段需要克服较大的摩擦力,并在玻璃化转变温度时达到最大值,因此 DMA 采用损耗模量峰值所对应的温度作为 T_g。TMA 是利用温度与尺寸变化的关系来表征 T_g,当聚合物处于玻璃态时,外加应力引起的尺寸变化很小。随着温度的升高,聚合物获得的能量逐步增加,当能量足够引起局部分子链段的运动时,在外力作用下聚合物发生很大的可逆变形,发生尺寸突变时所对应的温度点作为 T_g。需要指出的是,后者得到的 T_g 数值通常要高于 DSC 方法测到的 T_g 数值。因此,在比较不同聚酰亚胺的 T_g 数值时一定要指明具体的测试方法。

1. 聚酰亚胺分子链结构

分子链段运动的难易程度直接决定了聚合物的玻璃化转变温度,因此聚酰亚胺的玻璃化转变温度表现为:① 刚性分子结构大于柔性结构,如含有桥连键,特别是醚键—O—的聚酰亚胺有相对低的 T_g,含有多醚键的单体常被用来制备可挤出加工的热塑性 PI;② 相对于二胺来说,桥连基团出现在二酐结构上,对聚酰亚胺的 T_g 影响更大,这是由于二酐中出现桥连基团对链间优势堆砌排列的破坏性较大,而二胺中的桥连基团只是降低链间优势堆砌的密度;③ 由于分子链旋转困难,含大侧基聚酰亚胺通常都具有较高的玻璃化转变温度,如图 1-9 所示,二胺单体和均苯四甲酸酐制备的聚酰亚胺 T_g 达到 456℃[5];④ 空间位阻效应。二胺单体无论是氨基的邻位还是氨基的间位引入甲基取代基,都可以有效阻止亚胺环与苯环之间或苯环与苯环之间的自由旋转,从而提高聚酰亚胺的 T_g。但是乙基或更长烷基链由于增塑作用反而降低聚酰亚胺的 T_g[5]。

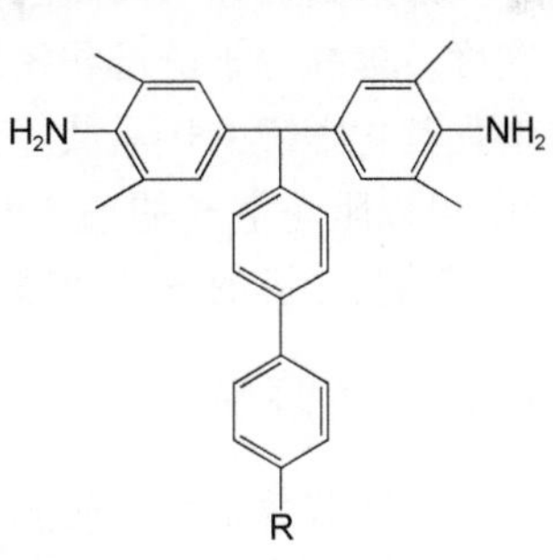

图 1-9　一种带有大侧基的二胺单体

2. 分子链间相互作用

强化分子链间的相互作用是提高聚酰亚胺玻璃化转变温度的一个重要途径:① 分子链间形成氢键有助于提高聚酰亚胺的玻璃化转变温度,且氢键密度越大,聚酰亚胺的 T_g 越高,如苯并咪唑聚酰亚胺 T_g 高于苯并噁唑聚酰亚胺[6],含双苯并噁唑环二胺单体的聚酰亚胺 T_g 甚至可以超过 470℃[7];② 电荷转移络合物的形成同样有利于聚合物 T_g 的提高,如具有稠环结构的聚酰亚胺具有较高的 T_g;③ 二酐单体吸电子基团引入提高其电子亲和势,或二胺单体中引入供电子基团提高其亲和能力,均有利于分子内和分子间电荷转移络合物的形成,从而提高分子链间相互作用,增加聚酰亚胺的 T_g[8];④ 分子链有序排列可以提高聚酰亚胺的 T_g。直链型聚酰亚胺容易形成分子链的有序排列,具有较高的 T_g。聚酰亚胺薄膜经过拉伸促进分子链有序排列,也可提升聚酰亚胺的 T_g。

1.4.2　热稳定性

聚酰亚胺的热稳定性特指在化学结构上对温度的耐受能力,衡量指标为材料的热分解温度(T_d)。通常采用热处理过程中热失重达 5% 时的温度(T_5)或热失重达 10% 的温度(T_{10})来衡量聚酰亚胺材料的热稳定性。特殊应用场合也会将一定温度和时间下材料的失重率作为热稳定性的评价指标。聚酰亚胺的热稳定性除了和材料本身的结构有关之外,也与测试环境有关,如空气和氮气气氛、升温速度等。

1. 聚酰亚胺分子结构

聚合物的热分解现象主要源于分子链中化学键的断裂。聚酰亚胺由酰亚胺、苯环及单键组成,主链中含有大量的共轭双键或双主链成分,因此聚酰亚胺具有极高的热稳定性。例如由均苯四酸二酐和对苯二胺、联苯二酐及对苯二胺缩聚得到的聚酰亚胺,其热分解温度通常都在 600℃ 左右。但是主链中引入单键(如—CH$_2$—、—O—等)会成为聚合物分子链中的薄弱点,造成热分解温度的下降。相比于芳香聚酰亚胺,脂环族聚酰亚胺具有相对低的热稳定性。

2. 聚酰亚胺聚集态结构

形成共轭体系、存在链间氢键或产生交联结构都会提高聚合物分子链的堆积密度。提高分子链堆积密度一方面可以促成分子内或分子间的能量传递和扩散,增强其化学键的热承载能力。另一方面,紧密堆积的分子链中存在较小的自由体积,可以阻止空气的进入与扩散,有利于聚酰亚胺热分解温度的提高。如含有氨基、双键、三键的聚酰亚胺由于形成氢键或交联结构获得了高的 T_g。

1.4.3　溶解性

多数芳香聚酰亚胺的分子链呈刚性结构,T_g 高,不溶不熔,难以加工。因此通常在聚酰胺酸预聚体阶段对聚合物进行成膜或成纤等加工,然后再进行热亚胺化处理以获得聚酰亚胺材料。但对于某些应用场合来说,需要直接使用聚酰亚胺溶液。因而,如何在保持聚酰亚胺优异耐热性的同时改善其溶解性成为聚酰亚胺应用的重要研究内容。目前,改善聚酰亚胺溶解性主要有三种途径:① 在侧链引入空间体积大的取代基团;② 在分子结构中引入扭曲或者非平面结构基团;③ 主链中引入柔性结构或者脂肪族结构。

1. 侧链引入大体积的取代基团

在聚酰亚胺单体结构中引入大体积的化学基团,如在二胺或者二酐单体中引入圈(cardo)型结构(图 1-10),这些大体积化学基团可以有效地抑制分子链间的相互作用,使得溶剂分子易于进入分子链聚集体中,从而让制备的聚酰亚胺具有良好的溶解性[8-10]。

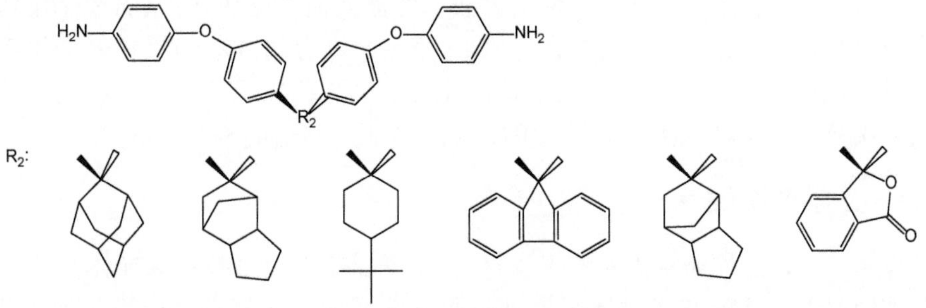

图 1-10 典型的圈型结构

实践中发现聚酰亚胺引入较小的侧基时(如—CH₃、—CF₃、—F 等),对改善聚酰亚胺在有机溶剂中的溶解性同样具有良好的效果。这主要是因为较小的取代侧基可以增加分子间的距离,减少分子间作用力。另外,当聚合物中含有有机硅结构基团时,由于键的旋转自由性较大,可以同时提高聚酰亚胺的溶解性和柔韧性[11-13]。

2. 引入扭曲或非平面结构

聚酰亚胺分子主链或者侧基中存在由分子构象引起的扭曲(kink)结构或非平面结构时(图 1-11),可以大幅增加聚合物凝聚态结构的自由体积,有利于减弱聚酰亚胺分子链间的相互作用力,因此改善聚酰亚胺的溶解性[14]。如相对于 4,4′-联苯二酐,用 3,3′-联苯二酐所制备的聚酰亚胺分子链几何结构更加弯曲,所以在有机溶剂中表现出更大的溶解度[15]。

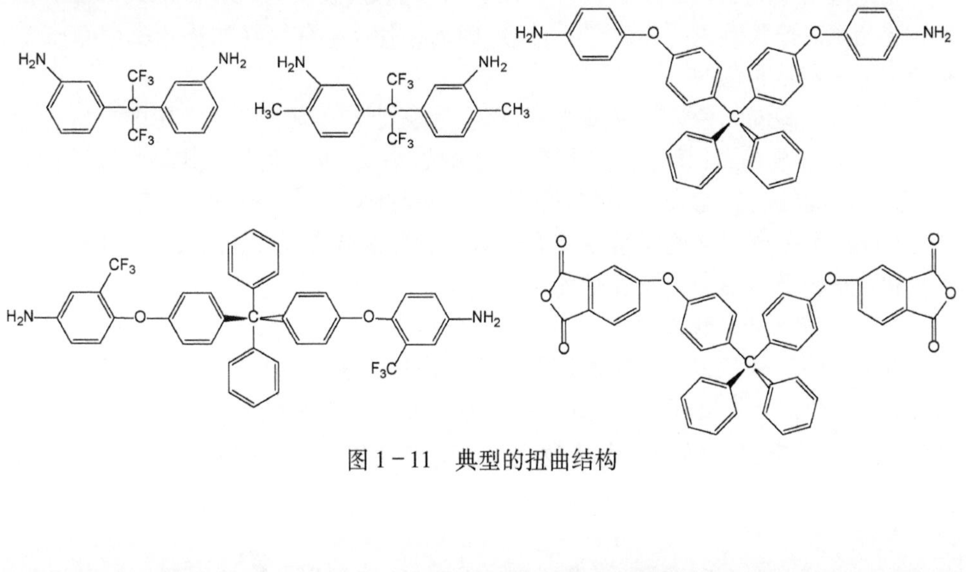

图 1-11 典型的扭曲结构

3. 脂肪族结构聚酰亚胺

和芳香类聚酰亚胺相比,脂肪族结构聚酰亚胺不存在分子链的共轭效应以及分子间的 CTC 形成,且结构单元多为非平面结构,因此聚合物分子链堆积密度低,分子间相互作用弱,在有机溶剂中具有良好的溶解性能。特别是全脂环聚酰亚胺,在普通有机溶剂(如四氢呋喃中)也表现出较高的溶解度[16]。

尽管上述改善聚酰亚胺溶解性的方法已经被人们广泛认知,但仍然存在其他可有效改善聚酰亚胺溶解性的途径。比如,采用共聚合的方法[17-19]在聚合体系中引入第二种二酐或者二胺单体,特别是含有柔性键的单体,可以在一定程度上破坏聚酰亚胺分子结构对称性和堆积规整度,从而降低分子链间相互作用力。

1.4.4 光学透明性

作为一种耐热性非常优异的工程材料,聚酰亚胺被用来替代半导体器件中易碎的玻璃底板。近年来,聚酰亚胺在液晶取向膜、柔性显示器件盖板等方面呈现出极大的应用价值。为满足器件制程的要求,需要聚酰亚胺材料在具有优异耐热性(耐受温度>250℃)的同时无色且光学透明[20,21],但是一般的聚酰亚胺材料都是黄-棕色的透明材料。聚酰亚胺的这种特征颜色一般被认为是由分子内和分子间的电荷转移络合物所引起的。对于给定的二胺、二酐的电子亲和性越高,所得到的聚酰亚胺薄膜的颜色就越深。

聚酰亚胺薄膜的无色透明性一般采用全光透过率(T_{tot})、黄变指数(YI,ASTME313)和雾度(浊度)来评价。为了方便起见,波长为 400 nm 光线的透光率(T_{400})也可用来评估薄膜的透明性,该数值可以通过紫外-可见(UV-vis)光谱获得。对于厚度为 20~30 μm 的薄膜来说,YI<3 和雾度<1.0% 被视为是光学无色透明薄膜的基础指标。当薄膜的 T_{400} 大于 80% 时,该薄膜一般具有很低的 YI 值(<3)。但是这个条件并非总是必不可少的,有文献报道过不高的 T_{400}(40%~50%)获得无色透明聚酰亚胺的案例[22,23]。需要指出的是,长波长(如 450 或 500 nm)的光学透光率对薄膜颜色的判定并不可靠,因为即使 T_{500} 有很高的透光率(>80%),薄膜也不一定是无色的。

为制备耐高温无色透明聚酰亚胺,降低聚酰亚胺薄膜的颜色常用的方法主要有:① 引入含氟基团;② 引入体积较大的取代基;③ 引入脂肪尤其是脂环结构单元;④ 采用能使主链弯曲的单体;⑤ 引入不对称结构;⑥ 减少共轭双键结构等。目前常见的无色透明聚酰亚胺主要有三大类:含氟芳香类聚酰亚胺、脂环族聚酰亚胺和含扭曲平面结构的聚酰亚胺。

1. 含氟芳香类聚酰亚胺

含氟基团($—CF_3$或者全氟基团)的引入增大了聚合物分子链之间的距离,削弱了分子链之间的相互作用,同时由于氟原子本身的极强的电负性,C—F 键高度极化,可以大大降低二胺的给电子效应。这两种效应协同作用阻碍了分子间或者分子内电荷转移络合物的形成,提升了材料在可见光区的透过性。因此,如表 1 - 1 所示,含氟聚酰亚胺通常都呈现出良好的无色透明性能[22,24-27]。

表 1 - 1　含氟无色透明聚酰亚胺薄膜

二　　胺	二　　酐	λ_0/nm	$T_g/℃$	T_{400}	文献
		309	260	无色	[24]
		274	240	无色,85%	[25]
		372	255	无色,83%	[26]
		382	209	无色	[27]
		375	328	几乎无色	[22]

2. 脂环族聚酰亚胺

脂环族聚酰亚胺是近年来迅速发展的一类透明聚酰亚胺材料。相对于芳香类聚酰亚胺,这类材料具有良好的溶解性、低介电常数和高透明性[28]。全脂环族聚酰亚胺的透明性主要归因于分子链中脂环结构造成的电子云密度的降低,从而抑制了分子内或者分子间电荷转移络合物的形成。全脂环类聚酰亚胺虽然具有良好的溶解性和透明性能,但是耐热性相对较差。

为了在提高聚酰亚胺透明性的同时不降低其耐热性,在全脂环族聚酰亚胺的基础上又开发了半芳香族聚酰亚胺,即利用脂环族的二酐与芳香族的二胺进行聚合。得到的聚酰亚胺不仅具有良好的光学透明性,而且具有优异的耐热性和机械性能。如表 1-2 所示,利用脂环族二酐单体和芳香族二胺单体缩聚所得的半芳香族聚酰亚胺都呈现出良好的耐热性和光学透明性:T_g 超过 250℃,T_{400} 超过 80%[26,29-32]。

表 1-2 半芳香族透明聚酰亚胺

二 胺	二 酐	$T_g/℃$	T_{400}	文 献
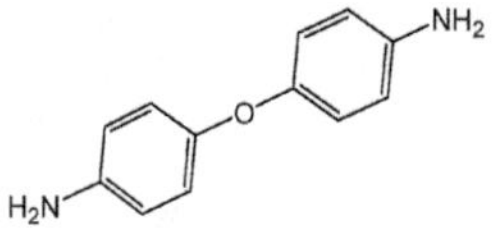	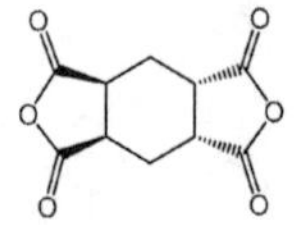	328	86%	[29]
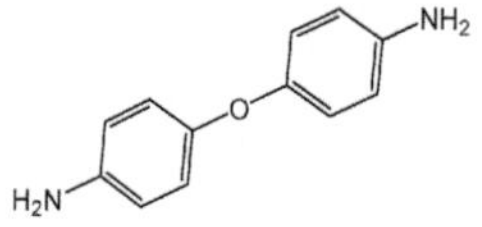	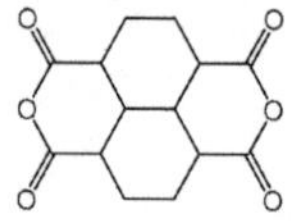	418	85%	[30]
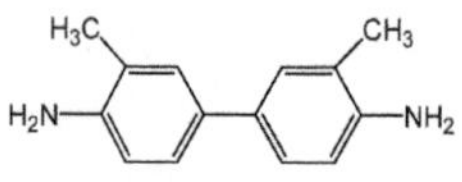	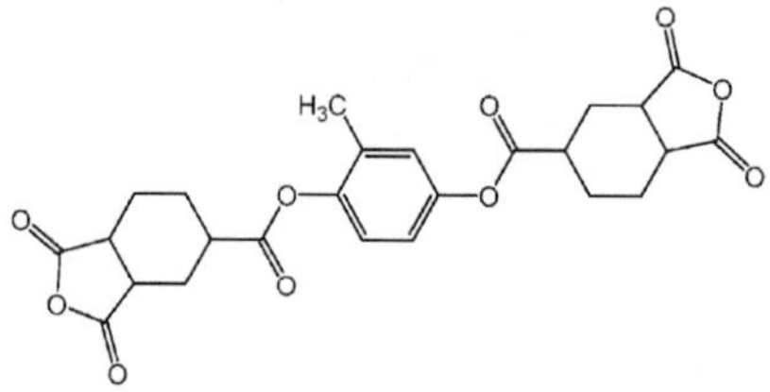	270	82%	[31]
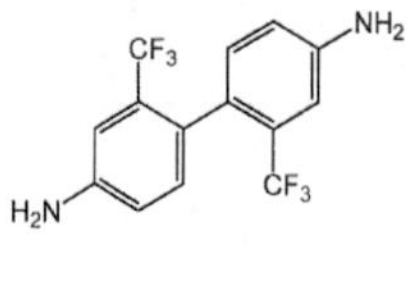	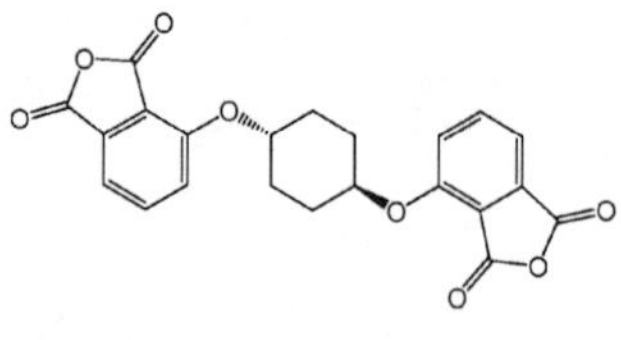	255	82%	[26]
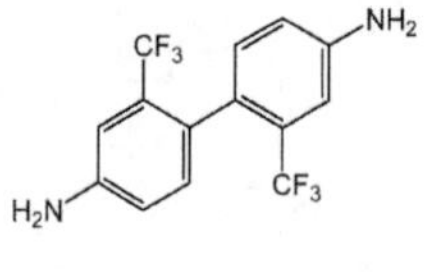	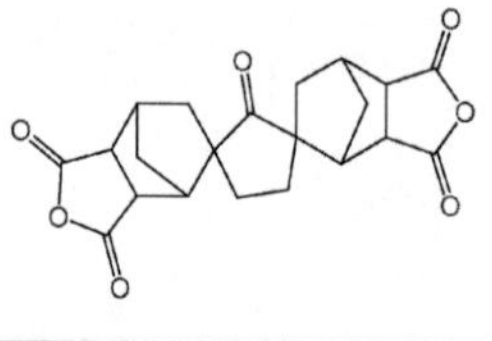	323	>80%	[32]

3. 含非平面扭曲结构聚酰亚胺

在聚酰亚胺分子链中引入扭曲非平面结构(cardo、kink、spiro),同样可以改善聚酰亚胺的透明性。这些扭曲非平面结构的存在可以有效抑制电荷转移络合物的形成,从而提高聚酰亚胺的透明性。如 Liu 等利用图 1-12 所示的含有 cardo 结构的二胺 WuCF₃DA 与 6FDA、BPDA、BTDA 以及 PMDA 分别聚合,得到的聚酰亚胺均表现出良好的光学透明性[33]。

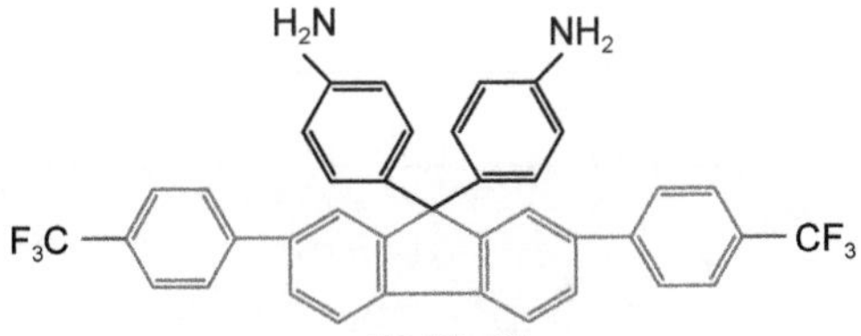

图 1-12　含有 cardo 结构的二胺结构式

1.4.5　介电性能

聚酰亚胺分子链结构上存在极性基团(如 C═O 等),在电场作用下发生极化和电荷储运行为。聚酰亚胺的介电常数通常为 3.0~3.5,难以满足半导体器件对绝缘材料的要求(2.0~2.5)。为了降低聚酰亚胺的介电常数,在其化学结构中引入低极化能力的取代基团,如—CF_3、环状取代基等,以减少分子中偶极子的极化能力。另一种有效的方法是在材料内部引入大体积的化学基团甚至空洞结构,以提高聚合物的自由体积并减少单位体积内偶极子的数目。

1. 含氟聚酰亚胺

C—F 键的偶极极化能力小,难以被极化,氟原子之间的强烈排斥作用会阻碍链段的密堆积,因此在聚酰亚胺结构中引入 C—F 键可以有效地降低介电常数,其中以单体化学结构中引入—CF_3 最为常见。这是由于空间体积庞大的—CF_3 不仅可以有效地阻止聚合物分子链的紧密堆积,增加分子链间的自由体积,而且本身具有极低的分子摩尔极化率,因此可达到降低介电常数的目的。范振国等利用量子化学计算和基团贡献法,对含氟聚酰亚胺介电常数随含氟量的变化进行了研究,发现当含氟量达到一定程度后,聚酰亚胺的介电常数趋于一个稳定值($\varepsilon = 2.15$),而进一步增加含氟量对聚酰亚胺介电常数的影响并不明显[34]。

近年来,将含氟基团与脂环结构结合,利用二者的协同效应来降低聚酰亚胺的介电常数成为一种有效的手段。如表 1-3 所示,将 6FDA 和系列脂环族二胺缩聚得到的聚酰亚胺整体都表现出较低的介电常数[35-37]。

表 1-3　6FDA 与脂环族二胺制备的酰亚胺介电常数

二　　胺	介电常数 ε
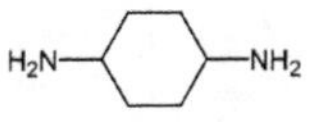	2.61(10 kHz)
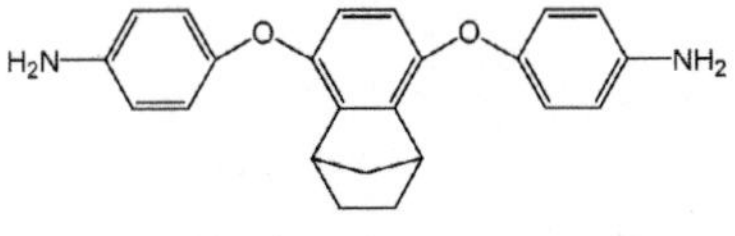	2.62(1 kHz)

二　胺	介电常数 ε
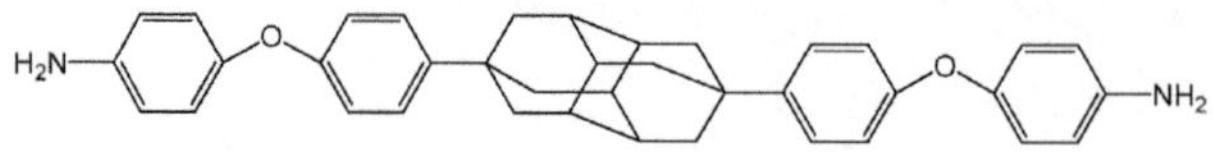	2.58(1 kHz)
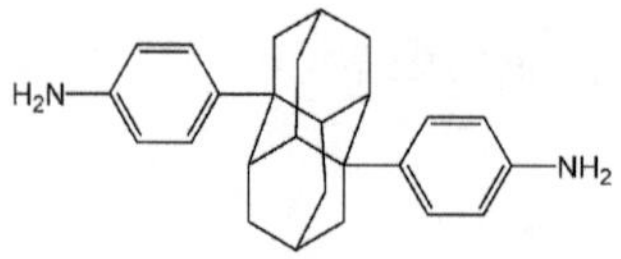	2.54(1 kHz)
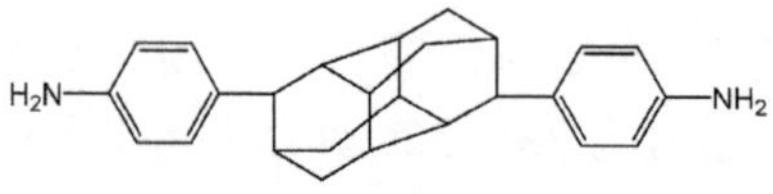	2.53(1 kHz)

2. 含大位阻取代基聚酰亚胺

取代基空间体积大会导致高分子重复结构单元的摩尔体积增大,从而减少单位体积内的极化分子数,达到降低介电常数的目的。如图 1 - 13 所示,Zhang 等通过在分子链中设计大侧基苯环,随着苯环数量的增多和立体构象的改变,聚酰亚胺介电常数和介电损耗不断下降,因此获得了本征型聚酰亚胺介电常数的最低值[38,39]。

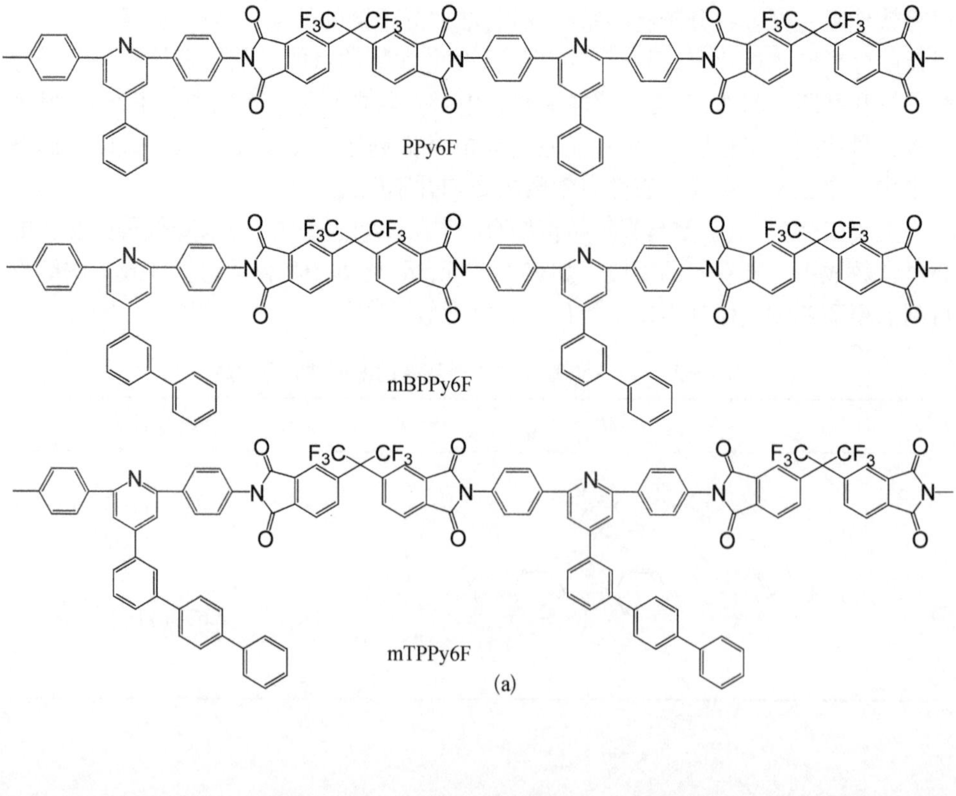

PPy6F

mBPPy6F

mTPPy6F

(a)

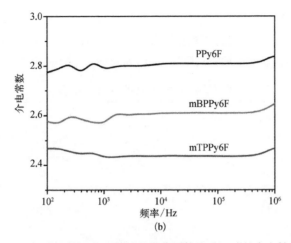

图 1-13　通过侧基苯环数目的变化调控聚酰亚胺的介电性能

1.4.6　尺寸稳定性

受到加工制程的影响,柔性半导体器件对薄膜尺寸稳定性的要求非常高。热膨胀系数(CTE)是衡量材料尺寸稳定性的一个重要参数。高分子薄膜的热膨胀系数通常是指薄膜在沿平面内方向的线性膨胀系数,用来衡量高分子薄膜的膨胀或者收缩程度,其数值的大小反映了高分子薄膜尺寸的稳定性。作为一种有机材料,PI 薄膜的 CTE 值一般为 30~60 ppm*/K,也有少数品种可达到 20 ppm/K 以下,而金属材料的 CTE 值多在 0~3 之间。制备较低 CTE 数值的聚酰亚胺对柔性显示器件的可靠性具有非常重要的价值。

聚酰亚胺的 CTE 数值的大小与其分子结构有着很大的关系。Numata 等采用具有不同结构的二胺与二酐进行缩聚制备芳香族聚酰亚胺,并对这些薄膜的 CTE 值与 PI 的主链骨架结构的关系进行了研究[40~42]。如表 1-4 所示,采用直线型棒状单体得到的聚酰亚胺其薄膜 CTE 值较低,而结构中含柔性链段(如醚键、硫醚键等)且构象弯曲的 PI 薄膜则具有较高的 CTE 值。Hasegawa 等对刚性的脂环族二酐及含有侧基(—CF₃和—CH₃)聚酰亚胺体系进行了研究,发现脂环族二酐与刚性含—CF₃的二胺制成的 PI 薄膜的 CTE 值与铜薄几乎相同。其研究指出直线性较好的分子,即使有侧基存在,堆砌紧密度降低,仍能获得较低的 CTE 值[43~45]。

分子刚性太强,易于造成聚酰亚胺薄膜柔韧性差,难于满足柔性器件的性能要求。近年来,研究人员用多元共聚/共混法,利用各组分的互补性,对材料进行有效改性,成功制备了综合性能优异的低 CTE 聚酰亚胺薄膜[46,47]。目前,商品化的低 CTE 聚酰亚胺薄膜基本上都是共聚或共混物,如日本钟渊化学工业公司的

---

*　1 ppm = 10^{-6}。

APIKAL™,是由 PMDA、ODA(45%)和二甲基联苯二胺(55%)共聚而成,其 CTE 值为 13 ppm/K。东丽-杜邦共聚聚酰亚胺组成为 BTDA(30%)、PMDA(70%)以及 PDA(70%)、三苯醚二胺(30%),CTE 为 10 ppm/K。

表 1-4　不同结构 PI 薄膜的 CTE　　　　　　　　　（单位：10^{-5}/K）

二　　胺	二　　酐		
	(四甲基苯)	(二甲基二苯甲酮)	(四甲基联苯)
(对苯二胺)	—	2.10	0.26
(间苯二胺)	3.20	2.94	4.00
(甲基苯二胺)	—	3.95	3.19
(甲基苯二胺)	0.04	2.59	0.58
(二甲基苯二胺)	3.48	3.95	4.00
(四甲基苯二胺)	1.61	—	—
(联苯二胺)	0.59	2.17	0.54
(二甲基联苯二胺)	0.20	1.54	0.56
(二甲氧基联苯二胺)	1.37	4.91	4.64
(三联苯二胺)	0.56	1.83	0.59
(萘二胺)	—	—	1.72
(芴二胺)	1.58	1.60	1.13

续 表

二　胺	二　酐		
	[结构式]	[结构式]	[结构式]
[结构式]	2.16	4.28	4.58
[结构式]	4.15	5.24	4.61
[结构式]	4.57	4.50	4.18
[结构式]	5.76	5.36	4.85
[结构式]	—	2.61	1.00
[结构式]	5.33	5.43	5.32
[结构式]	5.01	5.39	5.69
[结构式]	4.57	5.47	5.61
[结构式]	5.14	—	4.90

　　除了化学结构之外,PI 的 CTE 数值大小还与薄膜加工工艺因素有关,如溶剂种类、干燥程序、牵伸条件、亚胺化方法、亚胺化过程等。最初的研究均证明:双向拉伸的 PI 薄膜的 CTE 值比未拉伸的 PI 薄膜低。这种拉伸处理对具有不同刚性结构的 PI 的 CTE 同样表现出不同的影响规律:对于刚性直线型分子链 BPDA/PPD(即使未经拉伸也具有较低的 CTE),若施加 5% 的拉伸,就表现出负的 CTE 值;对于刚性但分子链弯曲的 PI(BTDA/PPD 或 PMDA/ODA),需要施加 40% 的拉伸,CTE 才能降为零;对于分子链弯曲的柔性 BPDA/ODA 薄膜,拉伸对其 CTE 的影响不大。另外,亚胺化处理方式、处理温度及时间、溶剂和薄膜厚度均大幅影响 PI 膜的 CTE 值。因此,比较 PI 的 CTE 值时一定要注意它们的加工工艺。

参 考 文 献

[1] Edwards W M, Robison I M. Polyimides of pyromellitic acid. US Patent 2710853, 1955.

[2] Bessonov M, Zubkov V. Polyamic acids and polyimides: synthesis, transformations, and structure. New York: CRC Press, 1993.

[3] Wu Q, Ma X, Zheng F, et al. High performance transparent polyimides by controlling steric hindrance of methyl side groups. European Polymer Journal, 2019, 120: 109235.

[4] 丁孟贤. 聚酰亚胺: 化学、结构与性能的关系及材料.北京: 科学出版社,2012.

[5] Wu Q, Ma X, Zheng F, et al. Synthesis of highly transparent and heat-resistant polyimides containing bulky pendant moieties. Polymer International, 2019, 68(6): 1186－1193.

[6] Lian M, Zheng F, Lu X, et al. Tuning the heat resistance properties of polyimides by intermolecular interaction strengthening for flexible substrate application. Polymer, 2019, 173: 205－214.

[7] Lian M, Lu X, Lu Q. Synthesis of superheat-resistant polyimides with high T_g and low coefficient of thermal expansion by introduction of strong intermolecular interaction. Macromolecules, 2018, 51(24): 10127－10135.

[8] Liaw D J, Wang K L, Huang Y C, et al. Advanced polyimide materials: Syntheses, physical properties and applications. Progress in Polymer Science, 2012, 37(7): 907－974.

[9] Yu P, Wang Y, Yu J, et al. Development of novel cardo-containing phenylethynyl-terminated polyimide with high thermal properties. Polymers for Advanced Technologies, 2017, 28(2): 222－232.

[10] Bermejo L A, Alvarez C, Maya E M, et al. Synthesis, characterization and gas separation properties of novel polyimides containing cardo and *tert*-butyl-*m*-terphenyl moieties. Express Polymer Letters, 2018, 12(5): 479－489.

[11] Qian Z G, Pang Z Z, Li Z X, et al. Photoimageable polyimides derived from alpha, alpha－(4－amino－3, 5－dimethylphenyl) phenyl methane and aromatic dianhydride. Journal of Polymer Science, Part A: Polymer Chemistry, 2002, 40(17): 3012－3020.

[12] Li H, Zhang S, Gong C, et al. Novel high T_g, organosoluble poly(ether imide)s containing 4, 5－diazafluorene unit: Synthesis and characterization. European Polymer Journal, 2014, 54: 128－137.

[13] Yi L, Huang W, Yan D Y. Polyimide with side groups: synthesis and effects of side groups on their properties. Journal of Polymer Science, Part A: Polymer Chemistry, 2017, 55: 533－559.

[14] Kim Y H, Kim T S, Ahn S K, et al. Synthesis of new highly organosoluble polyimides bearing a noncoplanar twisted biphenyl unit containing *t*-butyl phenyl group. Bulletin of the Korean Chemical Society, 2002, 23(7): 933－934.

[15] Liu Y, Wang Z, Li G, et al. Thermal and mechanical properties of phenylethynyl-containing imide oligomers based on isomeric biphenyltetracarboxylic dianhydrides. High Performance Polymers, 2010, 22(1): 95－108.

[16] Yang C P, Chen R S. Organosoluble polyimides and copolyimides based on 1, 1－bis－4－(4－aminophenoxy) phenyl－1－phenylethane and aromatic dianhydrides. Journal of Polymer Science, Part A: Polymer Chemistry, 2000, 38(11): 2082－2090.

[17] Yang C P, Chen R S, Hsu M F. Synthesis and properties of soluble 3, 3′, 4, 4′ - benzophenonetetracarboxylic dianhydride copolyimides based on 1, 1 - bis 4 - (4 - aminophenoxy) phenyl - 1 - phenylethane and commercial dianhydrides. Journal of Polymer Research-Taiwan, 2002, 9(4): 245 - 250.

[18] Yang C P, Chen R S, Wang M J. Synthesis and characterization of organosoluble copolyimides based on 3, 3′, 4, 4′ - diphenylsulfonetetracarboxylic dianhydride and a pair of aromatic diamines containing 1, 2 - bis (4 - aminophenoxy) - 4 - *tert*-butylbenzene. Journal of the Chinese Chemical Society, 2003, 50(1): 115 - 121.

[19] Yang C P, Hung K S, Chen R S. Synthesis and characterization of organosoluble copolyimides based on 2, 2 - bis 4 -(4 - aminophenoxy) phenyl propane, 2, 2 - bis 4 -(4 - aminophenoxy) phenyl hexafluoropropane and a pair of commercial aromatic dianhydrides. Journal of Polymer Science, Part A: Polymer Chemistry, 2000, 38(21): 3954 - 3961.

[20] Tsai C L, Yen H J, Liou G S. Highly transparent polyimide hybrids for optoelectronic applications. Reactive & Functional Polymers, 2016, 108: 2 - 30.

[21] Mi Z, Liu Z, Yao J, et al. Transparent and soluble polyimide films from 1, 4: 3, 6 - dianhydro - D - mannitol based dianhydride and diamines containing aromatic and semiaromatic units: Preparation, characterization, thermal and mechanical properties. Polymer Degradation and Stability, 2018, 151: 80 - 89.

[22] Hasegawa M, Ishigami T, Ishii J, et al. Solution-processable transparent polyimides with low coefficients of thermal expansion and self-orientation behavior induced by solution casting. European Polymer Journal, 2013, 49(11): 3657 - 3672.

[23] Yang C P, Hsiao S H, Wu K L. Organosoluble and light-colored fluorinated polyimides derived from 2, 3 - bis (4 - amino - 2 - trifluoromethylphenoxy) naphthalene and aromatic dianhydrides. Polymer, 2003, 44(23): 7067 - 7078.

[24] Ji X, Yan J, Liu X, et al. Synthesis and properties of polyimides derived from bis (4 - aminophenyl) isohexides. High Performance Polymers, 2017, 29(2): 197 - 204.

[25] Guo Y Z, Shen D Z, Ni H J, et al. Organosoluble semi-alicyclic polyimides derived from 3, 4 - dicarboxy - 1, 2, 3, 4 - tetrahydro - 6 - *tert*-butyl - 1 - naphthalene succinic dianhydride and aromatic diamines: Synthesis, characterization and thermal degradation investigation. Progress in Organic Coatings, 2013, 76(4): 768 - 777.

[26] Zhou Y, Chen G, Zhao H, et al. Synthesis and properties of transparent polyimides derived from *trans* - 1, 4 - bis (2, 3 - dicarboxyphenoxy) cyclohexane dianhydride. RSC Advances, 2015, 5(66): 53926 - 53934.

[27] Tapaswi P K, Choi M C, Nagappan S, et al. Synthesis and characterization of highly transparent and hydrophobic fluorinated polyimides derived from perfluorodecylthio substituted diamine monomers. Journal of Polymer Science, Part A: Polymer Chemistry, 2015, 53(3): 479 - 488.

[28] Tapaswi P K, Ha C S. Recent trends on transparent colorless polyimides with balanced thermal and optical properties: Design and synthesis. Macromolecular Chemistry and Physics, 2019, 220(3): 1800313.

[29] Hasegawa M, Hirano D, Fujii M, et al. Solution-processable colorless polyimides derived from hydrogenated pyromellitic dianhydride with controlled steric structure. Journal of Polymer

Science Part A: Polymer Chemistry, 2013, 51(3): 575-592.

[30] Hu X, Yan J, Wang Y, et al. Colorless polyimides derived from 2*R*, 5*R*, 7*S*, 10*S*-naphthanetetracarboxylic dianhydride. Polymer Chemistry, 2017, 8(39): 6165-6172.

[31] Hasegawa M, Kasamatsu K, Koseki K. Colorless poly (ester imide)s derived from hydrogenated trimellitic anhydride. European Polymer Journal, 2012, 48(3): 483-498.

[32] Matsumoto T, Ozawa H, Ishiguro E, et al. Properties of alicyclic polyimides with bis-spironorbomane structure prepared in various solvents. Journal of Photopolymer Science and Technology, 2016, 29(2): 237-242.

[33] Liu Y, Zhou Z, Qu L, et al. Exceptionally thermostable and soluble aromatic polyimides with special characteristics: Intrinsic ultralow dielectric constant, static random access memory behaviors, transparency and fluorescence. Materials Chemistry Frontiers, 2017, 1 (2): 326-337.

[34] 范振国,陈文欣,魏世洋,等.聚酰亚胺介电常数的定量构效关系研究及其低介电薄膜的分子结构设计.高分子学报,2019,50(2): 179-188.

[35] Oishi Y, Onodera S, Oravec J, et al. Synthesis of fluorine-containing wholly alicyclic polyimides by *in situ* silylation method. Journal of Photopolymer Science and Technology, 2003, 16(2): 263-266.

[36] Li J, Zhang H, Liu F, et al. A new series of fluorinated alicyclic-functionalized polyimides derivated from natural - (D) - camphor: Synthesis, structure-properties relationships and dynamic dielectric analyses. Polymer, 2013, 54(21): 5673-5683.

[37] Zhang X M, Song Y Z, Liu J G, et al. Synthesis and properties of cost-effective light-color and highly transparent polyimide films from fluorine-containing tetralin dianhydride and aromatic diamines. Journal of Photopolymer Science and Technology, 2016, 29(1): 31-38.

[38] Bei R, Qian C, Zhang Y, et al. Intrinsic low dielectric constant polyimides: Relationship between molecular structure and dielectric properties. Journal of Materials Chemistry C, 2017, 5(48): 12807-12815.

[39] Qian C, Bei R, Zhu T, et al. Facile strategy for intrinsic low-*k* dielectric polymers: Molecular design based on secondary relaxation behavior. Macromolecules, 2019, 52 (12): 4601-4609.

[40] Numata S, Noriyuki K. Chemical structures and properties of low thermal expansion coefficient polyimides. Polymer Engineering and Science, 1988, 28(14): 906-911.

[41] Numata S, Fujisaka K, Noriyuki K. Re-examination of the relationship between packing coefficient and thermal expansion coefficient for aromatic polyimide. Polymer, 1987, 28(13): 2282-2288.

[42] Numata S, Oohara S, Fujisaki K. Thermal expansion behavior of various aromatic polyimides. Journal of Applied Polymer Science, 1986, 31(1): 101-110.

[43] Hasegawa M. Semi-aromatic polyimides with low dielectric constant and low CTE. High Performance Polymers, 2001, 13(2): S93-S106.

[44] Hasegawa M, Horii S. Low-CTE polyimides derived from 2, 3, 6, 7 - naphthalenetetracarboxylic dianhydride. Polymer Journal, 2007, 39(6): 610-621.

[45] Hasegawa M, Horiuchi M, Kumakura K, et al. Colorless polyimides with low coefficient of thermal expansion derived from alkyl-substituted cyclobutanetetracarboxylic dianhydrides.

Polymer International, 2014, 63(3): 486 - 500.

[46] Kim S K, Wang X, Ando S, et al. Highly transparent triethoxysilane-terminated copolyimide and its SiO$_2$ composite with enhanced thermal stability and reduced thermal expansion. European Polymer Journal, 2015, 64: 206 - 214.

[47] Lei Y, Shu Y, Huo J. Synthesis and characterization of novel borosiloxane-containing aromatic copolyimides with excellent thermal stability and low coefficient of thermal expansion. Polymer International, 2017, 66(8): 1173 - 1181.

第 2 章

电子封装用聚酰亚胺

2.1 引言

信息技术革命是人类历史上的第三次工业革命,它以惊人的速度改变着人们的生产和生活方式。信息技术的基础是集成电路(IC),集成电路的设计、制造以及封装与测试是集成电路的三大核心技术[1]。为了满足电子器件小型化、高性能和低成本的需求,集成电路芯片不断地朝着高度集成化、布线细微化、晶圆加工大尺寸化的方向发展。芯片的集成度以 3 年 4 倍的速度按摩尔定律急速推进[2],这对芯片的封装技术也提出了更高的要求。在确保芯片高性能的同时,还要适应芯片的超高速、高放热、多端子、窄节距等要求,因此,封装的形态正向着多样化方向发展[3]。为了实现高密度封装,确保器件的可靠性,封装用材料变得尤为重要,可以说,新材料的开发是决定整个产业能否不断向前的基础。

封装技术与封装材料密不可分,相互推动。目前常用的电子封装材料主要是包括金属、无机陶瓷和有机材料等的高性能材料。其中有机封装材料又主要包括环氧树脂封装材料、黏结剂材料、硅橡胶、聚酰亚胺树脂等。其中聚酰亚胺因其优异的综合性能而从中脱颖而出,得到了更为广泛的应用。

用于电子封装的聚酰亚胺材料一般分为普通型(非光敏性)和感光型聚酰亚胺两大类。普通型聚酰亚胺用于无图案化要求的层间绝缘、应力缓冲和射线阻挡,如需要图案化封装时,也可借助传统的光刻胶来实现自身的图案化。而光敏聚酰亚胺自身带有感光性能,不需要借助另外的光刻胶,这样就大大简化了封装过程中的流程,节约了制备成本,因此已经成为目前微电子企业首选的封装材料。本章将从电子封装用聚酰亚胺的性能要求、分子结构设计、图案化机理等方面对这两大类聚酰亚胺材料进行讨论。

2.2　电子封装技术概述

2.2.1　电子封装及其作用

为了防止水分、尘埃等有害物质侵入电子器件或集成电路,以及减缓振动冲击、防止外力损伤和稳定元件电气参数,把构成器件或电路的各个部件按要求进行合理布置、组装、键合、连接以及与环境隔离等工艺步骤统称为封装[4]。狭义的电子封装是指半导体制造工艺的后道工序,而广义的封装则包括了后道工序和后续的电子组装(将多种封装后 IC 电路组装在电子基板上形成一个系统的过程),如图 2 - 1 所示[2]。电子封装的主要作用如下。

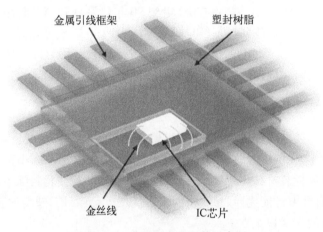

图 2 - 1　典型的芯片封装示意图

（1）物理保护。将芯片与外界环境隔离,保护芯片表面及连接引线等免受外力损害及外部环境的影响;防止空气中的水分、尘埃等有害物质对电路的腐蚀并造成电气性能下降;使芯片与框架或基板材料间的热膨胀系数相匹配,防止因温度变化产生的内部应力导致芯片损坏失效。

（2）电气连接。通过封装可以将芯片的极细引线间距,调整到实装基板的尺寸间距,从而便于实装操作,实现其尺寸调整功能。从以亚微米为特征尺寸的芯片,到数十微米的芯片焊点,再到数百微米的外部引脚,最后到毫米级别的印刷电路板,都是通过封装来实现的。

（3）标准规格化。封装的尺寸、引脚数量、间距等有标准规格,这样不仅便于加工,也与印刷电路板相配合,使相关的生产线及设备都具有通用性,便于标准化生产。标准化的组装有利于芯片自身性能的发挥以及印刷电路板的设计和制造。

2.2.2 电子封装技术的发展

电子封装技术的发展主要分为三个阶段,每个阶段的封装形式各不相同[5]。

(1) 插装型封装。这是电子封装技术的第一阶段,出现在 20 世纪 70 年代前。此阶段的封装主要包括金属圆形(TO 型)封装、单列直插(SIP)封装和双列直插(DIP)封装,其中主流产品是性能优良、成本低廉、适合批量生产的塑料双列直插(PDIP)封装。

(2) 四边引线封装。20 世纪 80 年代后出现了第二阶段的封装技术,是能适应表面安装技术的封装形式,包括塑料有引线芯片载体封装(PLCC)、塑料小外形封装(PSOP)、塑料四边引线扁平封装(PQFP)等。其中四边引线封装具有封装密度高、引线节距小、成本低、适用于表面安装等优点。

(3) 面阵列封装。封装技术在 20 世纪 90 年代发展到第三阶段,封装形式向平面阵列型发展。球焊阵列封装(BGA)被率先发明出来,它是用焊球代替引线,引出路径,降低了引脚延迟、电阻、电容和电感。随后芯片尺寸封装(CSP)、圆片级封装(WLP)、三维立体(3D)封装和系统级封装(SIP)等先进封装技术也迅速发展起来。

2.2.3 电子封装材料

封装材料主要分为金属、陶瓷和有机聚合物三大类。有机聚合物材料中以塑料封装材料为主,在电子封装材料中用量最大,是实现电子产品小型化、轻量化和低成本化的重要封装材料。与其他封装材料相比,塑料封装材料除了质量轻、成本低之外,还具有介电性能优异、易成型加工等优点[6,7]。目前,塑料封装材料已占到所有封装材料的95%以上[8]。

适用于封装的聚合物材料有许多种类(表 2-1)[9]。对应于各种应用场景,材料需要具备多种不同的性能,可归纳为"5 高 5 低",即高纯度、高力学性能、高耐热及热氧化稳定性、高电绝缘性、高频稳定性能;低介电常数与介电损耗、低内应力、低吸湿性、低热膨胀系数和低成型工艺温度。聚酰亚胺和环氧树脂、硅橡胶等材料可在很大程度上满足上述的性能要求,因而在封装中得到了广泛的应用。

表 2-1 封装材料的优缺点对比[9]

封装材料	优 点	缺 点
金属	热导率和强度较高、加工性能较好	热膨胀系数不匹配,密度大,成本高
陶瓷	介电常数低,绝缘性优良,强度高,耐热性好,低热膨胀系数,高热导率	成本较高,固化温度高,成型工艺复杂
塑料 (聚合物)	介电性能优良,加工成型简单,成本低,质量轻	热膨胀系数与 Si 不匹配,热导率低脆性大,不耐老化

表 2-2　IC 封装中的聚合物材料[9]

典 型 应 用	聚合物材料种类
层间绝缘材料	聚酰亚胺、聚芳醚、聚喹噁啉、聚烯烃、聚苯并环丁烯、聚苯并噁唑
表面钝化、应力缓冲、α 粒子屏蔽	聚酰亚胺、聚酯、硅橡胶
制图、通孔材料	光敏性聚酰亚胺、光敏性聚苯并环丁烯
黏结材料	环氧树脂、硅橡胶、聚酰亚胺、聚氨酯、丙烯酸酯
塑封树脂	固体环氧树脂、液体环氧树脂、聚氨酯、硅橡胶
基板材料	环氧树脂、聚酰亚胺、氰酸酯树脂、BT 树脂

2.3　聚酰亚胺在电子封装中的应用

应用于微电子封装的高分子材料应具有低成本、易成膜、厚度可控、更好的膜平坦性等特点[10]。目前，聚酰亚胺、环氧树脂、聚对苯二亚甲基、聚喹啉、环丁烯、氰酸酯化物等已经商品化的高分子材料都具有潜力用作电子封装材料[11]；其中，聚酰亚胺具有优异的耐高低温性、良好的电绝缘性、低的介电常数与介电损耗、高强度的力学性能等特点，已被广泛应用于微电子制造和封装等技术领域[10]。

聚酰亚胺材料应用于微电子领域已有近 30 年的历史。20 世纪 60~70 年代电子器件封装所用的绝缘材料几乎是无机材料，如陶瓷、Al_2O_3、SiO_2 等。在许多尖端应用中，这些陶瓷主要是 Al_2O_3，其介电常数高达 9。70 年代末期至 80 年代初期，随着集成电路制造技术水平的不断发展，芯片在所谓软错误、信号延迟、降低制造成本等因素驱动下，聚酰亚胺材料在电子领域得到了迅速推广。聚酰亚胺在半导体中的典型应用包括：芯片表面的一级钝化层或二级钝化层、芯片的 α 粒子屏蔽层、塑封器件的应力缓冲层、多层互连金属电路的层间介电/绝缘层、耐热导电/导热黏结剂、结点保护膜等。

2.3.1　封装与涂覆

封装的目的之一是保护集成电路免受湿气、离子污染和紫外-可见光等不利环境因素的损害[12]。聚酰亚胺能耐受集成电路高达 500℃ 的加工成型温度而不产生明显的热分解，能很容易通过旋涂或刮涂成膜，能通过传统的光刻工艺来显影图案化。因此，聚酰亚胺被广泛地应用于半导体器件的保护涂层，在大规模集成电路封装领域取得巨大成功[13]。

在基板表面焊接半导体芯片或器件的过程中，模型树脂和半导体芯片之间存在的热膨胀差异会导致模具产生应力，从而进一步导致封装体产生钝化层裂纹、铝电极的滑移以及使整个封装产生裂纹等致命的损伤。而聚酰亚胺的优异机械性能,使其能受住退火、引线键合、封装和热循环等加工过程。芯片表面的聚酰亚胺涂覆层具有降低模具应力,保护封装体免受焊接或热循环的损伤等作用。聚酰亚胺的种类繁多,但应用于芯片上的聚酰亚胺需要满足残留应力低于 20 MPa、吸湿率低于 0.5%、玻璃化转变温度(T_g)高于 260℃等要求[14]。

为了避免聚酰亚胺和模型之间因存在应力差而产生裂痕,低热膨胀系数的聚酰亚胺是芯片封装的最有前途的材料。聚酰亚胺涂层与模型树脂之间的黏附性也会影响封装芯片器件的可靠性,聚酰亚胺的低黏附性可以通过等离子处理技术加以改善[14]。另外,新型聚酰亚胺合成工艺上的进展也降低了材料的吸湿率并增强了黏附性能。这一类新材料的开发对于器件封装具有重大意义。

随着诸如人造皮肤一类的柔性电子器件的出现,封装材料需要满足弯曲、拉伸、超薄涂覆等性能要求[15]。聚酰亚胺薄膜封装(thin-film encapsulation, TFE)技术是随着柔性有机发光二极管(OLED)的推广而发展起来的,这种技术具有结构更轻薄、器件更柔韧等优势。为了弥补单一高分子基板材料不能达到和玻璃基板相同等级屏障保护性能的缺陷,应该在器件层的表层和底层都进行薄膜封装,以此为柔性电子器件提供最好的保护,使其免受湿气和氧气渗透等的影响,如图 2-2 所示[16]。

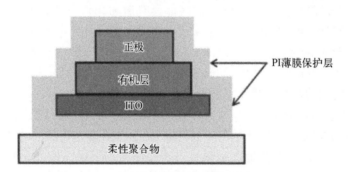

图 2-2　OLED 的薄膜封装示意图

2.3.2　应力缓冲

在集成电路(IC)器件组装过程中要同时使用到金属、半导体以及聚合物材料,而不同材料间热膨胀系数(CTE)的不匹配往往使得器件内部产生较强的内应力。内应力的存在不仅会导致器件内部金属或引线发生形变而引起器件参数的变化,更为严重的是会导致封装开裂,使潮气以及离子性物质进入器件内部而引起器件失效。随着集成电路技术的发展,电路元件集成度不断提高,尽管芯片总功耗在降低,但由于芯片面积和元件尺寸不断减小,导致芯片的热功耗密度不断增大,芯片内部温度和热机械应力随之变得异常复杂[1]。在正常工作条件下,芯片产生非均匀交变温度场,芯片中元件组成部分间热膨胀系数的不同导致芯片内部产生热机械应力不均匀的问题,当芯片局部热机械应力达到一定程度会对芯片可靠性造成严重影响。

　　为此,在 IC 器件组装过程中往往会采用钝化应力缓冲工艺(PSB),通过使用热膨胀系数(CTE)值较低、热稳定性好、尺寸及化学稳定性优良的聚合物材料来缓冲器件内部的应力。聚酰亚胺可以满足 PSB 工艺的性能要求,因此多年来一直用作 IC 器件的应力缓冲涂层。如图 2-3 所示,为了保护芯片,在用环氧树脂模塑料或环氧塑封料(EMC)塑封之前会在芯片背面涂覆一层聚酰亚胺,防止其受到过强的内应力而产生裂纹或缺陷。传统的 PSB 工艺通常是使用非光敏性聚酰亚胺,借助普通光刻胶进行制图、通孔等工艺操作。该工艺路线烦琐,而且由于反复使用湿法刻蚀工

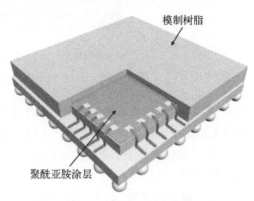

图 2-3　PI 作为封装中的应力缓冲涂层

艺,使得光刻图形分辨率低、侧壁轮廓差。为此,人们开发了光敏性聚酰亚胺(PSPI)。PSPI 的使用大大简化了 IC 制造工艺,同时提高了光刻图形的精度。

2.3.3　钝化层

　　钝化是指在半导体器件上形成很薄的一层用于屏蔽和保护的涂层,使半导体上精细的线路和图形免受环境因素的影响[17]。钝化层主要分为有机和无机两种。常见的无机钝化层是在硅晶圆上形成二氧化硅、氮化硅等保护层;普遍使用的有机钝化层则为聚酰亚胺材料。为了使聚酰亚胺材料适用于钝化层,除了具有高耐热性、优异的机械和电绝缘性质、良好的化学稳定性外,还需满足一些其他的性能要求,即必须与基材有良好的黏附性,且能有效阻隔那些会伤害底层器件的化学物质的迁移。

　　在电子行业,聚酰亚胺膜通常作为耐高温绝缘材料和钝化层被应用于集成电路和柔性电路的制造,以此提高器件的可靠性和稳定性。例如,聚酰亚胺钝化层能有效保护有机薄膜晶体管中的有机半导体材料,使其免受周围湿气的影响并延长器件使用寿命[18]。如图 2-4 所示的高场效应晶体管(HFETs)中,聚酰亚胺是无机/有机双层钝化层中的有机层[19],研究发现,这种氮化硅/聚酰亚胺(SiN_x/PSPI)双钝化层对于抑制高场效应晶体管的输出能量衰减具有很好的效果。

2.3.4　层间绝缘

　　绝缘材料易受到由电压应力带来的能量进攻而降解,这些能量可能来自于紫外辐射或离子、电子等运动产生的动能。聚酰亚胺因具有非常低的表面或本体漏电率,能在多层集成电路结构中作为性能优异的层间绝缘材料,从 20 世纪 70 年代早

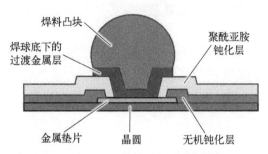

图 2-4　封装中常见的无机/有机双层钝化

期到 80 年代末,聚酰亚胺作为层间绝缘材料被广泛应用[20]。用作层间绝缘材料时,聚酰亚胺需要满足更多更高的要求:① 能够耐受住集成电路加工过程中最后一步 400℃高温的金属烧结工艺,不出现任何电学、化学和机械性能上的下降;② 在薄膜的涂覆、刻蚀、硬化等工艺中必须保证能为上下金属层提供可靠的相互连接[20,21]。

使用低介电常数(ε)的层间绝缘材料能显著降低高密度和高速集成电路中的电阻电容时间延迟、信号串扰和功率损耗等问题[22]。但普通聚酰亚胺由于介电常数在 3.1 到 3.5 之间,不能满足新一代器件对于绝缘材料 $\varepsilon<2.5$ 的要求,以及未来 130 nm 以下的技术节点对于超低介电常数 $\varepsilon<2.2$ 的需求[21]。因此,基于超低介电常数聚酰亚胺材料的开发成为近年来的研究热点。

2.3.5　α粒子屏蔽

应用于集成电路芯片中的基板材料(如二氧化硅类无机填料)和焊接材料通常都含有诸如钋、钍、铀等杂质元素,这些杂质的放射性衰变可能会产生 α 粒子,导致接近 α 粒子发射源的器件出现逻辑和储存功能的变化。随着集成电路器件持续的微型化,电容单元的尺寸和操作电压持续减小,电路密度不断增加,集成电路,尤其是大规模多芯片模块(MCM)的软错误率(soft error rate, SER)会大幅度上升。在早期的 MCM 封装中,聚酰亚胺具有从基材中吸收 α 辐射的作用,因此,外围设备的焊接连接和导电垫片都被封装在聚酰亚胺 α 粒子屏蔽层内,如图 2-5 所示[23]。

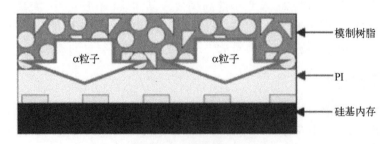

图 2-5　PI 层屏蔽 α 粒子

利用聚酰亚胺屏蔽 α 粒子的方法主要分为两种：① 封装前在集成电路活性表面上黏附一层聚酰亚胺薄膜；② 封装前将电子器件放置于装有聚酰胺酸（PAA）溶液的容器内，然后通过亚胺化使 PAA 固化成为一个完整的零部件。目前第二种方法已成为集成电路产业界的一种通用技术。例如，摩托罗拉在制备 64 K 储存器时，使用了杜邦生产的聚酰亚胺前驱体溶液 Pyralin PI - 2562 作为 α 粒子屏蔽层，研究发现当膜厚在 25 μm 左右时，在 10 000 h 的测试中发生的软错误率不到 1 次。

2.4　电子封装用聚酰亚胺的性能要求

随着电子器件向超高容量、超高性能、超可靠性、超小型化和低成本化方向发展，集成电路也在不断发展，相继出现更高程度的集成要求，比如巨大型集成（VLSI）、超大型集成（ULSI）、超高速集成（VHSI）等，这导致封装密度急剧增大，对封装材料的性能要求也越来越高。与此同时，封装还需要具有低成本、高效益的优势，并且在获得所需功能的基础上对被封装的电路在效率、寿命和性能等方面造成的不利影响尽可能少。为了满足这些要求，封装材料应具备低介电常数和低损耗、高断裂伸长率和低模量、适当的低线膨胀系数、低吸湿率、高导热率等基本性能。

2.4.1　介电性能

低介电常数的电介质和低阻导体材料的匹配可大大提高信号在高速运行和高频率情况下的保真度，因为电介质的介电常数 ε 直接影响电容传输延迟时间 $T_{pd}(T_{pd} = \varepsilon_r / c)$，而 T_{pd} 直接限制电路的反应速度。其中，ε_r 为相对介电常数，c 为光速。为了减小 T_{pd}，基板和封装材料的 ε_r 越低越好。降低封装材料和基板材料的相对介电常数，还可以降低交换噪音的影响，从而提高信号的保真度。

聚酰亚胺材料能够满足这些介电性能要求，因此于 20 世纪 80 年代初期被引入电子封装中，用来消减由于电流信号与介电材料之间相互作用而产生的信号损耗与延迟。聚酰亚胺薄膜的介电常数通常用平行电极板电容原理来测量[24,25]。测试频率对于大多数聚酰亚胺材料的介电常数影响很小，几乎为恒定值，但一些含氟聚酰亚胺却会表现出明显的变化（0.3~0.5 数量级）。

但一些测试上的误差也会导致介电常数的变化：① 薄膜的介电常数严格依赖膜厚和膜厚均一性，因此文献报道值经常不一致；② 测试样品与电极之间接触不充分会导致介电常数的差异；③ 吸湿率对于聚酰亚胺介电性能的影响显著，取决于材料整体吸湿率的不同，介电常数值可能会有 ±0.5 的波动[26,27]；④ 接触电阻、边界效应和孔洞等也会导致介电常数产生高达 0.7 的波动；⑤ 对于各向异性的聚酰亚胺，平面方向的介电常数明显高于垂直方向的[28-30]。因此测试时要尽量控制或减少这些误差。

虽然聚酰亚胺已经广泛应用于层间绝缘,但其分子链中的极性酰亚胺环结构会造成介电常数较高和吸湿性等固有缺陷。水的介电常数约为 80,即使吸收 1% 的水分也会使聚酰亚胺的介电常数升高 0.8 左右,在一定程度上限制了聚酰亚胺的应用。降低聚酰亚胺的介电常数与吸水率的最有效方法是利用含氟基团的低摩尔极化率以及疏水特性,将含氟基团引入聚酰亚胺分子结构中[31]。例如,日本电报电话公司开发了高透明和低 ε 的聚酰亚胺 PI-1,其 ε 值为 2.9。杜邦公司研发了一系列含氟聚酰亚胺 PI-2、PI-3 和 PI-5,其中 PI-5 材料的 ε 值低于 2.5。中科院化学所合成的含氟聚酰亚胺 PI-4[32],该材料具有低介电常数($\varepsilon = 2.49$),且具有优良的热稳定性($T_d^{5\%} > 500℃$),见图 2-6。IBM Almaden 研究中心的科研人员以 PI-5 为基体,通过化学工艺将纳米级泡孔引入其内部,成功地将其 ε 值降低到 2.2 以下。

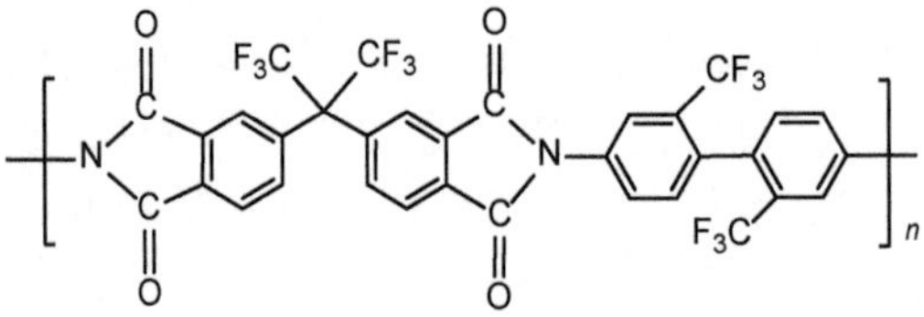

PI-1 $\varepsilon = 2.90$

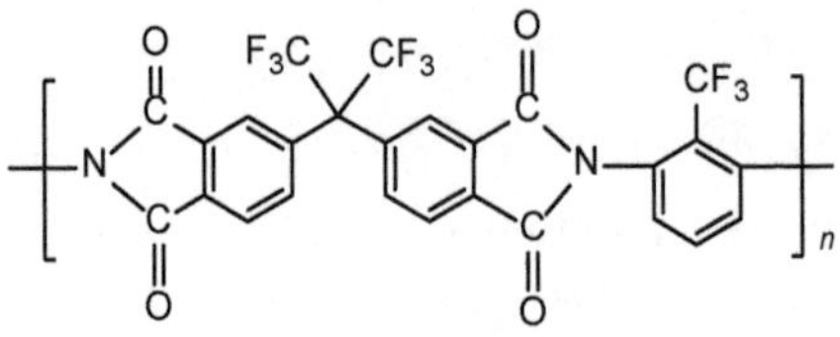

PI-2 $\varepsilon = 2.58$

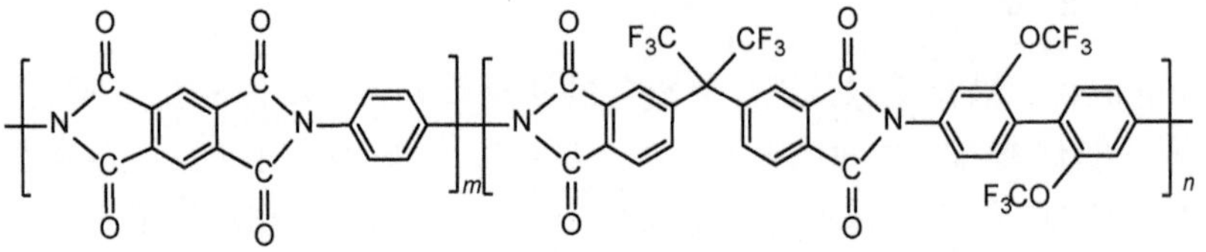

PI-3 $\varepsilon = 2.64$

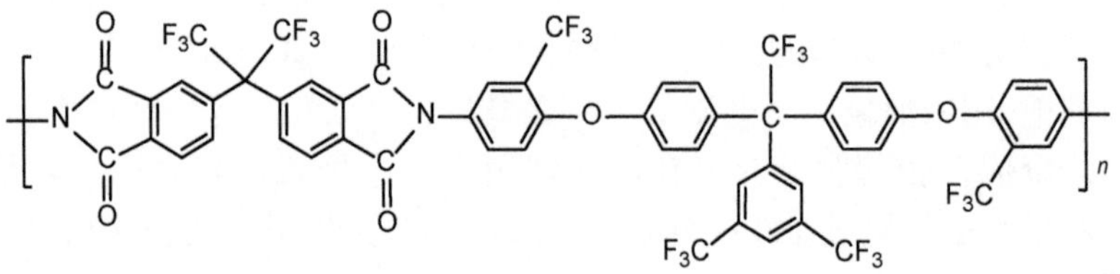

PI-4 $\varepsilon = 2.49$

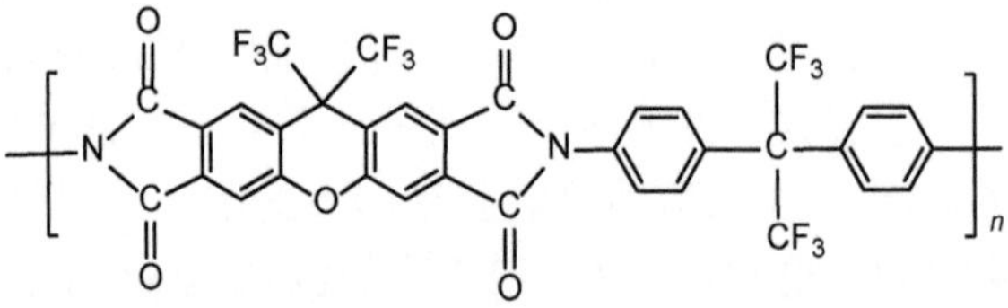

PI-5 $\varepsilon = 2.40$

图 2-6   PI-1~PI-5 结构

2.4.2　热性能

电子封装材料与芯片间需要具有良好的热匹配性,如果封装材料与芯片之间的线性膨胀系数不匹配,在较大的温度作用下会产生局部应力,使封装产生翘曲。过度翘曲将导致芯片及封装裂纹,严重影响器件的可靠性、焊接性能和成品率,导致器件严重失效。因此,封装材料的 CTE 与硅的 CTE 值(3.5 ppm/K)越接近越好。然而聚合物的热收缩性与硅片存在一定差异,一般聚合物模塑料比硅片和引线的 CTE 大一个数量级。内应力的计算公式为

$$内应力 = \Delta T \times \Delta CTE \times E'_{polymer}$$

其中,ΔT 是硬化温度与室温的温差;ΔCTE 是聚合物和硅之间的 CTE 之差。由该公式可知,降低聚合物材料的模量、T_g 以及 CTE 是减小热应力的有效途径。在使用聚酰亚胺与硅片基板或金属材料所形成的封装结构中,聚酰亚胺的热膨胀行为至关重要。如果使用和硅片或金属材料的 CTE 相接近的 PI 材料,它们之间的热应力能够被控制在一个很低的水平。聚酰亚胺的硬化过程包括溶剂的前期蒸发、聚酰胺酸前驱体的亚胺化以及硬化膜后期的冷却退火。硬化过程的升温速度、最高温度及时间会影响最终成膜的物理性质。因此文献中常建议 PI 材料在其后续加工成型过程的最高温度以上完成充分硬化,使其在后续封装工艺中的热分解和小分子气体的产生最小化。如果聚酰亚胺只是部分硬化或者升温速度过快,一定量的未蒸发的溶剂会残留在硬化膜中,最终导致硬化膜的 CTE 过高而产生热应力。

此外,芯片集成度的提高会导致其发热率升高,使器件工作时温度不断上升,从而导致元件失效率增大。因而要求封装材料必须具有更高的导热性能(热导率),以散发芯片产生的热量,提高器件的可靠性。如果聚合物本体的热导率很低,就不能满足封装材料的高导热性能要求,目前主要采用导热绝缘填料填充来制备具有高热导率的复合材料[33]。因此,影响聚合物封装材料导热性能的因素主要包括聚合物基体和填料各自的导热性能,以及二者的界面结构。其中,聚合物的导热性能取决于其密度、分子量、结晶度、取向等因素[34]。而填料用量、填料热导性能、几何形状、尺寸以及填料在聚合物基体中的取向分布、填料和聚合物的相容性等因素也会影响聚合物基复合材料的导热性能。增加导热填料含量、改善填料在基体中的堆积方式、改善界面厚度等均有利于提高复合材料的导热性能[35,36]。

2.4.3　机械性能

总体来说,应用于电子行业的聚酰亚胺应该具有足够的强韧性,有至少 10% 的断裂伸长率和 100 MPa 以上的拉伸强度,才能经受在加工成型和热循环过程中产生的应力。在封装应用中,需要制备没有孔洞、膜厚均一平整的聚酰亚胺薄膜。聚酰胺酸前驱体溶液可以通过采用旋涂、喷涂或印刷等方式涂覆于多种基板上来制

备聚酰亚胺薄膜;通过调节聚酰胺酸溶液的组成(不同的黏度)来获得所需要的膜厚和均一性。另外,黏附性能也是决定聚合物是否适用于封装应用的关键因素之一,绝缘层薄膜需要和基板及金属层之间具有很好的黏附性。通过加入如硅烷偶联剂一类的黏附促进剂,可以提高聚酰亚胺与诸如铝,硅,铜等不同基底材料的黏附性能。

2.4.4　其他性能

　　除上述主要性能以外,电子封装材料还需要具备较低的吸水率、高的电子纯度,以及具有光敏性。电子器件对湿度敏感,高温高湿环境中水分容易从封装材料和引线、框架界面或孔隙处浸入封装器件,使配线结构产生松动等缺陷;金属配线也易被腐蚀钝化,严重影响封装的可靠性[37]。随着封装工艺的不断进步,尤其是向芯片尺寸更小、封装密度更高的方向发展,为了简化工艺流程、提高成品率,在满足上述物理性能的基础上,还需要聚酰亚胺具有高光敏性、高分辨率和良好显影性等光刻胶的性能[38]。此外,还要求组成材料纯度高,特别是离子型杂质含量要求严格;有些器件由于其加工工艺的限制,还需要满足成型硬化温度低、成型硬化时间短、容易脱模、成本低廉、流动性和填充性好以及充分的阻燃性等要求。

2.5　非光敏聚酰亚胺封装材料

　　非光敏聚酰亚胺在高分子主链结构中不含有感光性基团,也被称为普通型聚酰亚胺。根据合成聚酰亚胺的二胺和二酐单体的不同,聚酰亚胺分为全芳香族、半芳香族和全脂环族[13],而其中芳香族聚酰亚胺被广泛地应用于封装。聚酰亚胺的五元环和苯环之间的电荷转移相互作用,使芳香族聚酰亚胺难溶于有机溶剂,可加工性能低,吸收可见光,呈现棕黄色,且具有较高的介电常数,因此阻碍了芳香族聚酰亚胺在光电器件和高速多层印制板方面的应用。为了解决上述问题,人们将含有硅氧烷(PI-6)[14-19]、氟(PI-7)[20,21,39,40]和脂环族(PI-8、PI-9、PI-10)[13]结构单元的单体以及侧基[22]引入聚酰亚胺的结构(图2-7)。例如,聚酰亚胺-硅氧烷(PISiO)嵌段共聚物在固有的芳香族聚酰亚胺主链上增添硅氧烷嵌段,使得材料兼备了聚酰亚胺的高热稳定性、优异机械性能和硅氧烷的高延展性、高黏附性以及低透湿性等性能。

　　目前,应用于封装中的聚酰亚胺已经充分商业化,市场主要由美国、日本、欧洲等国家和地区的老牌化工企业的产品所主导。常用的聚酰亚胺材料的综合性能总结如表2-3和表2-4,从中可以看出对于封装用聚酰亚胺各种性能要求的具体数值范围。

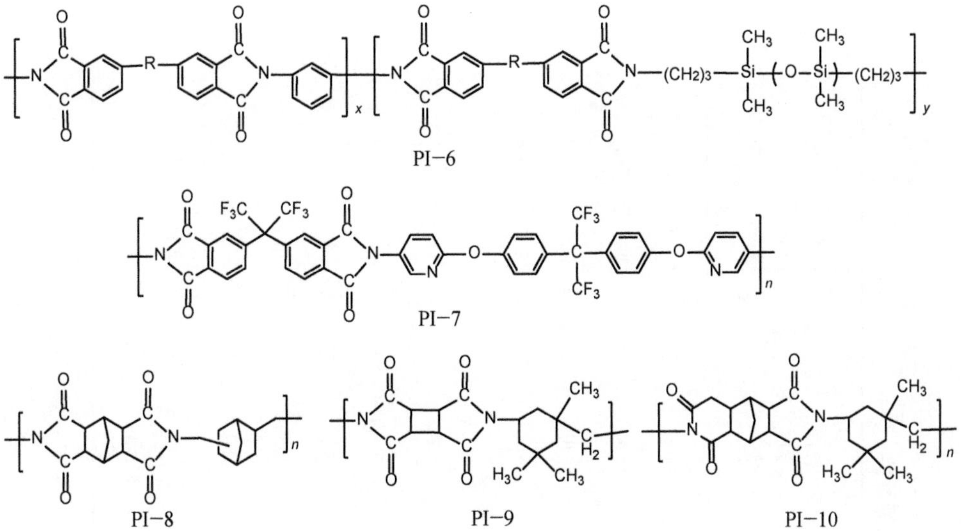

图 2-7　PI-6~PI-10 结构

表 2-3　商品化 PI 封装材料及其典型性能

产　品	PI 类型	介电常数	介电损失	CTE/(ppm/℃)	T_g/℃	弹性模量/GPa	拉伸强度/MPa	伸长率/%
Amoco Ultradel 4212	含氟	2.9	0.005	50	295	2.7	—	—
Amoco Ultradel 7501	光敏	2.8	0.004	24	>400	3.4	—	—
DuPont PI 2545	标准	3.5	0.002	20	>400	1.4	105	40
DuPont PI 2555	标准	3.3	0.002	40	>320	2.4	135	15
DuPont 2610	低应力	2.9	0.002	—	>400	8.4	350	25
Hitachi PIQ 13	标准	3.4	0.002	45	350	3.3	130	20
Hitachi PIQ L100	低应力	3.2	0.002	3	410	11	380	22
National Starch EL 5010	预亚胺化	3.2	<0.002	34	214	2.8	150	7
National Starch EL 5512	含氟亚胺化	2.8	<0.002	35	225	2.8	150	6
OCG Probimide 400	预亚胺化光敏	3.0	0.003	37	357	2.9	147	56
OCG Probimide 500	低应力	2.9	0.003	6~7	400	11.6	444	28
Toray UR 3800	光敏	3.2	0.002	40	280	3.4	140	11
POME ZKPI 310	含氟低温固化	2.9	<0.002	25	274	4.2	180	16
POME ZKPI 530	光敏	3.0	0.003	20	289	2.8	125	12
POME ZKPI 305	标准	3.2	0.003	25	282	1.6	184	14

表 2-4 聚酰亚胺商品封装树脂的电学，热学和机械性能

制造商	商品名	硬化条件 (℃, 1~2 h)	介电常数 (1 kHz~1 MHz)	介电损失 (1 kHz~1 MHz)	介电强度 (V/μm)	T_g/℃	CTE/ (ppm/℃)	拉伸强度 /MPa	伸长率 /%	残留应力 /MPa	弹性模量 /GPa	吸湿率 /%
Asahi Kasei	Pimel G7621	>350	3.3	0.003	—	355	40~50	150	30	40~50	—	0.8
Dow Corning	Photoneece PWDC 1000	320	2.9	—	—	290	36	130	40	28	3	—
Fuji Film	Durimide 7000 Series	>350	3.3	0.007	340	>350/510	27	170	73	30	2.9	1.3
	Durimide 7500/7400/7300 Series	350	3.2	0.003	345	285/525	55	215	85	—	2.5	—
Hitachi - DuPont	PI 2730	>350	2.9	0.003	—	>350	16	170	—	18	4.7	>1.0
	PIX 3400	—	3.4	—	—	450	43	112	100	33	2.6	1.6
	HD 4000	375	3.3	0.001	250	410	35	200	45	34	3.5	1.3
	HD 7000	375	3.2	0.002	250	410	50	175	70	30	2.6	1.7
Toray	Photoneece BG 2400	>350	3.2	—	—	255	25	180	40	—	3.9	—
	Photoneece UR 5480	>350	3.2	0.002	—	>350	16	150	40	—	4.2	—
	Photoneece PW 1000	>350	2.9	—	—	290	36	130	40	—	3	—

2.6　光敏聚酰亚胺封装材料

在众多的微电子加工过程中,诸如焊料掩模、保护涂层和金属层间电介质(IMD)等,需要在作为绝缘层的聚酰亚胺上开孔形成图形。过去的做法是借助常规的光刻胶在其上形成图案,然后通过湿法或者干法将图形转移到聚酰亚胺层,如图2-8所示[41]。为了简化工艺、提高良品率,具有直接光刻功能的光敏聚酰亚胺材料被开发出来,它是光敏化合物(光敏剂)与聚酰亚胺前驱体的组合,图案形成之后,通过热亚胺化直接转变成相应的聚酰亚胺图形层。

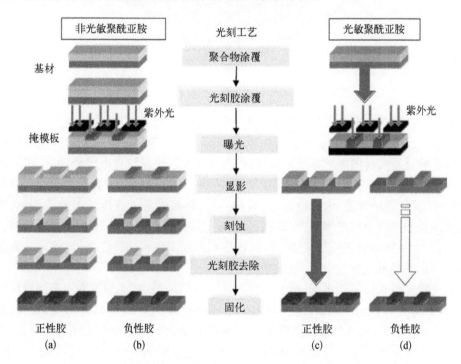

图2-8　非光敏聚酰亚胺和光敏聚酰亚胺光刻胶的分类和光刻工序[41]

光敏聚酰亚胺由于具有优良的热稳定性和化学稳定性,低损耗因子和合理的低介电常数,因此广泛应用于互连、多芯片组件、保护层、绝缘膜、光互连和抗蚀剂中[41-45]。例如,光敏聚酰亚胺可用于高功率异质结构场效应晶体管中作为金属层间介电(IMD)材料(图2-9)。

光敏聚酰亚胺的研究历史可以追溯至1971年,贝尔实验室的 Kerwin 和 Goldrick [46]在聚酰胺酸溶液中加入了一点重铬酸钾,由此产生了第一个光敏聚酰亚胺。然而,这种光敏聚酰亚胺的稳定性太差,没有应用价值。直到1976年,第一个基于聚酰胺酯的负性光敏聚酰亚胺的成功开发才奠定了光敏聚酰亚胺研究的基

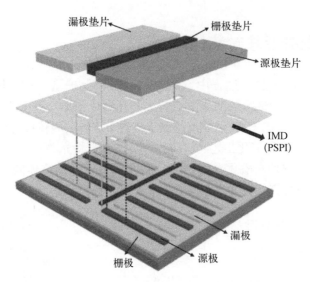

图 2-9 大功率异质结构场效应晶体管示意图

础[47]。1978 年,Loprest 等[48]报道了第一个正性光敏聚酰亚胺,它由聚酰胺酸树脂与重氮萘醌(DNQ)光敏剂所组成,这也是公认的最常用光敏聚酰亚胺。光敏聚酰亚胺能够自发实现图案的形成,并最终作为聚酰亚胺膜保留在电子器件上,需要满足两个要素:① 光刻特性,包括灵敏度、分辨率、显影系统、亚胺化等;② 聚酰亚胺膜特性,例如机械强度、电气特性、尺寸稳定性、粘接性等。与传统光刻胶相比,光敏聚酰亚胺层保留在最终的产品中,而传统光刻胶在图案转移到下层材料后被去除。因此,光敏聚酰亚胺的优势不仅体现在聚酰亚胺优异的性能上,还体现在显著简化了图案的形成过程上。

光敏聚酰亚胺的图案化过程一般包括四个步骤:① 将光敏聚酰亚胺溶液旋涂到衬底(如硅片)上;② 通过掩模板将该涂覆膜暴露于 UV 光,以将图案信息转移到膜上;③ 显影,选择性地除去曝光区域或者未曝光区域以形成图案;④ 固化,将聚酰胺酸图形亚胺化。应该注意的是,通常选择波长为 436 nm(g 线)或 365 nm(i 线)作为光敏聚酰亚胺的曝光光源。光辐照过程使光敏聚酰亚胺经历了多种化学变化,如脱保护、极性变化、链断裂、交联等。根据显影时洗脱区域的不同,光敏聚酰亚胺可分为正性和负性两大类,暴露区域被洗脱的是正性光敏聚酰亚胺(p-PSPIs),而未暴露区域被洗脱的是负性光敏聚酰亚胺(n-PSPIs)。

2.6.1 负性光敏聚酰亚胺

当紫外光辐照负性光敏聚酰亚胺膜时,曝光区域发生化学交联,聚合物变得不可溶解,而未曝光区域被溶剂(显影剂)冲掉以形成负性图像。第一个商品化光敏聚酰亚胺就是负性光敏聚酰亚胺,它是将具有光活性的甲基丙烯基引入聚酰亚胺前驱体的侧链[49,50]。根据是否需要添加光引发剂,负性光敏聚酰亚胺分为自感光型和外加光引发剂型两大类。

1. 自感光型负性光敏聚酰亚胺

在聚酰亚胺体系中加入大量低分子量添加剂,会降低聚酰亚胺的热学性能或力学性能,而自感光型光敏聚酰亚胺避免了这个问题。二苯甲酮是光反应活性基团,可以在不使用光引发剂的情况下交联[51],因此,迄今所报道的自感光型负性光敏聚酰亚胺都带有二苯甲酮基团,如 PI-11[52],它由邻多烷基取代的芳香族二胺和 3,3′,4,4′-二苯甲酮四羧酸二酐(BTDA)制备而成(图 2-10)。

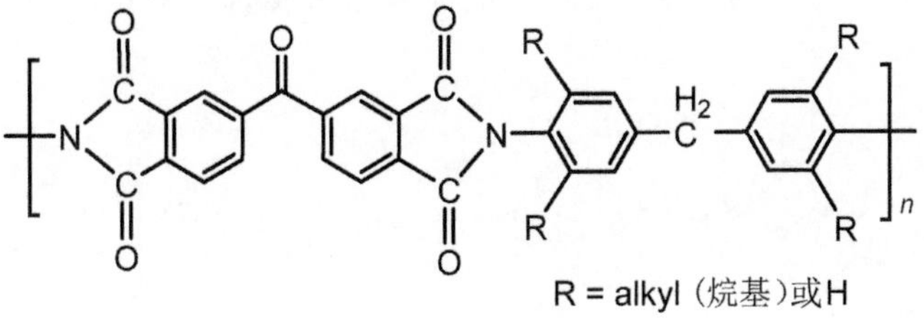

R = alkyl (烷基)或 H

PI-11

图 2-10　PI-11 结构

在紫外光照射区,二胺结构中的烷基取代基与 BTDA 中的羰基发生自由基交联反应,使聚合物不溶于有机显影剂。如图 2-11 所示,这种自由基交联是在紫外光照射下邻烷基团和三重态的苯并二酮基团发生去氢反应而引发的。

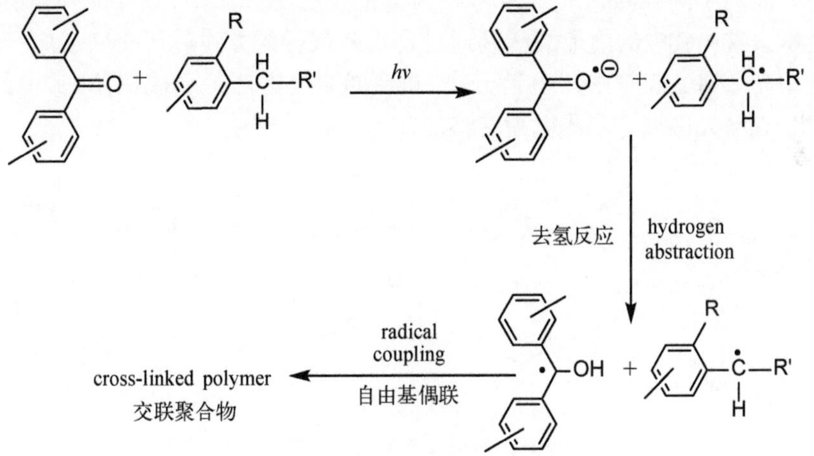

图 2-11　通过生成光自由基形成交联的机理

2. 外加光引发剂型负性光敏聚酰亚胺

(1) 负性光敏聚酰亚胺的光引发剂

负性光敏聚酰亚胺的光引发剂主要包括光自由基引发剂(PRI)、光致产酸剂(PAG)和光致产碱剂(PBG)。其中,PRI 主要用于含有丙烯酸酯基团的光敏聚酰亚胺,例如 N-苯基二乙醇酰胺[53];PAG 和 PBG 可以在 UV 照射下发生光化学反应生成强酸或强碱,并能在相对较低的温度下促进聚酰胺酸的热亚胺化,使之变成为更稳定的聚酰亚胺结构,进而阻挡有机显影溶剂的溶解[48]。如图 2-12 中所示的 PAG[(5-丙基磺酰氧基亚胺基-5H-噻吩-2-亚乙基)-(2-甲基苯基)乙腈,PTMA]和 PBG(N-[(4-6-二甲氧基-2-硝基苯甲酰基)氧基]羰基-1,6-二甲基吡啶)(DNCDP)是文献中最常用的光酸(碱)引发剂。PAG 和 PBG 可用于化学放大(CA)机制,制备正性和负性光敏聚酰亚胺体系。根据光引发剂的不同,负性光敏聚酰亚胺又可分为甲基丙烯酸酯型(也称为酯型或离子型),以及化学增幅型几种类型。

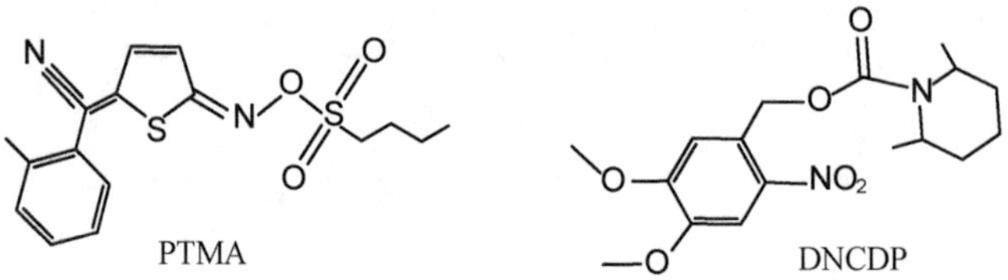

图 2-12 光致产酸剂 PTMA 和光致产碱剂 DNCDP 的化学结构

(2) 甲基丙烯酸型

聚酰胺酸是大多数商品化光敏聚酰亚胺的树脂基体,负性光敏聚酰亚胺可分为酯型(光活性交联基团通过酯键被引入到聚酰胺酸中,例如 PI-12)[54]和离子型(形成酸-胺离子键,例如 PI-13)[53,55]两类光刻胶(图 2-13)。在紫外光照射下,酯型光敏聚酰亚胺中的丙烯酸酯基通过自由基聚合的方式进行交联反应;而在离子键合型光敏聚酰亚胺中,"电荷分离"机制是主要的图形形成机制,其中聚酰胺酸和 PRI 在曝光区域会形成电荷转移复合物。

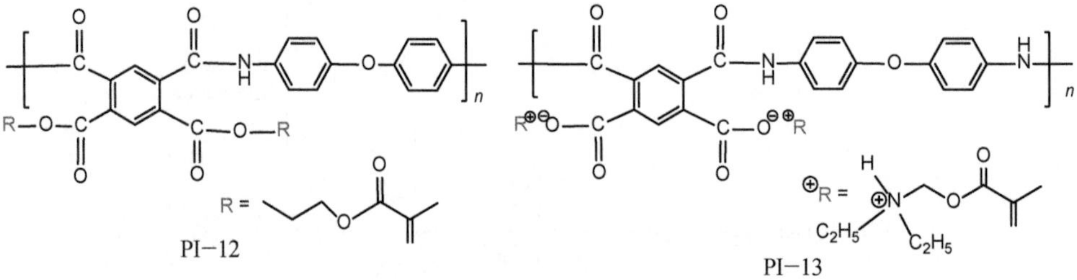

图 2-13 甲基丙烯酸酯型和离子型聚酰亚胺光刻胶

(3) 化学增幅型

化学增幅型负性光敏聚酰亚胺主要分为光产酸型和光产碱型两种。光产酸型由聚酰胺酸或聚酰亚胺、苄醇型交联剂和光致产酸剂(PAG)组成。如聚(羟基酰亚胺)化学增幅体系(PI-14)[56],在紫外光照射下,PAG 产生酸性化合物,催化苄醇型交联剂的苄醇基团质子化,并形成苄基碳阳离子化合物,然后苄基碳阳离子化合物和聚酰亚胺分子链上的芳环或羟基发生亲电取代反应(烷基化反应),促进大分子的交联生成 C -和 O -烷基化聚合物,这些聚合物的形成降低了曝光区域在碱性显影剂中的溶解度,导致了负性图案的形成(图 2 - 14)。

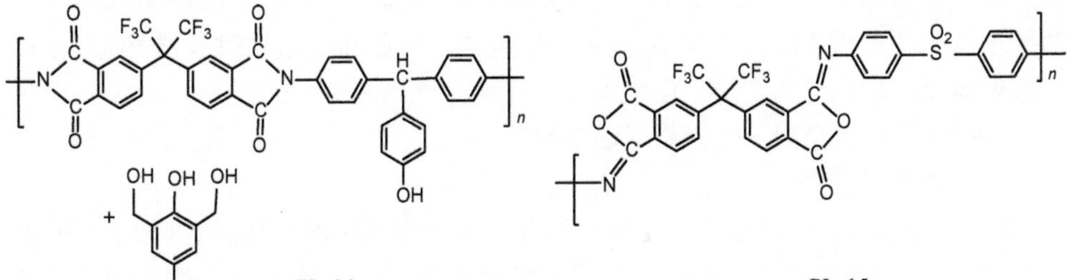

PI-14　　PI-15

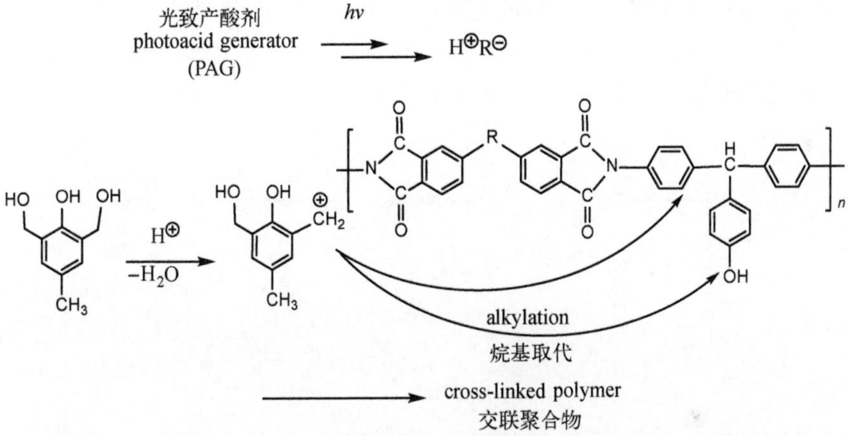

图 2 - 14　PAG 型负性光敏聚酰亚胺形成网络聚合物的酸催化交联机理

光产碱型则由聚酰胺酸或聚酰亚胺和光致产碱剂(PBG)组成。聚(异酰亚胺)[57]、聚(酰胺基烷基酯)[58]和聚酰胺酸[59]都可用于制备光致产碱型负性光敏聚酰亚胺。例如,在聚(异酰亚胺)(PI - 15)体系中,PBG 发生光化学反应生成亚胺化合物,如图 2 - 15 所示,该碱性化合物可促进聚(异酰亚胺)的热亚胺化生成相应的聚酰亚胺,从而导致曝光区域和未曝光区域之间的溶解度差异,并形成负性图案[57]。

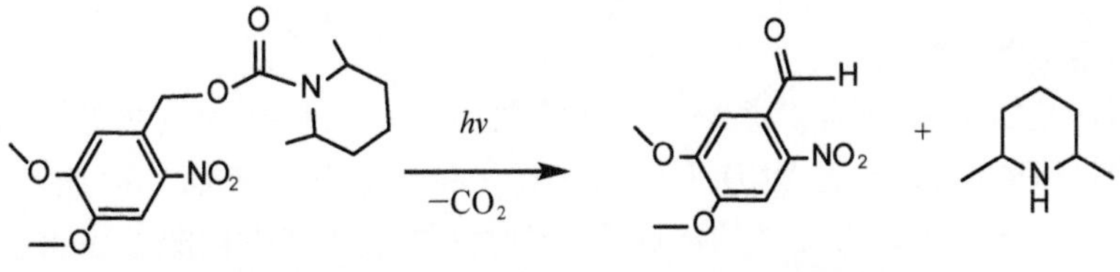

图 2 - 15　从 PBG (DNCDP)生产胺的光化学反应

2.6.2 正性光敏聚酰亚胺

负性光敏聚酰亚胺的缺点是在图案形成中使用有机溶剂,一方面导致光刻胶膜层的溶胀影响图像分辨率,另一方面会造成环境和安全问题。而使用水性显影剂的正性光敏聚酰亚胺正好可以避免这些问题。与负性光敏聚酰亚胺相似,正性光敏聚酰亚胺也可分为两类:自感光型和外加光敏剂型。

2.6.2.1 自感光型正性光敏聚酰亚胺

1. 邻硝基苄酯型

在紫外光照射下,邻硝基苄酯可以转化为邻硝基苯甲醛和羧酸,如图2-16所示。基于这个光化学反应,人们开发了侧链含有邻硝基苄酯基的正性光敏聚酰亚胺。聚酰胺邻硝基苄酯(PI-16[60])中的酯键在紫外光照射时发生裂解,生成含有邻硝基苯甲醛的聚酰胺酸,该聚酰胺酸膜层可以溶解在碱性显影液中,而未光照区域不被溶解,从而留下正性光刻胶图案。然而,这类正性光敏聚酰亚胺胶合成相对困难,且感光性较差,因此实用价值不大。

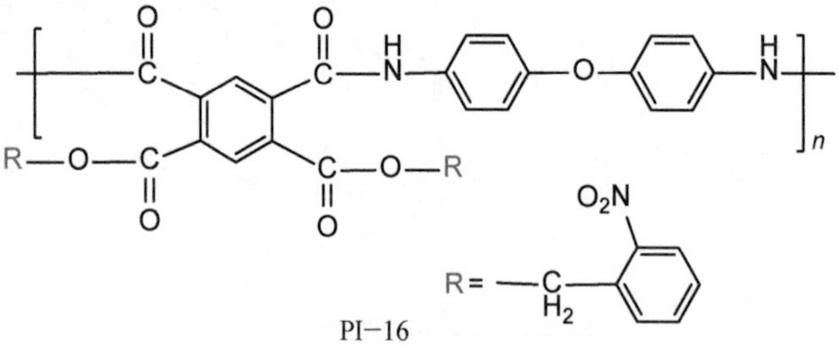

PI-16

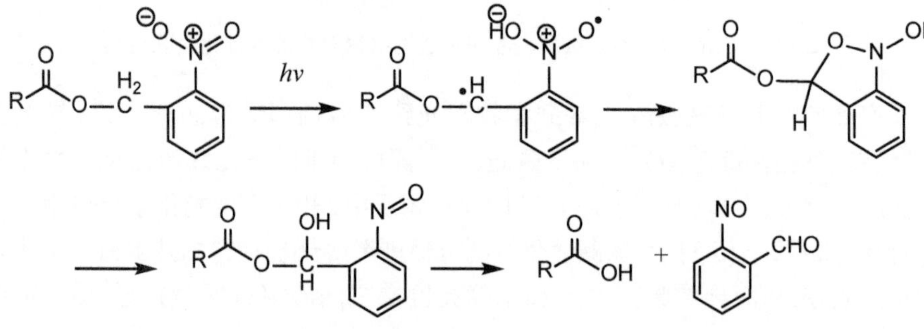

图2-16 邻硝基苄酯的光致分解反应

2. 固有 DNQ 型

光活性基团 1,2-邻重氮萘醌-5-磺酰氯(DNQ)可以作为侧基直接引入聚酰亚胺或聚酰胺酸中,以制备 DNQ 型的自感光正性光敏聚酰亚胺。但是,由于聚酰胺酸在碱性水溶液中也有较高的溶解度,因此需要用酯基将羧酸基团进行封端以抑制其溶解性,DNQ 则可通过酚羟基等活性基团连接到聚酰胺酯的侧链上,如

PI-17(图 2-17)。在紫外光照射下,DNQ 的光解使得曝光区的聚酰亚胺被溶解于碱性显影液中,而非曝光区则被保留了下来,从而实现正性光刻效果[61]。

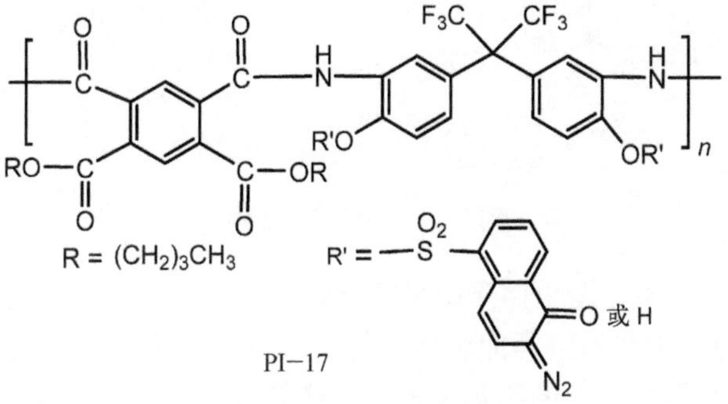

图 2-17　PI-17 结构

2.6.2.2　化学增幅型正性光敏聚酰亚胺

光致产酸(碱)剂不仅可用于负性也可用于正性光敏聚酰亚胺。光刻胶体系在通过 UV 辐照和后烘时,聚合物在酸或碱催化下发生极性改变,进而产生溶解度的巨大变化。对于化学增幅正性光敏聚酰亚胺,含有缩醛键的聚酰亚胺是目前报道最多的结构,这些结构通过乙烯醚衍生物作为热交联剂来形成缩醛键,保护聚合物不被碱性水溶液的溶解,如图 2-18 所示。在紫外光照射下,PAG 光解产生酸性化合物,该酸性化合物造成缩醛键酸解,聚合物重新回到原来可溶状态,进而产生曝光区和非曝光区溶解性的差异,并在碱性显影液中形成正性光刻胶图形。PI-18 是基于上述化学反应机理的化学增幅型正性光敏聚酰亚胺,它由半脂环聚酰胺酸、多官能团乙烯基醚交联剂和光致产酸剂三部分组成[62](图 2-19)。

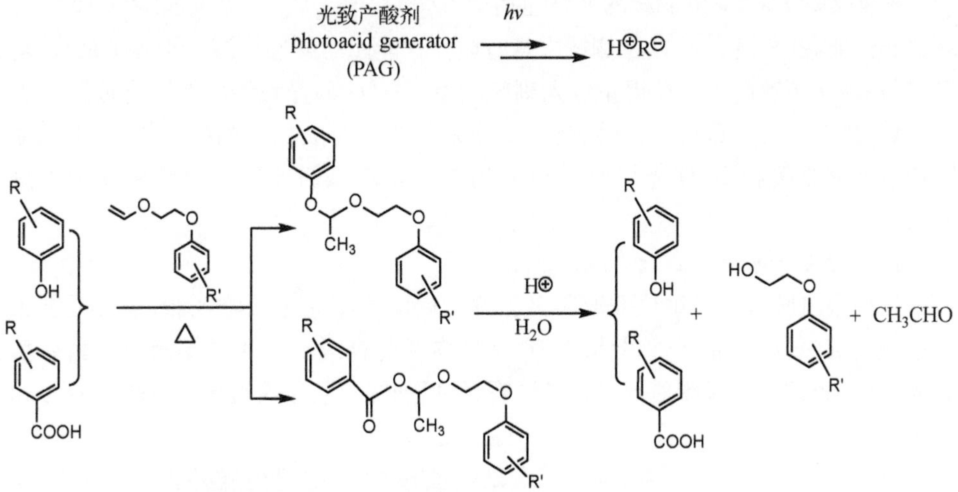

图 2-18　二苯甲酮基团在 UV 照射下的自由基生成反应

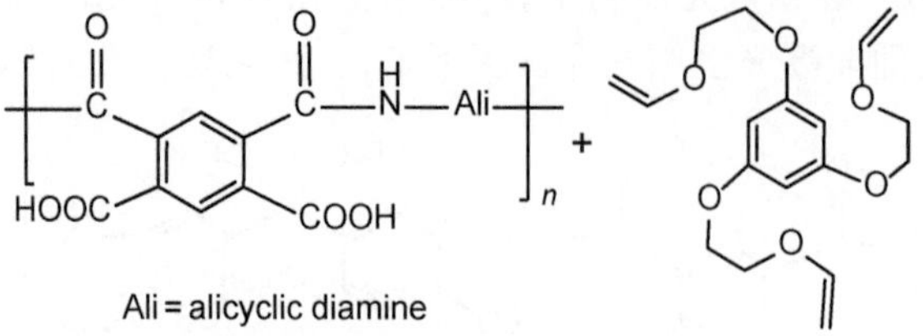
HOOC
COOH
Ali
n
Ali = alicyclic diamine
脂环二胺

图 2-19 PI-18 结构

2.6.2.3 外加 DNQ 型正性光敏聚酰亚胺

DNQ 光敏剂又被称为溶解抑制剂。其工作机理如图 2-20 所示，在紫外光照射下，DNQ 基团经历光引发的沃尔夫重排反应转变为烯酮，与水接触时，进一步转变成茚酸。因此，DNQ 光敏剂在图形形成过程中起着两个重要的作用：DNQ 光敏剂本身是疏水性的，以抑制光敏聚酰亚胺的溶解；茚酸衍生物则加速光敏聚酰亚胺在碱性水溶液（显影液）中的溶解，以此产生溶解度差异并形成图形。

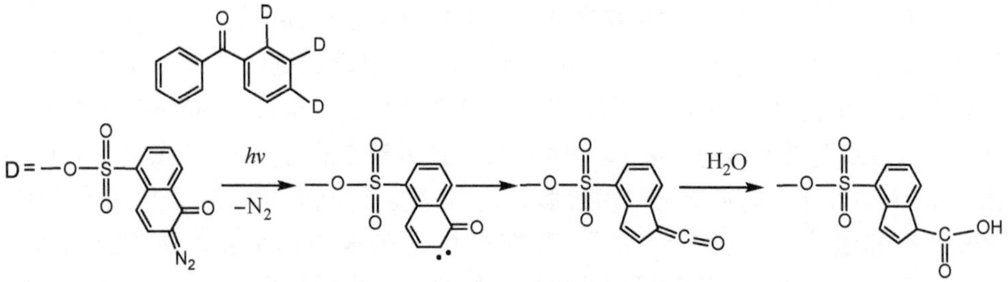
D
D=
hv
$-N_2$
H_2O
N_2
OH

图 2-20 DNQ 化合物的光致重排反应

根据文献报道，聚酰亚胺的前体包括聚酰胺酸（PAA）[63]、聚酰胺酯（PAE）[64]和聚异酰亚胺（PII）[65]，以及侧链中具有酸性官能团的碱性可溶性聚酰亚胺[66]均可以与 DNQ 光敏剂结合获得正性光刻胶图案。DNQ 型光敏聚酰亚胺合成路线相对简单、聚合物分子量可控性强，是一类非常重要的商品化光刻胶。其中，由聚酰胺酸或聚酰亚胺和 DNQ 光敏剂所组成的正性光敏聚酰亚胺是最常用光敏聚酰亚胺。

1.（PAA+DNQ）型正性光敏聚酰亚胺

使用聚酰胺酸的光敏聚酰亚胺又被称为前驱体型光敏聚酰亚胺，通常是在聚酰胺酸溶液中，加入光活性单体 DNQ，通过物理混合或形成化学键赋予聚酰胺酸感光特性，经过曝光显影后获得正性图案，然后加热亚胺化使得聚酰胺酸转变为 PI 结构[67]。

为了获得良好的光刻图形，要求聚酰胺酸树脂在所用紫外光区域具有良好的透明性，且在显影液中具有较低的溶解度。然而聚酰胺酸在碱性水溶液中具有很好的溶解性,通常难以获得理想的曝光/非曝光区域的溶解度差异。因而,需要对聚酰胺酸中的亲水基团(羧酸)进行适当的修饰,或在聚酰胺酸链段之间引入不同比例的疏水基团,调节聚酰胺酸的溶解性[63,68-78],如表 2-5 和表 2-6。

(1)引入疏水基团

在聚酰胺酸聚合物中引入更多的疏水结构(如芳香基团和含氟基团),可以抑制聚酰胺酸在碱水溶液中的溶解性,提高光敏聚酰亚胺图案化性能。Haba 课题组[68]将不同疏水性能的二胺单元引入聚酰胺酸主链,发现具有较强疏水性的二胺 1,3-双(4-氨基苯氧基)苯(TPE-R)与 4,4′-(六氟异丙烯)二酞酸酐(6FDA)制备的聚酰胺酸(PI-19)与 20%的 DNQ 光敏剂混合制备的光刻胶涂层,经 i-线紫外曝光后,在 0.1%的四甲基氢氧化氨(TMAH)水中显影,可得到分辨度为 10 μm 的正性图形。光刻胶的灵敏度为 100 mJ/cm^2,对比度为 7.1。在此基础上,Sakayori 等[69]使用扭曲构型的 2,2′,6,6′-联苯二酐(2,2′,6,6′-BPDA)与 TPE-R 制备了透明性良好的聚酰胺酸(PI-20)。将其与 20%的 DNQ 光敏剂复合后得到正性光刻胶,其灵敏度和对比度分别为 110 mJ/cm^2 和 2.0,膜厚为 2 μm 时的光刻图形分辨率为 10 μm。

含氟基团的引入不仅可以提高聚酰胺酸的透明度,也可以增加聚酰胺酸的疏水性,从而起到抑制溶解度的作用。因此,在制备正性光敏聚酰亚胺时,含氟二酐,如 6FDA[68,76-78] 和含氟二胺[如 2,2′-双三氟甲基-4,4′-二氨基联苯(TFMB)][63,70-72] 都是很好的选择。Seino 等研究人员[63]制备的聚酰胺酸中既有含氟基团(TFMB),又同时含有刚性和柔性的二酐单元(PMDA 和 BPDA)(PI-21),在添加 30%的 DNQ 光敏剂后,正性光敏聚酰亚胺膜的灵敏度和对比度分别为 80 mJ/cm^2 和 7.8,并且具有很低的热膨胀系数(10.3 ppm/℃)和介电常数(3.04)。Inoue 等[76-78]在使用含氟聚酰胺酸(F-聚酰胺酸)作为正性光敏树脂的基础上,又将光活性化合物 DNQ 嫁接到 4,4′-(六氟异丙亚基)二酚(6F-BPA)分子框架上,得到含氟光敏剂 FDNQ。将 25%的 FDNQ 与(聚酰胺酸+F-聚酰胺酸)混合树脂或纯 F-聚酰胺酸树脂(PI-31、PI-32 和 PI-33)相配合制备的正性光敏聚酰亚胺均显示了优良的灵敏度(45 mJ/cm^2)和对比度(10)以及很好的图形分辨率(6 μm)。

(2)抑制亲水基团

解决聚酰胺酸在碱性水溶液中溶解度过快的另外一个方法,就是减少聚酰胺酸主链中亲水基团羧酸的含量,此法可以通过羧酸基团的部分亚胺化得以实现。然而,通过简单的加热难以实现亚胺化率的准确控制,且 DNQ 光敏剂在温度超过 105℃时会发生分解。因此,Hasegawa 等[70,71]首先由 1,2,3,4-环丁烷四羧酸二酐(CBDA)和 TFMB 合成含有酰亚胺环的二胺单体,然后将该二胺和 TFMB 与 CBDA 共聚(PI-22),通过控制两个二胺单体的比例来控制聚合物的溶解度。他们发现,

表2-5 (**PAA+DNQ**) 型正性光敏聚酰亚胺

PAA体系	DNQ	文献
PI-19	(20%)	[68]
PI-20	(20%)	[69]
PI-21　　$m:n = 1:1$	(30%)	[63]
PI-22　　$m:n = 9:1$	(30%)	[70]

续　表

PAA 体系	DNQ	文献
PI－23		[71]
PI－24		[71]

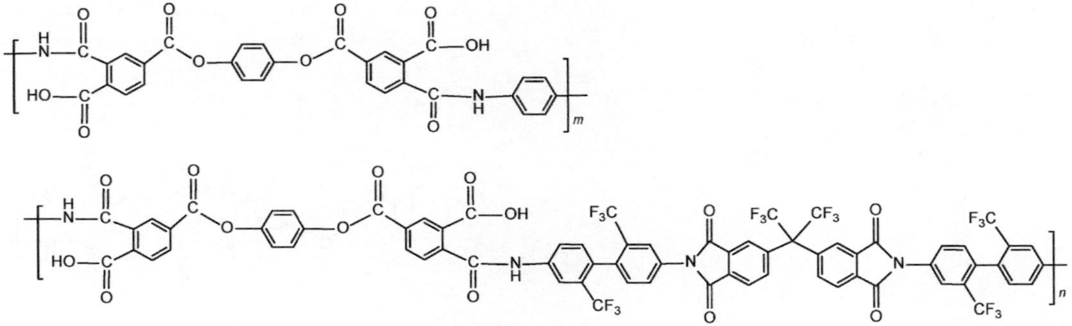

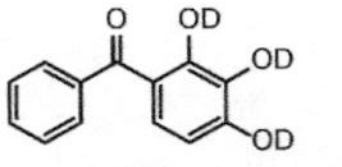

（30%）

$m:n = 8:2$

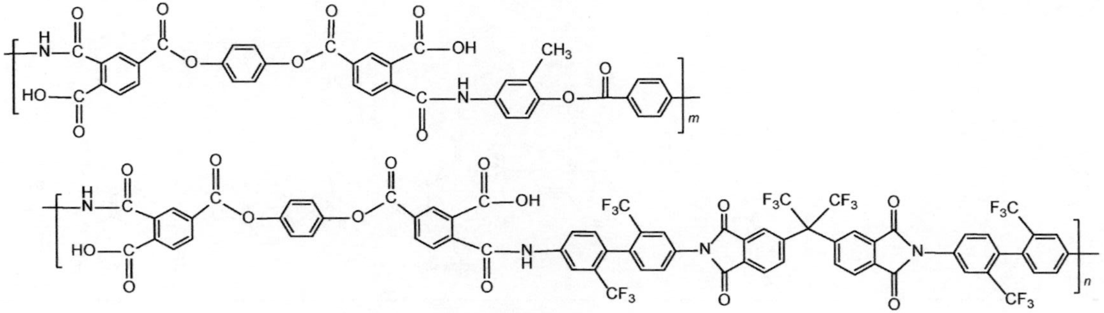

$m:n = 80:15$

续 表

PI-25	PI-26	PI-27	PI-28

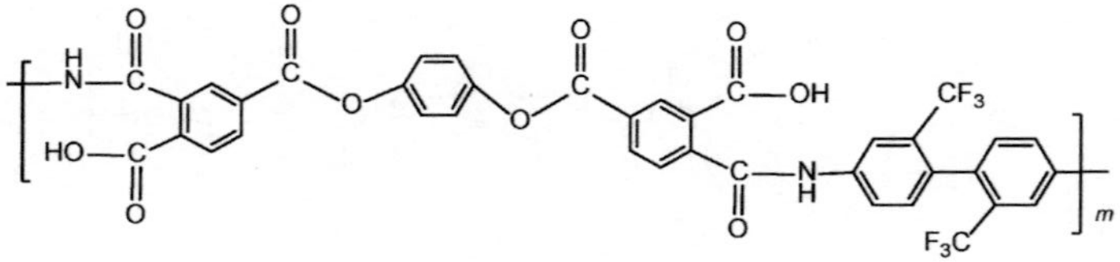

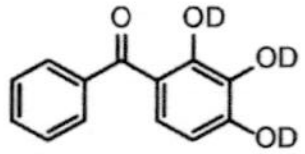

PAA 体系

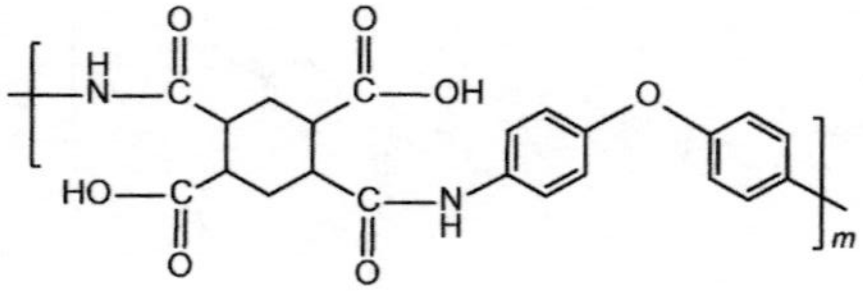

逐步加入化学亚胺化试剂对脂环二氨基进行酯化反应：由醋酸酐/吡啶（5/5，v/v）组成的环脱水试剂

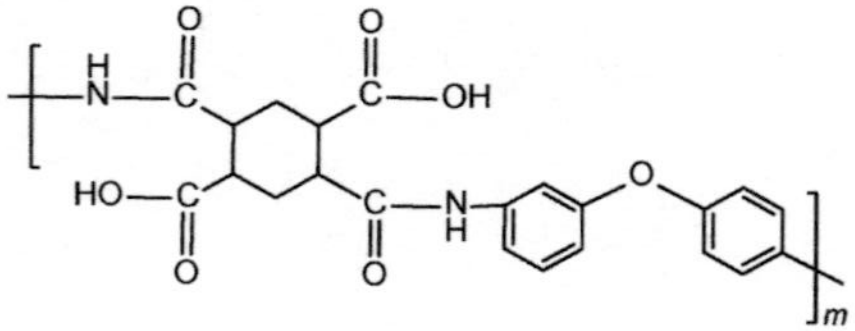

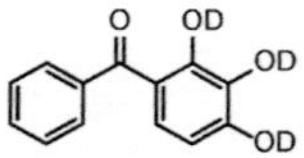

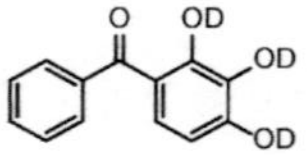

DNQ

（30%）　[71]

（20%）　[72]

（20%）　[72]

文献

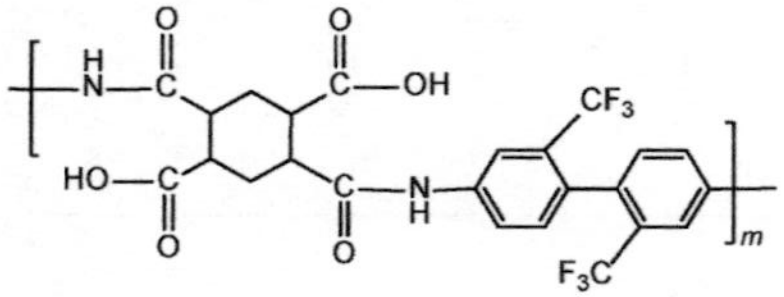

续 表

	PAA 体系	DNQ	文献
PI－29	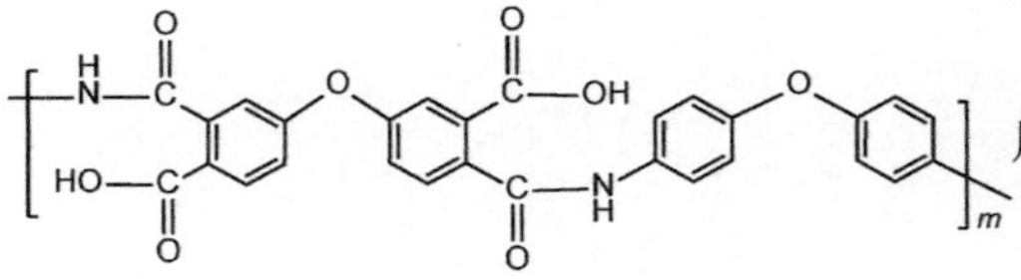 用 DMFDEA 试剂进行部分酯化反应	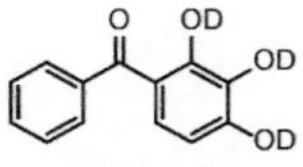 (20%)	[73]
PI－30	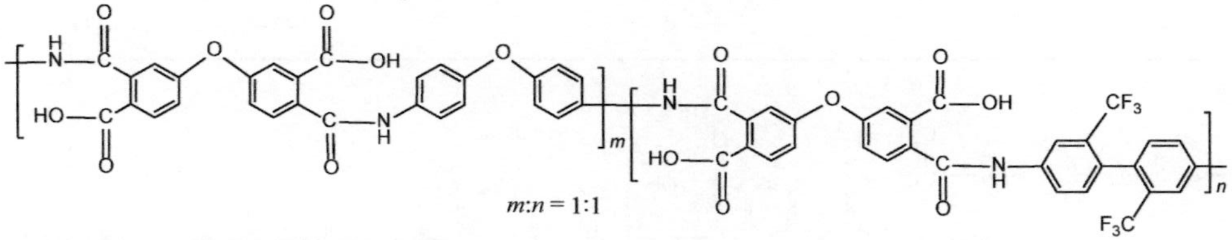 $m:n=1:1$ 用 DMFDEA 试剂进行部分酯化反应	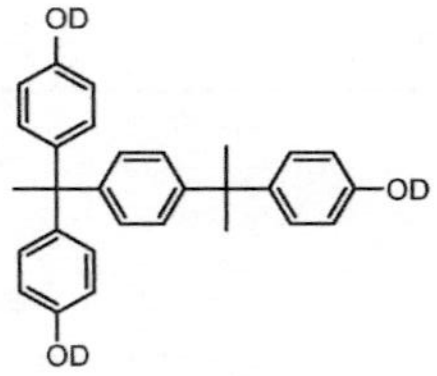 (20%)	[74,75]
PI－31	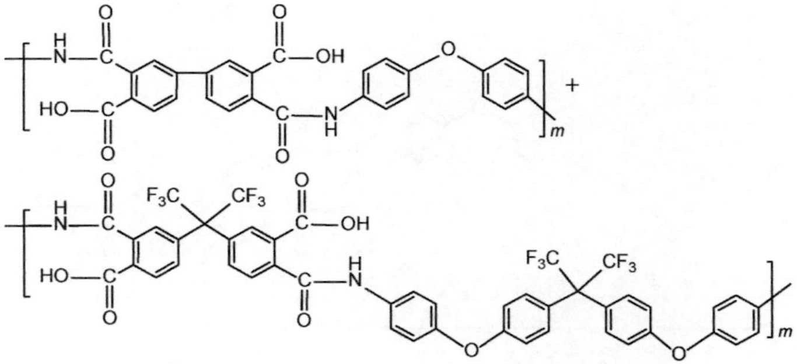 PAA：FPAA＝85：15	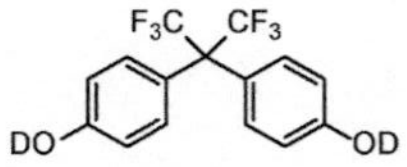 (25%)	[76]

续 表

PAA 体系	DNQ	文献
PI－32	（25%）	[77]
PI－33 $m:n = 4:1$		[78]

注：DNQ 一列括号中为质量分数。

表2-6　(PAA+DNQ)型正性光敏聚酰亚胺的光刻参数和光刻效果

	UV	曝光剂量/(mJ/cm²)	后烘温度/时间	显影液/显影时间	灵敏度/(mJ/cm²)	对比度	亚胺化温度/℃	L/S分辨率/μm	文献
PI-19	i-线	400	100℃/10 min	0.1%	100	7.1	200	10	[68]
PI-20	i-线	2000	100℃/10 min	0.1%/60 s	110	2.0	300	10/2	[69]
PI-21	i-线	300	100℃/8 min	0.3%	80	7.8	400	4	[63]
PI-22	i-线	250	100℃/10 min	0.1%	250	0.65	330	20	[70]
PI-23				1.0%/40s~4 min					
PI-24	g-line		100℃/10 min	2.38%/1~5 min					[71]
PI-25				2.38%/2 min				10	
PI-26~PI-28	i-线	1 500	100℃/10 min	2.38%/75 s				20	[72]
PI-29	i-线	100~1 000	120℃/3 min	2.38%/60 s			320	10	[73]
PI-30	i-线	500~12 000	120℃/2~4 min	2.38%/90 s				3	[74,75]
PI-31	i-线	100	130℃/2 min	0.238%	60	3.3	300	6	[76]
PI-32	i-线	120	120℃/2 min	2.38%	45	10	350	8	[77]
PI-33	i-线	80	120℃/2 min	2.38%	45	10	350	6	[78]

注：没有特殊说明的情况下，显影液都为 TMAH；百分数为质量分数。

当聚酰胺酸的亚胺化程度达到10%~15%时,与30%的DNQ光敏剂混合后可以得到图形良好的正性光敏聚酰亚胺,其感光度为250 mJ/cm^2,对比度为0.65[70]。在此基础上,他们又将芳香酯链环引入聚酰胺酸的主链中制备了含酯聚酰亚胺(PEsIs)(PI-23、PI-24和PI-25),由此制备而成的正性光敏聚酰亚胺具有和铜箔相近的低热膨胀系数(12~23 ppm/K)[71]。

之后,Hasegawa和Nakano[72]使用环化脱水剂(乙酸酐/吡啶)来控制聚酰胺酸的亚胺化程度。由氢化均苯四甲酸二酐(H''-PMDA)和4,4′-二氨基二苯醚(ODA)制备而成的聚酰胺酸(PI-26、PI-27和PI-28),当化学亚胺化程度约80%时,其在365 nm处具有良好的透明度,添加20%DNQ的正性光刻胶形成分辨率为20 μm的光刻图形。日本东丽公司的Tomikawa等[73-75]报道了一种使用N-二甲基甲酰胺二乙基缩醛(DMFDEA)作为酯化剂将聚酰胺酸定量酯化的方法(图2-21)。由3,3′,4,4′-联苯醚四甲酸二酐(ODPA)和ODA制备的聚酰胺酸(PI-29和PI-30)经过DMFDEA酯化后与20%的DNQ混合制得的正性光敏聚酰亚胺,其曝光区域的溶解速率远远大于未曝光区域,形成分辨率为10 nm的正性图案。

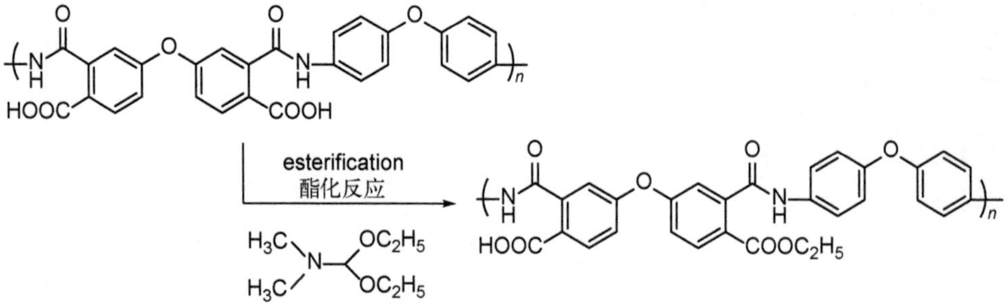

图2-21　聚酰胺酸与DMFDEA的酯化反应

2.（PI+DNQ）型正性光敏聚酰亚胺

（PAA+DNQ）型正性光敏聚酰亚胺普遍存在着先天缺陷,如:① 曝光区域在碱水溶液中溶解性太高,导致显影过程中出现严重的膜损失;② 稳定性差,不利于保存和运输;③ 亚胺化过程膜收缩率较大,导致图像变形等[79]。为了解决这些问题,人们又开发了由聚酰亚胺作为树脂母体的正性光刻胶(表2-7和表2-8)。作为正性光敏聚酰亚胺的树脂母体,聚酰亚胺的结构设计思路与聚酰胺酸正好相反。为了确保曝光区在碱水中的溶解度,需要在聚酰亚胺主链上引入一定量的弱酸性—OH和—COOH基团。其使用量的控制非常重要,如果酸性基团的量太多,非曝光区在碱水中的溶解性太强;反之,如果酸性基团的量太少,则使得曝光区的聚酰亚胺溶解性太低。因此,只有合理地控制聚酰亚胺主链中的酸性基团的数量才能获得聚酰亚胺在曝光区和非曝光区良好的溶解度差异。

表 2-7　（PI+DNQ）型正性光敏聚酰亚胺

	PI 体系*	光敏剂**	文献
PI-34	m:n = 3:7(质量比)	（30%）	[80]
PI-35	m:n = 1:1	（20%）	[81]
PI-36	R₁:R₂:R₃ = 3:4:2.8	二甲氧基蒽醌磺酸二苯咪唑（12%）	[82]
PI-37	R₁:R₂:R₃:R₄ = 3:1:2:3.8		

续 表

PI 体系*	光敏剂**	文献
PI-38	(30%)	[83]
PI-39	(20%)	[84]
PI-40	(30%)	[85]
PI-41		[86]

续 表

PI 体系*	光敏剂**	文献
PI – 42　　m:n = 1:1.44		[86]
PI – 43　　m:n = 26:6	（30%）	[87]
PI – 44　　m:n = 25:75	（30%）	[88]

续 表

PI 体系*	光敏剂**	文献
PI – 45	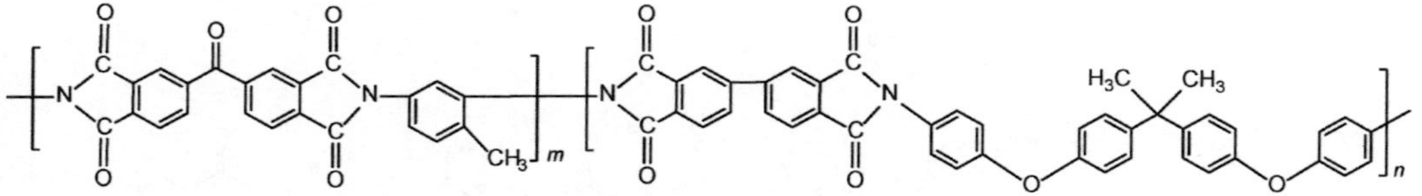  （30%）	[89]
PI – 46	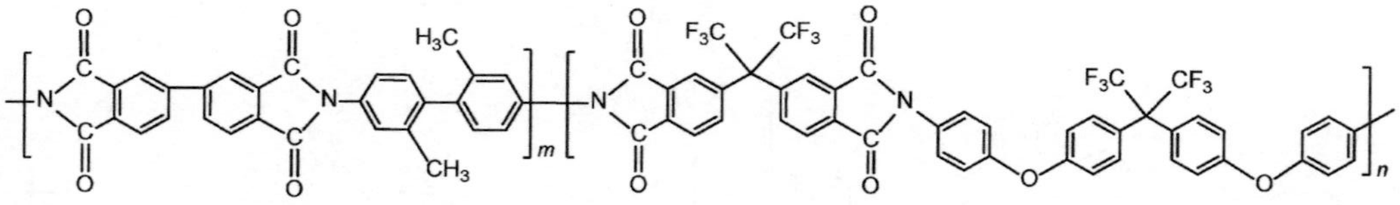	[90]
PI – 47	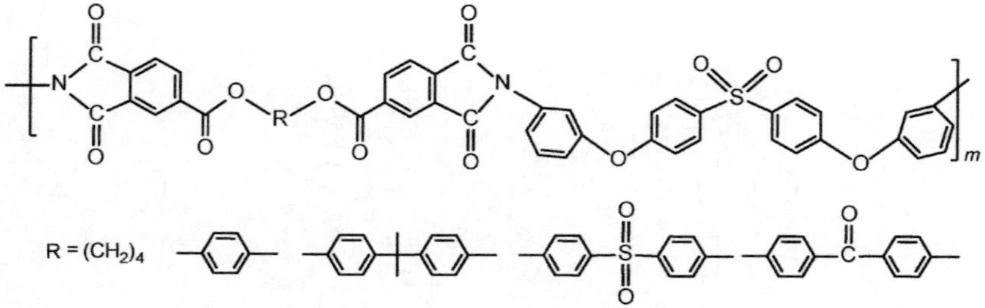	[91]

m:n = 1:1

m:n = 1:1

R = (CH₂)₄

* 除特殊说明外为摩尔比；** 为质量分数。

表 2-8　(PI+DNQ) 型正性光敏聚酰亚胺的光刻参数和光刻效果

	UV	曝光剂量 /（mJ/cm²）	后烘温度/时间	显影液*/显影时间	灵敏度 /（mJ/cm²）	对比度	L/S 分辨率/μm	文　献
PI-34	400 nm		80℃/60 min	2.38%	80	4.96	10	[80]
PI-35	i-线	3 000	90℃/10 min	10%/1~2 min	1 200	1.3	10	[81]
PI-36		300		1% Na₂CO₃			50	[82]
PI-37								[83]
PI-38	i-线	200	100℃/10 min	2.38%	100	1.7	10	[83]
PI-39	i-线	150	100℃/5 min	2.38%	100	2.6	20	[84]
PI-40	i-线	250	90℃/5 min	5%/135 s	250	2.56	10	[85]
PI-41	i-线		100℃/10 min	3% NaOH/150 s	238			[86]
PI-42				3% NaOH/30 s	475			
PI-43	i-线	20—600	120℃/2 min	2.38%/60 s	a：60 b：70		10	[87]
PI-44	g-line	3 000	100℃/10 min	2.38%/25 s			20	[88]
PI-45	i-线	2 000	90℃/10 min	Ethanolamine/NMP/H₂O (1/1/1)/7 min	1 000	1.3	20	[89]
PI-46	g-line		90℃/10 min	Ethanolamine/NMP/H₂O (1/1/1)/7 min	1 400		10	[90]

* 本列中比例与百分数为质量比与质量分数。

（1）引入—COOH 基团

早在 20 世纪 90 年代初，Abe 等[80]将 3,5 -二氨基苯甲酸（DBA）和双［4-（3 -氨基苯氧基）苯基］砜（BAPS）与环丁烷四甲酸二酐（CBDA）共聚，制备了既有透明度又可溶解于碱性溶液的 PI 聚合物（PI - 34）。此光敏材料的光感度由—COOH含量、DNQ含量和 PI 分子量决定。当羧酸基团的摩尔分数达到 30%、DNQ 质量分数为 30% 时，所得到的正性光刻胶的灵敏度和对比度分别为 80 mJ/cm² 和 4.96，并可得到分辨率为 10 μm 的图形。此后，Fukushima 等[81]将含氟二酐 6FDA 取代了 CBDA，与 DBA 和 BAPS 共聚，同样得到了透明可溶的 PI 聚合物（PI - 35），其溶解性可以通过 DBA 的比例加以调节。这个 PI 聚合物与 DNQ 光敏剂复合后，经 i -线曝光和 TMAH 溶液显影，得到了分辨率为 10 μm 的正性图形。美国专利（US8722758）[82]也报道了主链中含有羧基和羟基的正性光敏聚酰亚胺材料（PI - 36 和 PI - 37）。此类 PI 由 3,3',4,4'-二苯甲酮四甲酸二酐（BTDA）与弱酸性的二胺 DBA 或 3,5 -二氨基- 4 -羟基-苯甲酸（DAPHBA）和聚硅氧烷二胺（PLSX）以及 ODA 与共聚而成，再与 12% 的光敏剂混合得到正性光敏聚酰亚胺，经 1% Na₂CO₃ 水溶液显影后，得到分辨率为 3 μm 的图形。

（2）引入—SO₃H 基团

将磺酸基修饰到 PI 聚合物中，也可以增加 PI 在碱性水溶液中的溶解度。Morita 等[83]用 6FDA 与 ODA 和含有磺酸基的二胺 1,3 -苯二胺- 4 -磺酸（PDAS）共聚，经热亚胺化后得到可溶性 PI（PI - 38），与 30% 的 DNQ 混合后得到正性光刻胶，其在 i -线的感光灵敏度、对比度和图形分辨率分别为 100 mJ/cm²、1.7 和 10 μm。之后，他们又使用 2,2'-硫双（5 -氨基苯磺酸）（TBAS）代替 PDAS 制备了另一种带有磺酸基团的 PI（PI - 39）[84]。此类光刻胶的对比度优于 PDAS 体系，达到 2.6，分辨率为 20 μm。

（3）引入—OH 基团

带有羟基的可溶性聚酰亚胺是被研究最多的一类，—OH 基团可通过二胺或者二酐的分子结构引入 PI 聚合物的主链中。Jin 等[85]将氢化 PMDA（HPMDA）二酐和带有羟基的二胺 2,2 -双-（3 -氨基- 4 -羟苯基）六氟丙烷（BisApAf）以及 BAPS 共聚制得透明可溶的聚酰亚胺（PI - 40），与 20% 的 DNQ 光敏剂混合后得到正性光刻胶。此类光刻胶经 UV 辐照，并使用 5% 的 TMAH 水溶液显影，得到分辨率为 10 μm 的正性图形，灵敏度和对比度分别为 250 mJ/cm² 和 2.56。Ishii 等[86]用含有—OH 基的二胺制备了两种 PI 材料：第一种是由 PMDA/BPDA 与 BisApAf/TFMB 采用一锅法共聚的方法制得 PI - 41；另一种是由 3,3',4,4'-二苯基砜四甲酸二酐（DSDA）和 2,2'-双［4-（4 -氨基苯氧基）苯基］丙烷（BSDA）/PLSX 共聚而成的 PI - 42。这两种 PI 作为成膜剂，与 30% 的光敏剂混合后，得到具有良好光敏性的正性光刻图形。专利 WO2009/110764[87]也报道了 6FDA+BSDA/PLSX 体系的聚酰亚胺（PI - 43），这种 PI（约 60%）与普通聚酰胺酸（约 40%）混合后，再与 30% 的光敏剂配伍,得到的正性光刻胶在 365 nm 处灵敏度为 60 mJ/cm^2,图形分辨率为 10 μm。

除了使用含羟基的二胺单体之外,也可以先将羟基引入二酐单体中,再通过与普通二胺或带羟基的二胺聚合制备可溶性聚酰亚胺。Hasegawa 等[88]用氯化偏苯三酸酐(TA)与 BAPS 反应,制备了含有羟基酰胺的二酐(图 2 - 22),把这种二酐和二胺 ODA 以及 2,2′-双[4 -(4 -氨基苯氧基)苯基]六氟丙烷(HFBAPP)共聚得到可溶性 PI(PI - 44)。该 PI 的溶解性大小和 ODA/HFBAPP 的比例有关,当这两种二胺的质量比为 4:1 时,与质量分数为 30% 的光敏剂混合后得到的正性光敏聚酰亚胺经435 nm 紫外辐照后,得到分辨率为 20 μm 的图形。

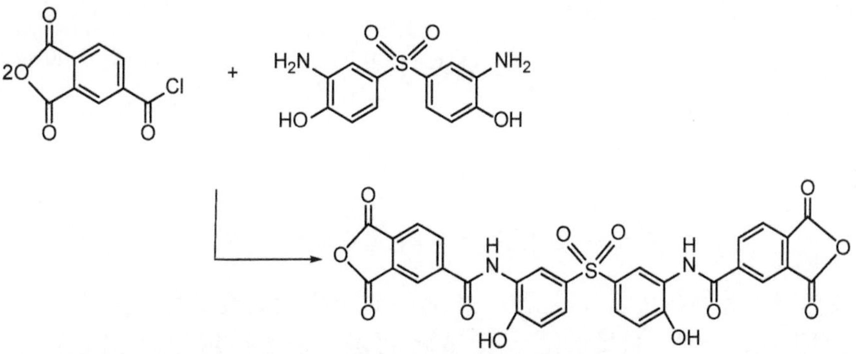

图 2 - 22　含羟胺的四羧基二酐的合成路线

3. 反应显影(RDP)型正性光敏聚酰亚胺

此类正性光敏聚酰亚胺也是由聚酰亚胺和光活性化合物 DNQ 复合而成,它的最显著特征在于对 PI 结构没有任何限制,不需要在 PI 主链中修饰光敏基团,或者引入—OH 和—COOH 等亲水基团,其光刻机理与传统的光敏聚酰亚胺有所不同,而被定义为反应型显影制图(RDP)型光敏聚酰亚胺[89,90]。其图形形成机制如图 2 - 23 所示[89]:① 在曝光区域,DNQ 经光致重排转变成茚酸后与显影液中的氨基乙醇发生酸-碱反应,其胺盐产物可以促进显影液渗透进曝光区域的胶体内;② PI 的亚胺环因氨基乙醇的亲核进攻而发生开环反应,并引起 PI 分子链断裂,生成低分子量的酰胺化产物;③ 未曝光部分,未反应的 DNQ 抑制了乙醇胺向 PI 薄膜体内的扩散,使 PI 膜在显影液中的溶解度减弱,与曝光区形成显著的溶解度差异,从而实现了光刻的目的。

由日本横滨国立大学的 Miyagawa 等[90]开发的 PI 体系,(BPDA/DAT+BPDA/BAPP)型聚酰亚胺(PI45)(DTA = 2,4′-二氨基甲苯;BAPP = 2,2′-双[4 -(4 -氨基苯氧基)苯]丙烷)和(6FDA/HFBAPP+BPDA/2 -DMBZ)型聚酰亚胺(PI - 46)(2 -DMBZ = 2,2′-二甲基联苯二胺),都属于 RDP 型光敏聚酰亚胺。这些聚酰亚胺胶体中含有大量柔性基团,可以溶解于 N -甲基 -2 -吡咯烷酮(NMP)中,加入质量

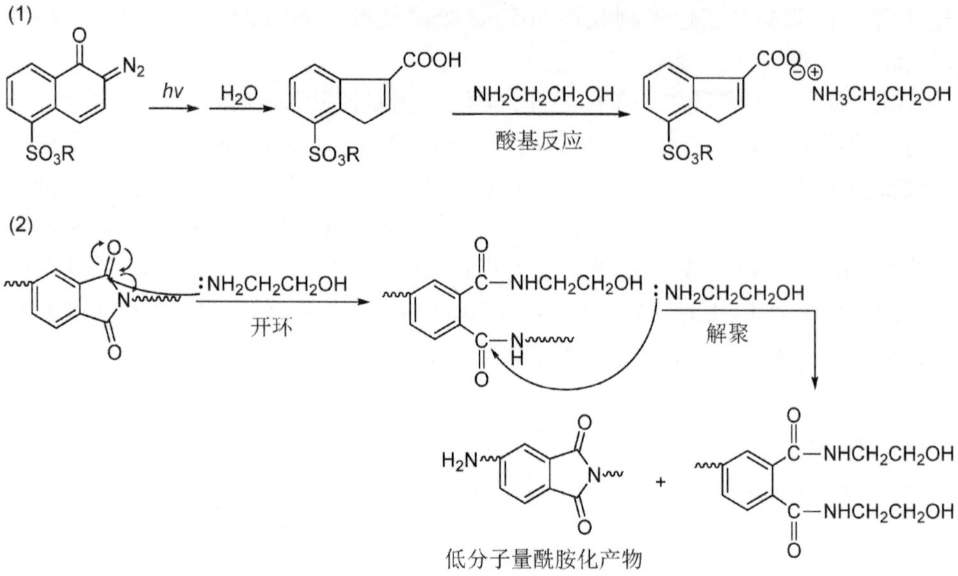

(1)

(2)

低分子量酰胺化产物

图 2-23 正体光敏聚酰亚胺体系的反应显影机制

分数为30%的光敏剂可以获得正性光刻胶。这类光刻胶经过紫外辐照后,使用乙醇胺/NMP/水(1:1:1,质量比)溶液显影,可得到分辨率良好的光刻图形。

由于没有结构上的要求,RDP光刻机理可以应用于像 PI-47 [91] 的聚酰亚胺材料,也可以应用于聚碳酸酯[92]和聚芳酯[93]等工程塑料。

随着微电子器件向更高集成度的发展,对光敏聚酰亚胺的性能和功能也不断提出新的要求。具有高灵敏度、高分辨率、低介电常数、低热膨胀系数、低温亚胺化和固化过程不产生气体溢出等功能性、个性化的聚酰亚胺光刻胶将越来越受到关注。

参 考 文 献

[1] 余自力,郭岳,李玉宝.高性能聚苯硫醚电子封装材料.化工新型材料,2005,(04):10 - 12,28.

[2] 田民波.电子封装工程.北京:清华大学出版社,2003.

[3] 田民波,林金堵,祝大同.高密度封装基板.北京:清华大学出版社,2003.

[4] 阳范文,赵耀明.21世纪我国电子封装行业的发展机遇与挑战.半导体情报,2001,(04):15 - 18.

[5] 黄文迎,周洪涛.先进电子封装技术与材料.精细与专用化学品,2006,(16):1 - 5.

[6] Yu S, Hing P, Hu X. Dielectric properties of polystyrene-aluminum nitride composites. Journal of Applied Physics, 2000, 88(1): 398 - 404.

[7] Rimdusit S, Ishida H. Development of new class of electronic packaging materials based on ternary systems of benzoxazine, epoxy, and phenolic resins. Polymer, 2000, 41 (22):

7941 – 7949.

[8] 李晓云,张之圣,曹俊峰.环氧树脂在电子封装中的应用及发展方向.电子元件与材料,2003,(02):36 – 37.

[9] 刘金刚,何民辉,范琳,等.先进电子封装中的聚酰亚胺树脂.半导体技术,2003,(10):37 – 41.

[10] Fahim M, Bijwe J, Nalwa H S. Polyimides for microelectronics and tribology applications// Nalwa. Supramolecular Photosensitive and Electroactive Material. Salt Lake City: Academic Press, 2001: 643 – 726.

[11] Maier G. Polymers for microelectronics. Materials Today (Oxford, U. K.), 2001, 4(5): 22 – 33.

[12] Wong C P. Application of polymer in encapsulation of electronic parts. Advances in Polymer Science, 1988, 84: 63 – 83.

[13] Klingsberg A, Piccininni R M, Salvatore A, et al. Encyclopedia of polymer science and engineering, Vol. 12: Polyesters to polypeptide synthesis. 2nd. Hoboken: John Wiley & Sons, 1988.

[14] Makino D. Recent progress of the application of polyimides to microelectronics//Polymers for Microelectronics. American Chemical Society, 1993: 380 – 402.

[15] Xu R, Lee J W, Pan T, et al. Designing thin, ultrastretchable electronics with stacked circuits and elastomeric encapsulation materials. Advanced Functional Materials, 2017, 27 (4): 1604545.

[16] Park J S, Chae H, Chung H, et al. Thin film encapsulation for flexible AM – OLED: A review. Semiconductor Science and Technology, 2011, 26(3): 034001.

[17] Walter T, Lederer M, Khatibi G. Delamination of polyimide/Cu films under mixed mode loading. Microelectronics Reliability, 2016, 64: 281 – 286.

[18] Hyung G W, Park J, Kim J H, et al. Storage stability improvement of pentacene thin-film transistors using polyimide passivation layer fabricated by vapor deposition polymerization. Solid-State Electronics, 2010, 54(4): 439 – 442.

[19] Oh S K, Jang T, Jo Y J, et al. Improved package reliability of AlGaN/GaN HFETs on 150 mm Si substrates by SiN_x/polyimide dual passivation layers. Surface & Coatings Technology, 2016, 307: 1124 – 1128.

[20] Ree M. High performance polyimides for applications in microelectronics and flat panel displays. Macromolecular Research, 2006, 14(1): 1 – 33.

[21] Maier G. Low dielectric constant polymers for microelectronics. Prog. Polym. Sci., 2001, 26(1): 3 – 65.

[22] Wang W C, Vora R H, Kang E T, et al. Nanoporous ultra-low-κ films prepared from fluorinated polyimide with grafted poly (acrylic acid) side chains. Advanced Materials (Weinheim, Ger.), 2004, 16(1): 54 – 57.

[23] Choudhary R, Fasano B V, Iruvanti S, et al. Device including reworkable alpha particle barrier and corrosion barrier to reduce soft error rate//International Business Machines Corporation, USA, 2007: 6.

[24] Bartnikas R, McMahon E J. Electrical properties of solid insulating materials: Measurement techniques//Engineering Dielectrics (Bartnikas R, ed), Vol. IIB. PA, USA: ASTM,

Philadelphia, 1987.

[25] Hougham G, Tesoro G, Viehbeck A, et al. Polarization effects of fluorine on the relative permittivity in polyimides. Macromolecules, 1994, 27(21): 5964 - 5971.

[26] Melcher J, Yang D, Arlt G. Dielectric effects of moisture in polyimide. IEEE Transactions on Electrical Insulation, 1989, 24(1): 31 - 38.

[27] Feger C, Khojasteh M M, McGrath J E. Polyimides: Materials chemistry and characterization. Proceedings of the 3rd International Conference on Polyimides, Ellenville, New York, November 2 - 4, 1988. New York: Elsevier, 1989.

[28] Boese D, Herminghaus S, Yoon D Y, et al. Stiff polyimides: Chain orientation and anisotropy of the optical and dielectric properties of thin films. Materials Research Society Symposia Proceedings, 1991, 227(Mater. Sci. High Temp. Polym. Microelectron.): 379 - 386.

[29] Yoon D Y, Parrish W, Depero I E, et al. Chain conformations of aromatic polyimides and their ordering in thin films. Materials Research Society Symposia Proceedings, 1991, 227 (Mater. Sci. High Temp. Polym. Microelectron.): 387 - 393.

[30] Bidstrup S A, Hodge T C, Lin L, et al. Anisotropy in thermal, electrical and mechanical properties of spin-coated polymer dielectrics. Materials Research Society Symposia Proceedings, 1994, 338: 577 - 587.

[31] 刘金刚,何民辉,王丽芳,等.含氟聚酰亚胺及其在微电子工业中的研究进展 II 含氟聚酰亚胺在微电子工业中的应用.高分子通报,2003,(04): 10 - 24.

[32] Tao L, Yang H, Liu J, et al. Synthesis and characterization of highly optical transparent and low dielectric constant fluorinated polyimides. Polymer, 2009, 50(25): 6009 - 6018.

[33] 李林楷.电子封装用环氧树脂的研究进展.国外塑料,2005,(09): 41 - 43,46.

[34] Lopes C M A, Felisberti M I. Thermal conductivity of PET/(LDPE/Al) composites determined by MDSC. Polymer Testing, 2004, 23(6): 637 - 643.

[35] 张立群,耿海萍,朱虹,等.导热高分子材料的研究和开发进展.合成橡胶工业,1998,(01): 57 - 62.

[36] 李侃社,王琪.聚合物复合材料导热性能的研究.高分子材料科学与工程,2002,(04): 10 - 15.

[37] 彩霞,黄卫东,徐步陆,等.电子封装塑封材料中水的形态.材料研究学报,2002,(05): 507 - 511.

[38] 刘金刚,杨海霞,范琳,等.先进封装用聚合物层间介质材料研究进展.杭州: 2010 年全国半导体器件技术研讨会,2010: 6.

[39] Senturia S D. Polyimides in Microelectronics. Polym. High Technol.: Electron. Photonics, 1987, 346: 428 - 436.

[40] Jensen R J. Polyimides as interlayer dielectrics for high-performance interconnections of integrated circuits. Polym. High Technol.: Electron. Photonics, 1987, 346: 466 - 483.

[41] Fukukawa K I, Ueda M. Recent progress of photosensitive polyimides. Polymer Journal, 2008, 40(4): 281 - 296.

[42] Horie K. Photosensitive polyimides: Fundamentals and applications Lancaster: Technomic Publishing AG, 1995.

[43] Mochizuki A, Ueda M. Recent development in photosensitive polyimide (PSPI). Journal of Photopolymer Science and Technology, 2001, 14(5): 677 - 688.

［44］ Strong C E. History of the invention and development of the polyimides.//Ghosh M K, Mittal K L. Polyimides: fundamentals and applications. New York: CRC Press, 1996.

［45］ Fukukawa K I, Ueda M. Chemically amplified photosensitive polyimides and polybenzoxazoles. Journal of Photopolymer Science and Technology, 2009, 22 (6): 761 − 771.

［46］ Kerwin R E, Goldrick M R. Thermally stable photoresist polymer. Polymer Engineering & Science, 1971, 11(5): 426 − 430.

［47］ Sroog C E. Polyimides. Journal of Polymer Science, Part D: Macromolecular Reviews, 1976, 11: 161 − 208.

［48］ Loprest F J, McInerney E F. Positive working thermally stable photoresist composition, article and method of using. United States Patent 4093461. Unitated States: GAF Corporation (Wayne, NJ), 1978.

［49］ Rubner R, Ahne H, Kuehn E, et al. A photopolymer: the direct way to polyimide patterns. Photographic Science and Engineering, 1979, 23(5): 303 − 309.

［50］ Yoda N, Hiramoto H. New photosensitive high temperature polymers for electronic applications. Journal of Macromolecular Science. Chemistry, 1984, 21 (13 − 14): 1641 − 1663.

［51］ Dubois J C, Bureau J M. Polyimides and other high-temperature polymers. Amsterdam: Elsevier Science Publishers, 1991.

［52］ Rohde O, Smolka P, Falcigno P A, et al. Novel auto-photosensitive polyimides with tailored properties[J]. Polymer Engineering & Science, 1992, 32(21): 1623 − 1629.

［53］ Yoda N. Recent developments in advanced functional polymers for semiconductor encapsulants of integrated circuit chips and high-temperature photoresist for electronic applications [J]. Polymers for Advanced Technologies, 1997, 8(4): 215 − 226.

［54］ Rubner R, Ahne H, Kuehn E, et al. A photopolymer: the direct way to polyimide patterns [J]. Photographic Science and Engineering, 1979, 23(5): 303 − 309.

［55］ Yoda N, Hiramoto H. New photosensitive high temperature polymers for electronic applications [J]. Journal of Macromolecular Science, Chemistry, 1984, A21(13 − 14): 1641 − 1663.

［56］ Ueda M, Nakayama T. A new negative-type photosensitive polyimide based on poly (hydroxyimide), a cross-linker, and a photoacid generator [J]. Macromolecules, 1996, 29(20): 6427 − 6431.

［57］ Mochizuki A, Teranishi T, Ueda M. Novel photosensitive polyimide precursor based on polyisoimide using an amine photogenerator[J]. Macromolecules, 1995, 28(1): 365 − 369.

［58］ Fréchet J M J, Cameron J F, Chung C M, et al. Photogenerated base as catalyst for imidization reactions[J]. Polymer Bulletin, 1993, 30(4): 369 − 375.

［59］ Fukukawa K I, Shibasaki Y, Ueda M. Direct patterning of poly (amic acid) and low-temperature imidization using a photo-base generator [J]. Polymers for Advanced Technologies, 2006, 17(2): 131 − 136.

［60］ Kubota S, Moriwaki T, Ando T, et al. Preparation of positive photoreactive polyimides and their characterization[J]. Journal of Applied Polymer Science, 1987, 33(5): 1763 − 1775.

［61］ Hsu SL C, Lee P I, King J S, et al. Novel positive-working aqueous-base developable photosensitive polyimide precursors based on diazonaphthoquinone-capped polyamic esters

[J]. Journal of Applied Polymer Science, 2003, 90(8): 2293 - 2300.

[62] Okazaki M, Onishi H, Yamashita W, et al. Positive-working photosensitive alkaline-developable polyimide precursor based on semi-alicyclic poly(amide acid), vinyl ether crosslinker, and a photoacid generator[J]. Journal of Photopolymer Science and Technology, 2006, 19(2): 277 - 280.

[63] Seino H, Mochizuki A, Haba O, et al. A positive-working photosensitive alkaline-developable polyimide with a highly dimensional stability and low dielectric constant based on poly(amic acid) as a polyimide precursor and diazonaphthoquinone as a photosensitive compound [J]. Journal of Polymer Science, Part A: Polymer Chemistry, 1998, 36(13): 2261 - 2267.

[64] Hsu S. Synthesis and characterization of a positive-working, aqueous-base-developable photosensitive polyimide precursor[J]. Journal of Applied Polymer Science, 2002, 86(2): 352 - 358.

[65] Mochizuki A. Positive-working alkaline-developable photosensitive polyimide precursor based on polyisoimide using diazonaphthoquinone as a dissolution inhibitor[J]. Polymer, 1995, 36(11): 2153 - 2158.

[66] Fukushima T, Oyama T, Iijima T, et al. New concept of positive photosensitive polyimide: Reaction development patterning (RDP)[J]. Journal of Polymer Science, Part A: Polymer Chemistry, 2001, 39(19): 3451 - 3463.

[67] 陈小刚,廖学明,何晓东.前驱体型光敏聚酰亚胺的合成研究[J].合成材料老化与应用, 2015,44(5): 111 - 118.

[68] Haba O, Okazaki M, Nakayama T, et al. Positive-working alkaline-developable photosensitive polyimide precursor based on poly(amic acid) and dissolution inhibitor[J]. Journal of Photopolymer Science and Technology, 1997, 10(1): 55 - 60.

[69] Sakayori K, Shibasaki Y, Ueda M. A positive-type alkaline-developable photosensitive polyimide based on the polyamic acid from 2, 2′, 6, 6′-biphenyltetracarboxylic dianhydride and 1, 3-bis(4-aminophenoxy)benzene, and a diazonaphthoquinone[J]. Polymer Journal, 2006, 38(11): 1189 - 1193.

[70] Hasegawa M, Tominaga A. Environmentally friendly positive- and negative-tone photo-patterning systems of low-κ and low-CTE polyimides[J]. Journal of Photopolymer Science and Technology, 2005, 18(2): 307 - 312.

[71] Hasegawa M, Tanaka Y, Koseki K, et al. Positive-type photo-patterning of low-CTE, high-modulus transparent polyimide systems[J]. Journal of Photopolymer Science and Technology, 2006, 19(2): 285 - 290.

[72] Hasegawa M, Nakano J. Colorless polyimides derived from cycloaliphatic tetracarboxylic dianhydrides with controlled steric structures (4). Applications to positive-type photosensitive polyimide systems with controlled extents of imidization[J]. Journal of Photopolymer Science and Technology, 2009, 22(3): 411 - 415.

[73] Tomikawa M, Yoshida S, Okamoto N. Novel partial esterification reaction in poly(amic acid) and its application for positive-tone photosensitive polyimide precursor[J]. Polymer Journal, 2009, 41(8): 604 - 608.

[74] Yuba T, Okuda R, Tomikawa M, et al. Soft baking effect on lithographic performance by positive tone photosensitive polyimide[J]. Journal of Photopolymer Science and Technology,

2010, 23(6): 775-779.

[75] Tomikawa M, Suwa M, Niwa H, et al. Novel high refractive index positive-tone photosensitive polyimide for microlens of image sensors[J]. High Performance Polymers, 2011, 23(1): 66-73.

[76] Inoue Y, Saito Y, Higashihara T, et al. Facile formulation of alkaline-developable positive-type photosensitive polyimide based on fluorinated poly(amic acid), poly(amic acid), and fluorinated diazonaphthoquinone[J]. Journal of Materials Chemistry C: Materials for Optical and Electronic Devices, 2013, 1(14): 2553-2560.

[77] Inoue Y, Higashihara T, Ueda M. Alkaline-developable positive-type photosensitive polyimide based on fluorinated poly(amic acid) and fluorinated diazonaphthoquinone[J]. Journal of Photopolymer Science and Technology, 2013, 26(3): 351-356.

[78] Inoue Y, Ishida Y, Higashihara T, et al. Alkaline-developable and positive-type photosensitive polyimide based on fluorinated poly(amic acid) from diamine with high hydrophobicity and fluorinated diazonaphtoquinone[J]. Journal of Photopolymer Science and Technology, 2014, 27(2): 211-217.

[79] Ryu S. Synthesis and characterizations of positive-working photosensitive polyimides having 4, 5-dimethoxy-*o*-nitrobenzyl side group[J]. Bulletin of the Korean Chemical Society, 2008, 29(9): 1689-1694.

[80] Abe T, Mishina M, Kohtoh N. Positive photosensitive polyimides with cyclobutane structure [J]. Polymers for Advanced Technologies, 1993, 4(4): 288-293.

[81] Fukushima T, Hosokawa K, Oyama T, et al. Synthesis and positive-imaging photosensitivity of soluble polyimides having pendant carboxyl groups[J]. Journal of Polymer Science, Part A: Polymer Chemistry, 2001, 39(6): 934-946.

[82] Hwang K Y, Tu A P, Wu S Y, et al. Novel water soluble polyimide resin, its preparation and use. U.S. Pat. Appl. Publ., 2011, US 20110172324 A1 20110714.

[83] Morita K, Ebara K, Shibasaki Y, et al. New positive-type photosensitive polyimide having sulfo groups[J]. Polymer, 2003, 44(20): 6235-6239.

[84] Morita K, Shibasaki Y, Ueda M. New positive-type photosensitive polyimide having sulfo groups 2. Polyimides from 2, 2'-oxy(or thio)bis(5-aminobenzenesulfonic acid), 4, 4'-oxydianiline, and 4, 4'-hexafluoropropylidene-bis(phthalic anhydride)[J]. Journal of Photopolymer Science and Technology, 2004, 17(2): 263-268.

[85] Jin X, Ishii H. A novel positive-type photosensitive polyimide having excellent transparency based on soluble block copolyimide with hydroxyl group and diazonaphthoquinone[J]. Journal of Applied Polymer Science, 2005, 96(5): 1619-1624.

[86] Ishii J. Organo-soluble polyimides and their applications to photosensitive cover layer materials in flexible printed circuit boards[J]. Journal of Photopolymer Science and Technology, 2008, 21(1): 107-112.

[87] Seong H R, Park C H, Oh D H, et al. Positive photosensitive polyimide composition photoresist for organic LED fabrication. PCT Int. Appl. 2009, WO 2009110764 A2 20090911.

[88] Hasegawa M. Hydroxyamide-containing positive-type photosensitive polyimides[J]. Journal of Photopolymer Science and Technology, 2007, 20(2): 175-180.

[89] Fukushima T. New concept of positive photosensitive polyimide: reaction development patterning (RDP) [J]. Journal of Polymer Science, Part A: Polymer Chemistry, 2001, 39(19): 3451-3463.

[90] Miyagawa T, Fukushima T, Oyama T, et al. Photosensitive fluorinated polyimides with a low dielectric constant based on reaction development patterning [J]. Journal of Polymer Science, Part A: Polymer chemistry, 2003, 41(6): 861-871.

[91] Sugawara S, Tomoi M, Oyama T. Photosensitive polyesterimides based on reaction development patterning [J]. Polymer Journal (Tokyo, Japan), 2007, 39(2): 129-137.

[92] Oyama T, Kawakami Y, Fukushima T, et al. Photosensitive polycarbonates based on reaction development patterning (RDP) [J]. Polymer Bulletin (Berlin, Germany), 2001, 47(2): 175-181.

[93] Oyama T, Kitamura A, Fukushima T, et al. Photosensitive polyarylates based on reaction development patterning [J]. Macromolecular Rapid Communications, 2002, 23(2): 104-108.

第 3 章

聚酰亚胺在液晶显示中的应用

3.1 引言

阴极射线管(cathode ray tube, CRT)显示技术推动了人类历史上第一次显示革命,信息显示传递形式从静态显示发展到动态显示。随着人类社会文明化程度的不断提高,显示器件作为人机界面已经无时无刻不在影响着人类的日常生活。人们上班用的计算机配有液晶显示器(liquid crystal display, LCD),下班回家看的是液晶电视,出差旅行随身携带的是液晶显示的笔记本电脑和手机。目前,液晶显示器作为一种主流的显示器类型,在市场上占主导地位,尤其是以薄膜晶体管液晶显示器(thin film transistor liquid crystal display, TFT - LCD)为代表的显示器件,以其独特的性能优势、极具竞争力的价格优势,独占信息显示器件的龙头地位,推动了显示领域的第二次革命[1, 2]。

以 TFT - LCD 为主导的平板显示器产业的迅速发展,给人们的生活和工作带来了革命性的变化。全面比较其他类别显示器件,液晶显示器件具有很多独到的优异特性:低工作电压、低功耗;平板型结构便于大批量、自动化生产;被动型显示不易引起疲劳,更适合于人眼视觉;显示信息量大;易于彩色化;寿命长;无辐射、无污染等[3]。

LCD 平板显示器件是一种应用面广、发展成熟、已量产并且还在迅猛发展着的显示器件。由于液晶自身一系列无可替代的优点和相关技术的发展,LCD 在显示器件市场中仍将占有极高的比例。

3.2 液晶简介

液晶(liquid crystal, LC)是一种兼有晶体和液体部分性质的中间态物质,在一定温度范围内,它保留部分晶态物质分子的各向异性有序排列,同时又具有液体的流动性、黏性和弹性等机械性能。图 3-1 是液晶随着温度变化的相变转换示意图。

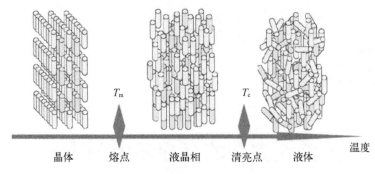

图 3-1 液晶的相变转换示意图

　　一般具有液晶性的有机物质,其分子结构呈扁平状或细长棒状。图 3-2 为液晶分子构成示意图,其中包括刚性结构、侧链以及端基。刚性结构决定着液晶的线性结构,对液晶的光学各向异性有着重要的作用;侧链结构增加了液晶分子的柔韧性,对液晶的黏度和相转变温度有着重要的影响;端基的不同影响液晶分子极性的强弱。

图 3-2 液晶分子构成示意图

　　根据不同的排列形态,可以将液晶分为以下三类:向列相(nematic)液晶、胆甾相(cholesteric)液晶、近晶相(smectic)液晶,如图 3-3 所示,其中,向列相液晶是在液晶显示器领域中应用最广泛的一种,它的分子呈棒状结构,长轴方向排列一致,黏度较小,易滑动。胆甾相液晶在液晶显示器中通常被添加在向列相液晶中调节其螺距或作为液晶补偿膜使用,分子呈扁平层状排列,每一层液晶分子的排列方向相同,层与层之间液晶分子错位排列,液晶分子整体呈现螺旋状,具有一定的旋光

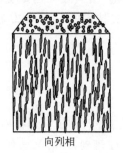
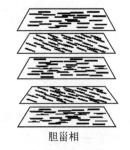
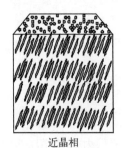

向列相　　　　　　　胆甾相　　　　　　　近晶相

图 3-3 液晶相的类型[4]

性。近晶相液晶分子呈棒状结构层状排列,层内分子长、短轴取向均相同,但是近晶相液晶在液晶显示器中应用较少。

3.3　液晶显示器件

3.3.1　液晶显示器件的发展历程

液晶显示主要利用动态散射、扭曲效应、相变效应、宾主效应和电控双折射等光电效应。从技术发展的历程来看,LCD 主要经历了以下 4 个发展阶段[1]。

1. 动态散射液晶显示器件时代

1968 年,美国 RCA 公司的 Heilmeier 等发现了液晶的动态散射(dynamic scattering, DS)现象,同年该公司利用这种光散射现象成功研制出世界上第一块 LCD——动态散射液晶显示器(DS－LCD)[5]。1971～1972 年,出现了第一个采用动态散射液晶的手表,由此拉开了液晶显示器实用化的序幕。但是,由于动态散射中的离子运动容易破坏液晶分子,因而这种显示模式很快被淘汰了。

2. 扭曲向列相液晶显示器件时代

1971 年,瑞士人 Schadt 等利用液晶的扭曲向列效应制成了现在最为普遍的扭曲向列液晶显示器(twisted nematic liquid crystal display, TN－LCD),在该模式中液晶分子处于两电极之间,两电极附着于两块玻璃基片上,两个基板则分别贴有和液晶指向矢方向相同的偏光片[6]。如图 3－4 所示,在没有加上电压时,向列液晶在分子间力作用下随着取向膜的方向发生扭转,由于液晶盒的上下基板垂直排布,所以液晶分子旋转 90°排列,入射光经过偏振片而射入的线偏振光发生 90°旋转,旋

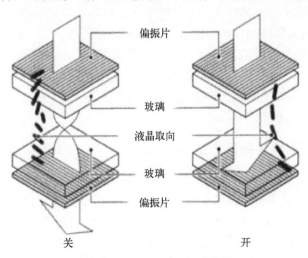

图 3－4　TN－LCD 显示原理

转后的线偏振光可以正好透过底部偏振片,此时液晶面板为透光状态。当施加电压时,液晶分子在电压的作用下成垂直排列,因此入射的偏振光不能发生旋转,不能透过底部偏振片,此时液晶面板显示为不透光状态,这就是 TN－LCD 的显示原理。

尽管是单色显示,它仍被推广到电子表、计算器等领域。1972 年,Carruth 等研制出了无缺陷的向列扭曲 LCD 屏[7]。1973 年,日本的声宝公司首次制成 LCD 数字显示的电子计算器。日本厂家使向列扭曲液晶显示技术逐步成熟,又因制造成本和价格低廉,利用该技术的显示器在 20 世纪七八十年代得以大量生产,成为主流产品。1979～1984 年间,LCD 在显示器件领域的地位仅次于阴极射线管显示器。但向列扭曲液晶显示器的信息容量小,只能用于笔段式数字显示和低路线驱动的简单字符显示。

3. 超扭曲液晶显示器件时代

超扭曲向列液晶显示器(super twisted nematic liquid crystal display, STN－LCD)是在 TN－LCD 基础上发展起来的一种扭曲角超过90°的显示器件,并在 1987年开始大量生产。20 世纪 80 年底末 90 年代初,日本掌握了超扭曲液晶显示器的生产技术,LCD 工业开始快速发展,使便携计算机和液晶电视等新产品得以开发。由于超扭曲液晶显示器具有扫描线多、视角宽和对比度好等特点,很快在大信息容量显示的笔记本计算机、图形处理机以及其他办公和通信设备中获得广泛应用,并成为该时代的主流产品。

4. 薄膜晶体管液晶显示器件时代

薄膜晶体管液晶显示器(TFT－LCD)是以液晶为介质,薄膜晶体管为控制元件,采用大规模集成电路技术和平板光源技术相结合的一种光电子显示器件。20世纪 80 年代末期,日本厂商完全掌握了 TFT－LCD 的主要生产技术,并开始进行大规模生产,形成了目前的巨大产业。随着有源矩阵液晶显示器的快速发展,LCD技术开始进入高画质液晶显示阶段。20 世纪 90 年代,随着笔记本计算机对液晶显示器的需求,薄膜晶体管液晶显示器确立了其液晶显示的主流地位。随着 TFT－LCD 的生产成本大幅度下降,及其高亮度、高对比度、功耗小、方便携带等优势的充分展现,TFT－LCD 逐渐取代 CRT,成为显示器件市场上的主流产品。到 2000 年,开启了液晶平板显示新产业。

3.3.2　液晶显示器件的基本结构

液晶显示器的基本结构是在两个导电玻璃中夹持一个液晶层,并将其密封成一个扁平盒,称为液晶盒。随着技术的进步、功能的逐步增加,其基本结构也随之改变。一般地说,液晶显示器基本的结构包括液晶盒、偏振片、滤光片、背光源等几个部分。不同类型的 LCD 设备的某些部件可能不同,例如一些没有偏振片的 LCD设备。

　　典型的 TN 液晶显示器件的结构如图 3 - 5 所示。液晶显示器是由两块导电玻璃制成的液晶盒。液晶盒内充满液晶,四周用密封材料密封。两个偏光片贴在盒子的外面。液晶盒上下玻璃片之间的空隙称为盒厚,通常为几微米到十微米。上下玻璃片内侧对应显示图形部分,镀有透明的氧化铟锡(ITO)导电薄膜,即显示电极,其作用主要是将外部电信号加到液晶上。液晶盒中玻璃片内侧的整个显示区覆盖着一层定向层,它是一层经过处理的有机薄膜,其作用是使液晶分子按特定的方向排列[8]。

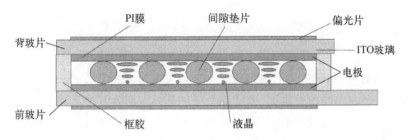

图 3 - 5　TN 液晶显示器件的结构

3.3.3　液晶分子的排列种类

　　实际上,靠近玻璃表面的液晶分子并不完全平行于玻璃表面取向,而是与其成一定的角度,这个角度称为预倾角(pretilt angle),如图 3 - 6 所示。根据预倾角角度的不同,LCD 器件中液晶分子初始取向方式可大致分为三类:① 垂直取向($\theta \approx 90°$),液晶分子长轴垂直于($\perp$)基片表面的取向;② 水平取向($\theta \approx 0°$),液晶分子长轴平行于($/\!/$)基片表面的取向;③ 倾斜取向,液晶分子的长轴与基片表面呈一定角度均匀的取向。

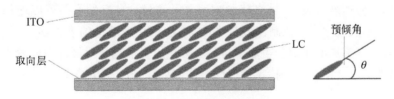

图 3 - 6　预倾角的示意图

　　经取向处理过的两块导电玻璃基片进行不同组合可以形成以下 7 种典型液晶分子排列(表 3 - 1)。

　　(1) 垂直分子排列,所有液晶分子相对两侧基片面作垂直排列。

　　(2) 沿面分子排列,所有液晶分子相对两侧基片面作平行且按同一方向排列。

　　(3) 倾斜分子排列,所有液晶分子相对两侧基片面以一定角度倾斜且按同一方向排列。

表 3-1 典型液晶分子的排列方式[1]

分子排列方式	垂直排列	沿面排列	倾斜排列	混合排列	沿面扭曲	沿面螺旋	角锥排列
分子排列模式							
定向处理基板组合	⊥/⊥	///	</<	⊥//	///=	///	⊥/⊥

（4）混合分子排列，所有液晶分子相对一侧基片面作垂直排列，而在另一侧基片面则沿同一方向作平行排列，即液晶分子的排列在两块基片之间连续弯曲 90°。

（5）沿面扭曲分子排列，所有液晶分子相对两侧基片面作平行排列，但两块基片面上的排列方向互相垂直，即液晶分子的排列方向在两块基片之间连续弯曲 90°。

（6）沿面螺旋分子排列，液晶分子排列的螺旋轴与两侧的基板表面呈垂直排列。

（7）角锥分子排列，液晶的螺旋轴相对于两侧的基片面呈平行状态的分子排列，但是其螺旋轴的方向是不确定的。

3.4 液晶显示器件取向技术

液晶分子沿面排列是哪一种取决于液晶与基片所构成的界面状态的取向效果。在液晶显示器件的生产过程中，液晶分子取向技术是十分重要的[2]。它不仅与液晶的响应速度有关，而且直接影响着显示质量。良好的取向可以增加显示容量，提高显示质量[9,10]。在制作液晶盒时，应在两块玻璃板的表面镀一层取向层，使液晶分子在施加电压前获得取向排列。取向层在液晶显示器件中起着重要的作用，它给液晶层提供了一种特定的取向表面，对液晶分子的均匀取向排列有着强烈的影响。

随着 LCD 器件的飞速发展，在追求新的显示模式和新的制造工艺的同时，人们对取向膜材料也提出了更高的要求[11]。液晶分子取向膜材料是实现液晶分子取向技术的基础，也是实现 LCD 新的显示方式的重要保证。取向膜材料应具有成膜性好，机械性能好，预倾角良好的控制性，热稳定性好，且与液晶不发生化学作用，与玻璃有良好的结合力等特性[12]。已见报道的用作 LCD 取向膜的高分子材料有聚苯乙烯及其衍生物、聚乙烯醇、聚酯、环氧树脂、聚氨酯等，但最常见的是聚酰亚胺。现有 LCD 面板制造工程（第一代 G1 至第八代 G8 生产线）中，主要是采用

PI 材料作为取向膜,经处理后在其表面产生分子取向的各向异性,从而诱导液晶分子被"锚定",进而在电场作用下发生定向排列[13-15]。聚酰亚胺是一种耐高温、抗腐蚀、高硬度、绝缘性好、易成膜、制作成本低的优良高分子材料,图 3-7 为二酐和二胺缩合成聚酰亚胺的反应通式。聚酰亚胺作为液晶取向剂,具有如下优点:膜本身具有使液晶分子定向的功能;对所有液晶材料都具有良好的取向效果,比其他取向材料具有更好的适用性;加工简单,可根据基片的尺寸进行旋转、滚动、喷雾和凹版涂敷,生产工艺简单;与液晶分子不发生化学反应;与基材附着力大;疏水性强等。

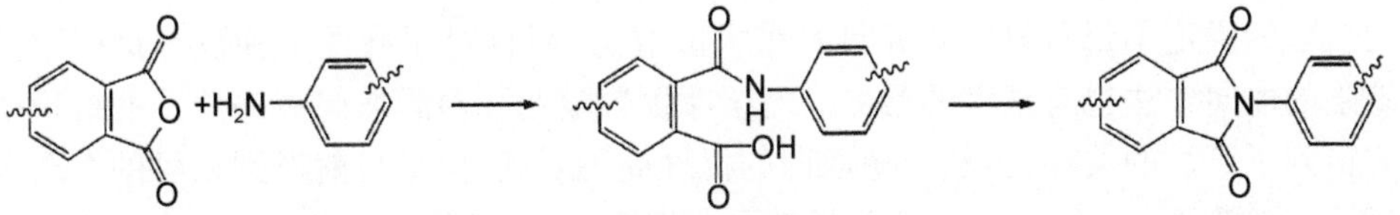

图 3-7　二酐和二胺合成聚酰亚胺的反应通式

对于薄膜晶体管驱动的有源矩阵液晶显示器,不仅要求聚酰亚胺取向膜对液晶分子的预倾角要稳定,同时为了防止过高的温度使微彩色滤光片发生劣化,还要求取向膜的固化温度要低,具有良好的透明性等。传统的芳香族聚酰亚胺材料已经很难满足这些性能要求,因此,人们对其进行了大量的基础性研究工作,从分子结构的设计开始,通过分子剪裁与组合技术研制出具有许多特殊功能的聚酰亚胺材料,极大地拓展了这类材料的应用领域。

在液晶显示器中,若不做取向处理,液晶分子在基片表面则是随机取向,并形成反倾小畴,各个小畴光折射率不同,会使所显示的图像出现斑纹[16]。目前,工业上采用的取向技术主要有传统的摩擦法和近年来新发展的各种非摩擦法。

3.4.1　摩擦取向

摩擦取向技术是迄今在液晶显示领域里使用最为广泛的取向技术,应用于 TN-LCD、STN-LCD 以及 TFF-LCD 的生产制造。摩擦取向技术一般工艺流程为:ITO 导电玻璃基板的清洗;取向剂是通过旋涂法、浸渍法、浮雕印刷法等涂布方法形成的;基材涂布取向材料后,需要预焙以除去取向材料中的溶剂;预焙后,取向材料薄膜层还需要在一定温度下固化一定时间,以获得适合摩擦的取向薄膜;最后,用纤维或棉绒材料在一定方向上摩擦处理液晶取向膜,如图 3-8 所示,使薄膜表面状况改变,对液晶分子产生均匀的锚定作用,使液晶分子有序地排列在两

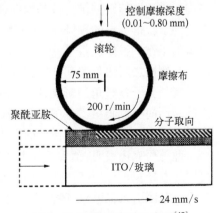

图 3-8　摩擦取向的示意图[17]

片玻璃板上[17]。

摩擦取向的效果可以用摩擦强度的概念进行度量,摩擦的强度 RS 定义为

$$RS = NM\left(\frac{2\pi rn}{60v - 1}\right) \qquad (3-1)$$

式中,N 为摩擦的次数;M 为绒毛压入深度(mm);n 为摩擦滚轮的转速(r/min);r 为摩擦滚轮的半径(mm);v 为摩擦时平台移动的速度(mm/s)。

在液晶显示中,摩擦取向聚酰亚胺薄膜广泛应用于液晶分子的取向层,因此取向机理的确定不仅对科学研究具有重大的意义,而且对于开发一种没有机械摩擦缺陷的取向方法也有很大的帮助。对于摩擦聚酰亚胺薄膜取向液晶分子的机理研究得到了广泛的关注,虽然摩擦取向的机理尚不明确,但是目前得到认可的有两种理论:沟槽理论和取向层表面分子链取向理论[18]。前者认为表面摩擦会产生条纹或划痕,又称凹槽。由于液晶显示器中使用的液晶分子是长棒状的,所以只有当它们沿着沟槽排列时,体系的能量才是最低的。当体系处于热平衡状态时,取向层中的液晶分子将沿沟槽方向排列[19]。根据分子链在取向层表面的取向理论,取向层表面的摩擦会导致分子链在取向层表面定向排列。当液晶分子与取向的分子链接触时,液晶分子以类似晶体外延的方式从取向层表面外延出去,以取向液晶分子[20, 21]。聚酰亚胺薄膜的预倾角决定着液晶显示设备的光学和电学性能的优劣。如果在整个显示面板中,液晶分子的预倾角不是恒定的,液晶分子的排列方向就会散开,并给出一个不均匀的图像。

聚酰亚胺取向层能有效控制液晶分子的预倾角。液晶分子在聚合物表面的预倾角,被认为是由单向摩擦聚合物后聚酰亚胺主链结构发生倾斜引起的[22]。液晶预倾角的大小取决于聚合物主链倾斜角度和表面液晶分子的相互作用。Chern 等合成了不同取代基的二胺单体,通过与不同结构的二酐缩聚成不同主链结构的聚酰亚胺(图 3-9),考察主链结构对液晶取向性能的影响[23]。Barzic 等研究了主链结构的柔顺性与链缠结对液晶取向性能的影响[24]。

为了获得更高的预倾角,并了解液晶分子预倾角的形成机理,科研工作者做了大量的工作。根据已报道的研究,认为液晶分子预倾角是由液晶分子与聚酰亚胺的烷基侧链之间的范德瓦耳斯相互作用决定的[25]。Che 等研究了不同烷基侧链长度对液晶分子预倾角的影响,PI - N9 在摩擦过程中,由于柔性醚键的存在,侧链发生旋转而向一侧倾斜[26]。而对于 PI - N12 摩擦处理后,侧链仍处于垂直状态,液晶分子通过与侧链的相互作用而发生定向排列,如图 3-10 所示。

此外研究还表明,预倾角与聚酰亚胺表面的极性密切相关[27,28]。预倾角不仅可以随着摩擦过程的摩擦强度而增加,而且还可以简单地将长的烷基侧链或其他非极性基团引入聚酰亚胺排列层中,通过减少聚合物表面的极性来提高预倾角。Liu 等将联苯二丙烯酸酯和月桂醇丙烯酸酯光反应性单体加入液晶分子中,紫外光

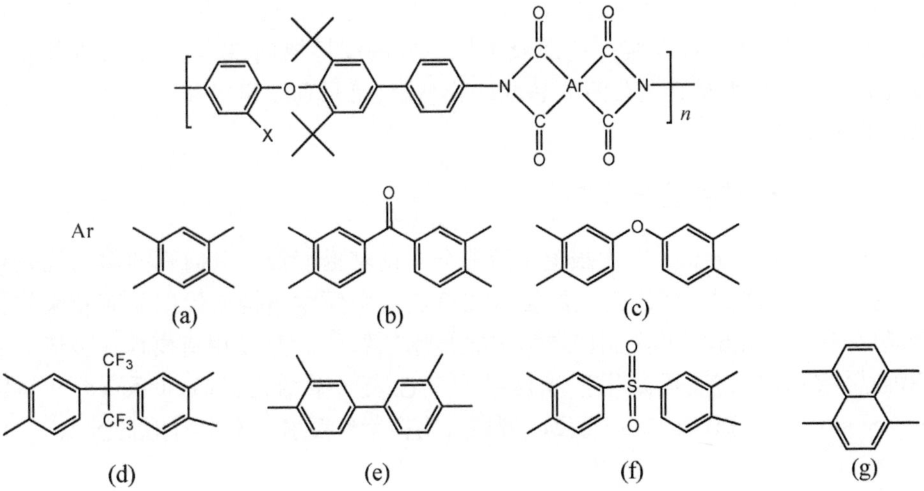

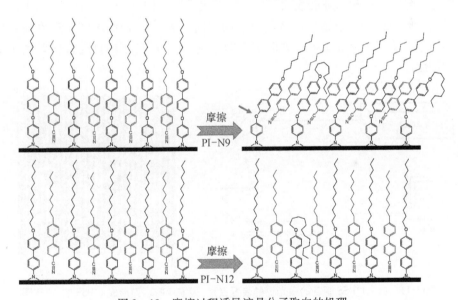

图 3-9　不同结构的聚酰亚胺液晶取向膜

图 3-10　摩擦过程诱导液晶分子取向的机理

照处理后,自由基光引发单体发生聚合反应富集在聚合物表面[29]。通过调节单体的含量来获得不同亲疏水性的表面,从而可以有效地调节预倾角在 0.8°~90°。

与此相反,通过紫外曝光或 O$_2$ 等离子体的表面处理方法提高聚合物表面的极性,可以降低液晶分子的预倾角。通过 UV 处理带长烷基链的聚酰亚胺表面,液晶分子的预倾角从垂直取向变为水平取向[30]。

摩擦取向技术虽然具有简单、方便、稳定性好等优点,但也存在一些技术问题:首先,在摩擦过程中易产生灰尘,这会对显示器的显示质量产生严重的影响;其次,在摩擦过程中易产生静电,破坏晶体管,还会引起电极间短路;此外,摩擦方法仅适用于平坦表面,并且难以实现曲面或柔性装置的摩擦取向[31-33]。总之,寻找新的液晶分子取向技术及其配套的液晶取向膜材料,是目前学术界和工业部门共同感兴趣的研究课题。

3.4.2 表面微结构诱导取向

1973 年,Berremance 首次报道了液晶分子能够沿着液晶取向膜的微结构发生定向排列[34]。因此一些研究人员尝试在液晶盒中用微结构取代聚酰亚胺来作为液晶取向层,并提出了几个制作微结构的实施方案[35]:① 使用掩模板在玻璃表面刻蚀;② 在聚合物表面采用激光诱导周期性表面微结构(laser-induced periodic surface structure, LIPSS);③ 光反应型聚合物在紫外照射下发生固化成型;④ 软压花法。

在这些实施方法中,激光诱导周期性表面微结构得到了广泛的关注。Lu 等采用激光诱导方法在聚酰亚胺表面形成周期性表面微结构,如图 3-11 所示,来研究激光诱导周期性表面微结构对液晶分子的取向行为[36]。他们研究发现聚酰亚胺链倾向于在垂直于表面微槽的方向上定向排列,而液晶分子的排列方向取决于微槽的深度。

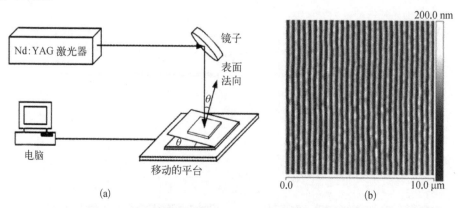

图 3-11 (a) LIPSS 制备的激光辐射装置;(b) 聚酰亚胺表面形成 LIPSS 的 AFM 图

Chiou 等提出了一种非摩擦的软压花法[图 3-12(a)],在聚酰亚胺表面制造周期性微结构诱导液晶分子取向,如图 3-12(b)所示。结果表明,即使沟宽高达3 μm,液晶分子也能均匀地沿槽方向排列。这些聚酰亚胺表面的微槽相比较其他非摩擦取向聚酰亚胺具有更高的锚定能[27]。

3.4.3 倾斜蒸镀诱导取向

倾斜蒸镀是指金属、氧化物、氟化物等无机材料取向剂在与基板的法线方向呈某个角度的方向上进行蒸镀的工艺,目的是形成厚度为 10~100 nm 的一种倾斜排

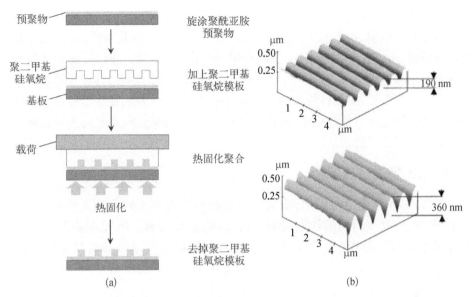

图 3 - 12　(a) 软压花法的原理示意图；(b) 软压花法在聚酰亚胺表面的 AFM 图

列的取向膜[37]。当蒸镀的角度小（$5° \leqslant \theta \leqslant 20°$）时，液晶分子作倾斜取向，液晶分子长轴沿着蒸镀射束方向排列；当蒸镀的角度大（$20° \leqslant \theta \leqslant 45°$）时，液晶分子成为预倾角几乎为 0° 的平面取向，如图 3 - 13 所示[38]。

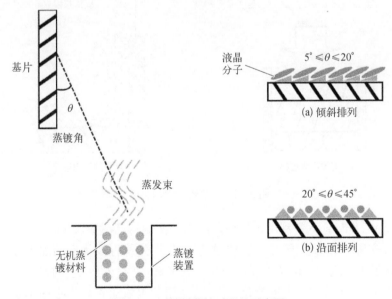

图 3 - 13　倾斜蒸镀过程的示意图

　　在早期的 LCD 生产中，取向膜材料主要是 SiO_x 系列的无机材料。这种薄膜具有良好的耐光性和热性能。它被广泛认为是一种能承受低熔点玻璃密封和加热温度的高可靠性取向膜。可以在基底上倾斜地沉积薄层氧化硅,以使液晶分子具有特定的排列。然而,由于 SiO_x 蒸发温度高、真空工艺下生产效率低,对大尺寸基板的设备昂贵,所以在 LCD 生产中已不采用 SiO_x 作为取向层。但是,近年来随着硅基液晶(liquid crystal on silicon, LCOS)器件的出现,由于这些器件在投影系统中普遍用作光调制器件,对器件的光热稳定性有很高的要求,要求液晶器件具有较快的响应速度。通过序贯显色技术,实现了全彩色显示,使采用垂直定向蒸发镀膜工艺的无机器件成为可能。

3.4.4 LB 膜法诱导取向

随着 LCD 的大面积应用,取向层表面的均匀性越来越受到人们的重视,促进了对 LB 膜取向材料的深入研究。LB 膜的形成过程:挡板将分散在水表面的分子聚集成单分子层。单膜的沉积过程:将亲水性固体基板从布满单分子层的水中向上拉起,亲水性单分子吸附在基板上,形成单分子膜,如图 3-14 所示[39]。

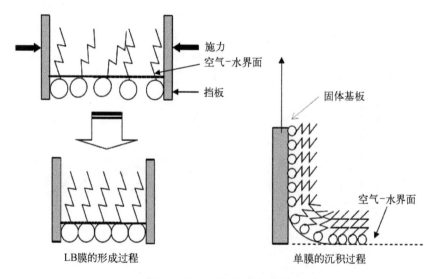

图 3-14 LB 膜技术示意图

1986 年,Kakimoto 等利用预聚物方法第一次制得聚酰亚胺 LB 膜[40]。因聚酰亚胺具有较高的耐热性、较强的机械强度、良好的绝缘性及优良的加工性能等,已开发成功了不少应用于电子工业的产品。近年来,随着电子工业的发展,电子元器件趋于小型化、集成化和大容量化。因此,使用的聚酰亚胺表面必须是超薄的、高性能的。因此,LB 膜技术被引入液晶取向膜的研究中。并且,聚酰亚胺基 LB 膜已成功应用于液晶膜的研究。

在 1999 年,Koo 等将摩擦取向技术和 LB 膜技术结合起来,研究聚酰亚胺取向层表面结构与液晶分子预倾角之间的关系[41]。一个带有两个 LB 层的摩擦过的聚酰亚胺薄膜,其接触角与 LB 膜相同,而摩擦过的聚酰亚胺薄膜表面的预倾角要小于 LB 膜表面的预倾角。同年,Lu 等制备出一种含硅的聚酰亚胺 LB 膜来取向铁电液晶[42]。研究发现对铁电液晶分子的取向能力受到亚胺化温度的影响。高亚胺化温度制备的薄膜可以实现更好的双稳态,而超细的 LB 薄膜有助于铁电液晶分子的快速响应。

Vithana 等利用聚酰亚胺 LB 膜技术使液晶分子获得了良好的取向效果,预倾角可达 9.1°,取向稳定性好。由于聚酰亚胺 LB 膜本身具有定向性,可以作为液晶取向膜,无需摩擦处理,因此可以显著提高 LCD 器件的质量[43]。

3.4.5　光控取向

近年来,一种新的液晶分子取向控制技术——光控取向技术(或称"光配向技术",photo-alignment)得到了广泛的关注[44,45]。该技术的基本原理是:利用光源辐照(主要是线性偏振紫外光,linearly polarized ultraviolet light,LPUV,如图 3-15 所示)作用,使取向膜分子在与偏振光平行方向上发生光加成、光降解或光异构化等反应。从而产生表面的各向异性,进而使得液晶分子形成各向异性排列的一种取向控制技术[46-48],如图 3-16 所示。

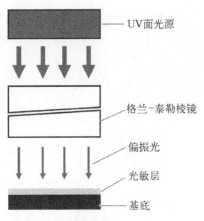

图 3-15　线偏振紫外光技术示意图

图 3-16　光控取向技术的原理示意图

2010 年,夏普公司首次采用光控取向技术实现了多畴垂直取向的液晶显示器的商业化生产[49]。光控取向可以分为三大类:① 偶氮聚合物的顺反异构诱导取向;② 香豆素或肉桂酸等聚合物的光交联诱导取向;③ 聚酰亚胺的光致分解诱导取向。在所有的聚合物材料中,由于聚酰亚胺独特光热稳定性,因此光控聚酰亚胺材料得到广泛的关注。

与传统摩擦技术相比,液晶光控取向技术主要具备如下优点:可以避免静电的产生和杂质的引入,同时也避免了应力对基板造成的损伤;可重复擦写使用[50];取向的预倾角和锚定能高度可控[51];对特定区域的液晶进行特定方向的取向,可以用来制造子像素取向不同的显示模式,如 3D 显示、多畴显示等[52-54];解决特殊基板的取向问题,如对曲面基板、柔性基板等进行取向。

1. 光致交联

在侧链或主链中带有光敏性基团的聚合物,如肉桂酸盐、香豆素和查尔酮等,由于其优越的稳定性得到更广泛的研究。相对偶氮聚合物而言,它们光交联不可逆转,在紫外光照射后聚合物更稳定。而对于光降解反应而言,它对紫外光更敏感,达到饱和取向所需的能量更低。聚乙烯醇肉桂酸酯的光交联最早在 1977 年被 Kvasnikov 等观察到,在线性偏振紫外光($\lambda = 320$ nm)照射下,肉桂酸支链聚合物与此紫外光偏振方向平行的支链便会产生光二聚反应[55],导致平行于偏振光方向的支链有所减少,而垂直于偏振光方向的支链没有变化,未光二聚的支链对取向发挥更有效的作用,液晶取向受此剩余支链所限制,从而在表面产生各向异性,液晶垂直于紫外光偏振方向取向,如图 3-17 所示[56]。然而,这类聚合物由于柔性的主链结构使得其耐热性能较差,限制了其使用范围。聚酰亚胺由于其突出的热稳定性、机械稳定性而广泛应用到液晶取向领域,通过将光响应性基团与聚酰亚胺相结合来获得热稳定性高的液晶取向膜。

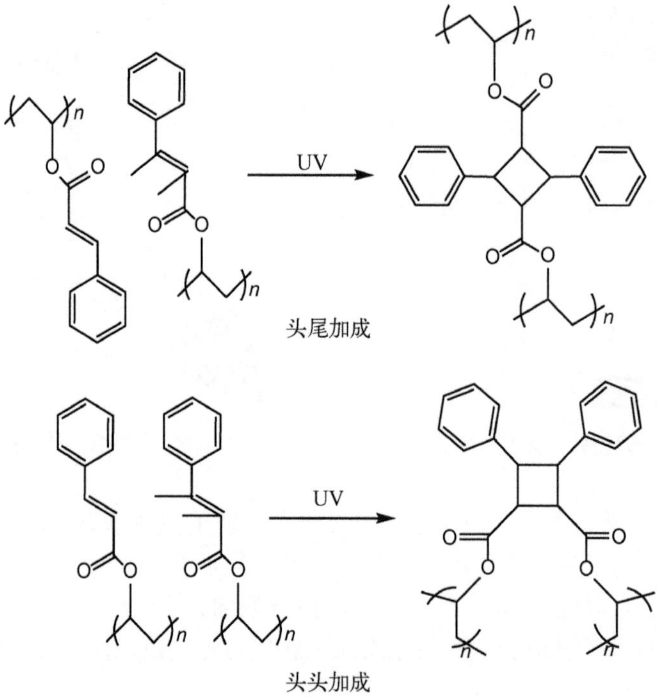

图 3-17　肉桂酸类聚合物的环加成反应示意图

表 3 - 2　含肉桂酸聚酰亚胺液晶取向剂

聚酰亚胺分子结构	参考文献
	[57]
	[57]
	[58]
	[59]

续　表

聚酰亚胺分子结构	参考文献
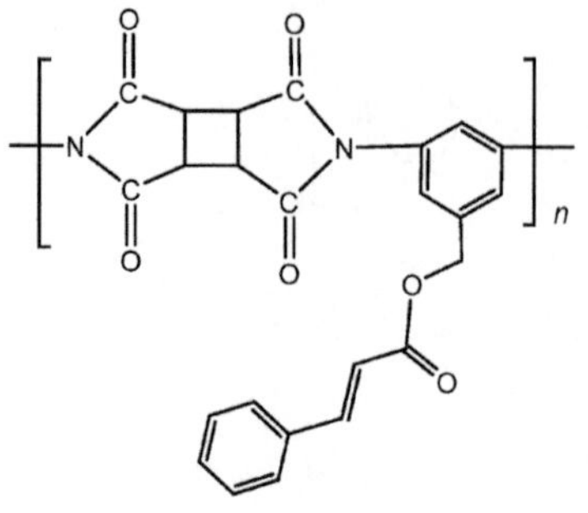	[60]

　　Lee 等合成了热稳定性和尺寸稳定性均很高的含肉桂酸聚酰亚胺(6FDA -HAB - CI PSPI),研究发现,诱导液晶分子取向由辐照的聚酰亚胺主链和未反应的侧链共同作用决定的,偏振紫外处理后在表面产生各向异性从而诱导液晶分子各向异性排列[57]。然而在此体系中,完全取向所需要的能量高达 0.5 J/cm^2。为了改善感光性和热稳定性能,Li 合成了一种可溶性光取向聚酰亚胺材料,肉桂酸侧链通过亚甲基连入聚酰亚胺主链中,通过平版印刷技术制备聚酰亚胺图案。采用线性偏振紫外光(0.045 J/cm^2)照射聚酰亚胺后,可以均匀地取向液晶分子。此外,在经过多次热处理后,液晶盒仍具有很好的液晶取向性能。

　　Kim 等研究发现,对于固体薄膜状态的聚酰亚胺(6F - DAPH - CI)仍能发生光二聚反应[58]。同时 Kim 还比较了肉桂酸链端带有甲氧基基团的聚酰亚胺材料的光取向性能,发现带有甲氧基基团的聚酰亚胺(CBDA - 2MCI PSPI)具有更高的光响应活性[59]。

　　然而,光致交联诱导液晶取向由于未反应的光响应基团的存在会出现图像残影,影响液晶显示器件的显示质量。为了解决这个问题,Hwang 等在 350～360 nm 的线性偏振紫外光照射下,用溴和乙硫醇处理聚酰亚胺(CDBA - CI PSPI)表面,未反应的光活性基团与溴或乙硫醇生成碳溴键、碳硫键或碳碳双键等而失去活性[60]。

　　此外,香豆素支链聚合物也能够通过环加成[2+2]反应实现光交联,诱导液晶分子沿着平行于紫外光的偏振方向排列,如图 3 - 18 所示[22]。香豆素聚酰亚胺液晶取向剂如表 3 - 3 所示。Ree 等报道了一种含有香豆素支链结构的聚酰亚胺(6F - HAB - COU PSPI)材料,具有较好的耐热性[61]。利用线性偏振紫外光照射聚酰亚胺,在其表面产生各向异性来诱导液晶分子定向排列。Park 采用共混的方法,将含香豆素支链聚合物与不同种类聚酰亚胺(6FDA - DBA, PMDA - ODA, 6FDA - ODA, NTDA - ODA)共混制成液晶取向膜,以此来提高液晶取向的热稳定性[62, 63]。结果表明,无论聚酰亚胺的类型如何,液晶取向层均具有良好的热稳定性能,而液晶分子的取向取决于聚酰亚胺的结构类型。当使用高光活性的 6FDA - ODA 时,液晶分子的取向方向从与线性紫外光的偏振方向平行变为垂直取向。而对于低光活性的 PMDA - ODA 和 NTDA - ODA 而言,光控处理后不能够诱导液晶分子取向。因此可以发现,对于共混型液晶显示材料,光活性对于光诱导取向起着至关重要的作用。

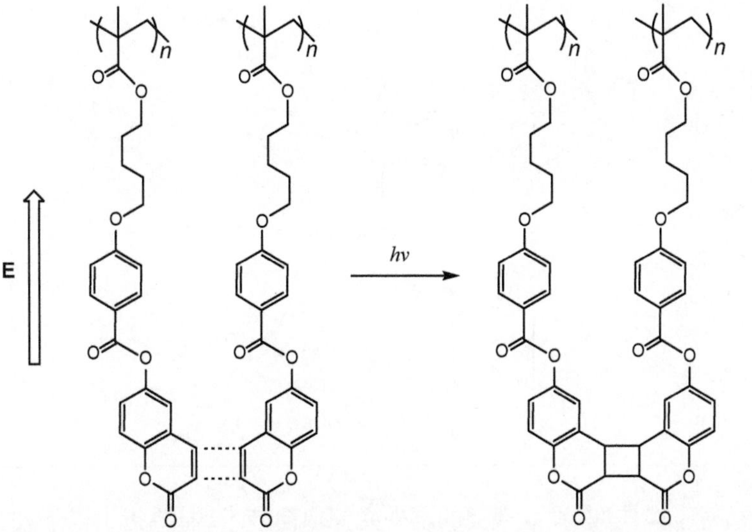

图 3 - 18　香豆素类聚合物的环加成反应示意图,E 为入射光的偏振方向

表 3 - 3　含香豆素聚酰亚胺液晶取向剂

聚酰亚胺分子结构	参 考 文 献
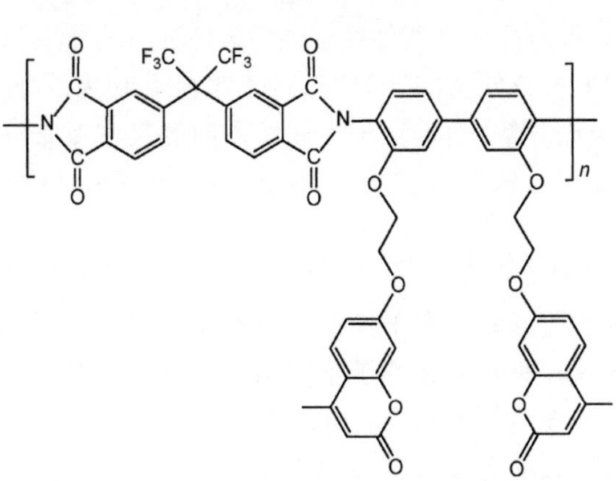	[61]

聚酰亚胺分子结构	参 考 文 献

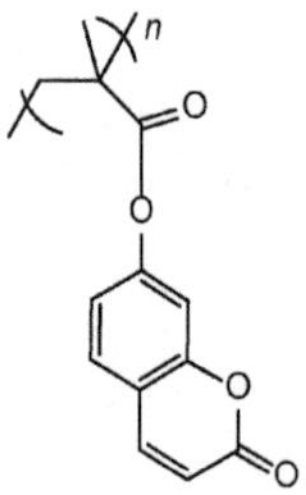

(a) 6FDA—DBA

PMA—g—香豆素

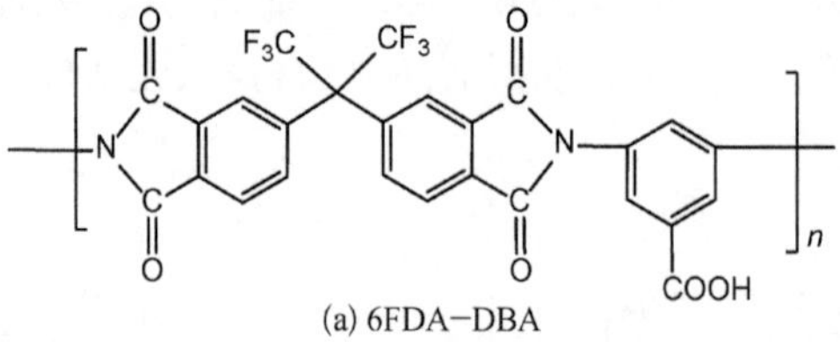

(b) 6FDA—ODA

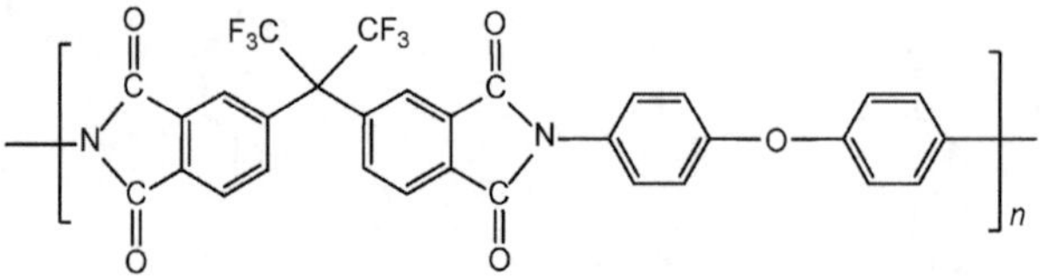

[62,63]

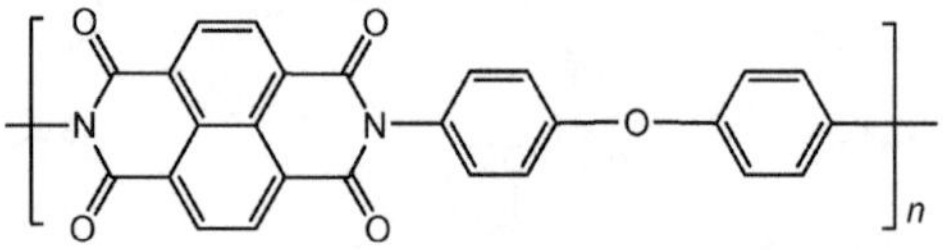

(c) NTDA—ODA

　　不过,对于肉桂酸、香豆素类的紫外光控取向技术,需要指出以下几点:首先,因光二聚反应是分子间的化学反应,故完成反应需要一定的时间;其次,未反应部分对取向质量的影响是个不容忽视的问题;最后,聚乙烯醇、聚甲基丙烯酸甲酯等的柔性主链液晶取向膜,其热稳定性较差。

　　2. 光致降解

　　聚烯烃、聚乙烯醇、聚硅氧烷等聚合物由于比较柔软,取向后的有序结构热稳定性较差,容易发生松弛,导致液晶显示器件稳定性差。Hasegawa 等首次报道了光取向聚酰亚胺材料,他们用偏振紫外光($\lambda = 257$ nm)辐照聚酰亚胺,与此紫外光偏振方向平行的聚酰亚胺链因光分解,而垂直于光偏振方向的聚酰亚胺没有遭到破坏,从而在表面产生各向异性,诱导液晶分子沿着垂直于紫外光的偏振方向排列[64]。

　　光致分解诱导液晶取向的优点在于其对聚酰亚胺的结构没有特殊要求。因此,该方法适用于各种聚酰亚胺材料。用于光致降解液晶取向的不同结构聚酰亚胺,如表 3-1 所示。Nishikawa 和 West 研究了不同结构聚酰亚胺对液晶取向性能的影响,聚酰亚胺 PMDA-ODA 达到饱和取向所需要的能力为 7 200 mJ/cm²,而当二酐为环丁烷四甲酸二酐时,聚酰亚胺 CBDA-ODA 达到稳定取向所需的能量仅为聚酰亚胺的十分之一[65]。Neill 和 Kelly 研究发现光致分解聚酰亚胺诱导液晶分子取向与偏振紫外激发波长有关[22]，254 nm 紫外光照射时，液晶分子平行取向，而当入射光为 313 nm 时，液晶分子垂直取向。含有芴结构的聚酰亚胺，光照处理后，液晶分子平行于紫外偏振方向取向[66]。

表 3-4　光致降解诱导液晶取向用聚酰亚胺

聚酰亚胺分子结构	参考文献
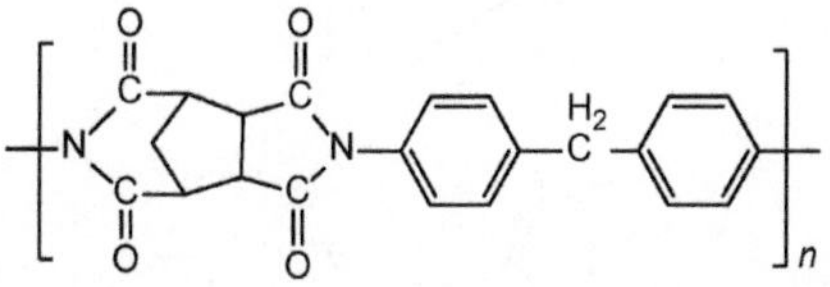	[64]
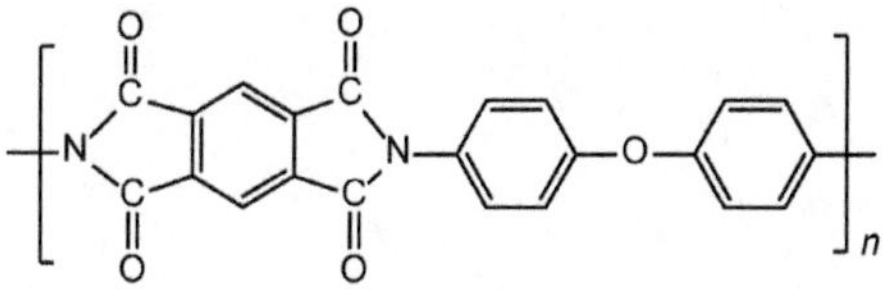 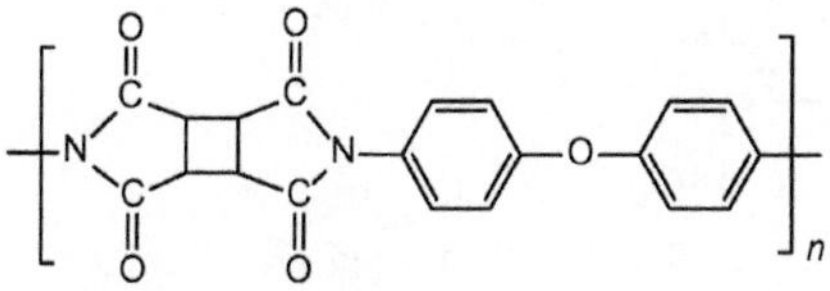	[65]
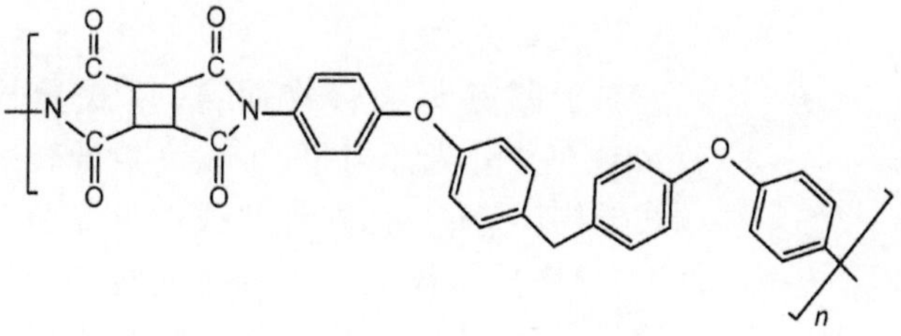	[22]
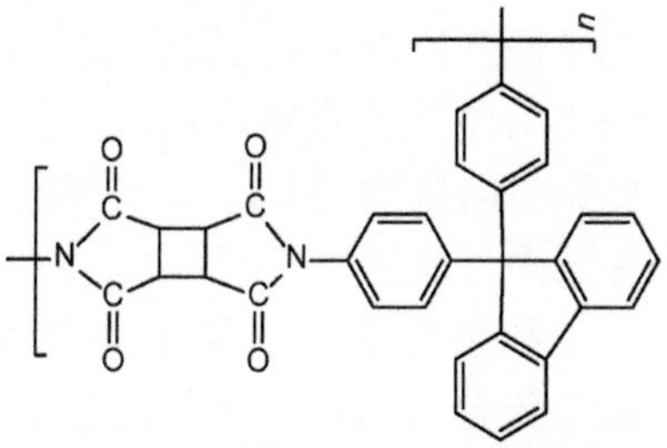	[66]

　　光降解诱导液晶分子排列的代表材料是环丁烷二酐（CBDA）型聚酰亚胺。在紫外光照射下，CBDA 发生光分解反应生成双马来酰亚胺，如图 3-19 所示[67]。光降解型聚酰亚胺取向膜材料在实际应用中也存在诸多缺陷，包括：① 光诱导聚酰亚胺分解，使得薄膜热、化学和机械稳定性下降；② 对线性偏振紫外光的光敏感度低，为了使得辐照区域聚酰亚胺分子链完全降解，需要高的辐照剂量以及长的辐照

时间;③ 光降解副产物导致初始基底的污染,副产物会产生离子,也会引起影像残留效应;④ 光致分解降低了薄膜的表面能,使得薄膜对液晶分子的极化锚定能降低等。

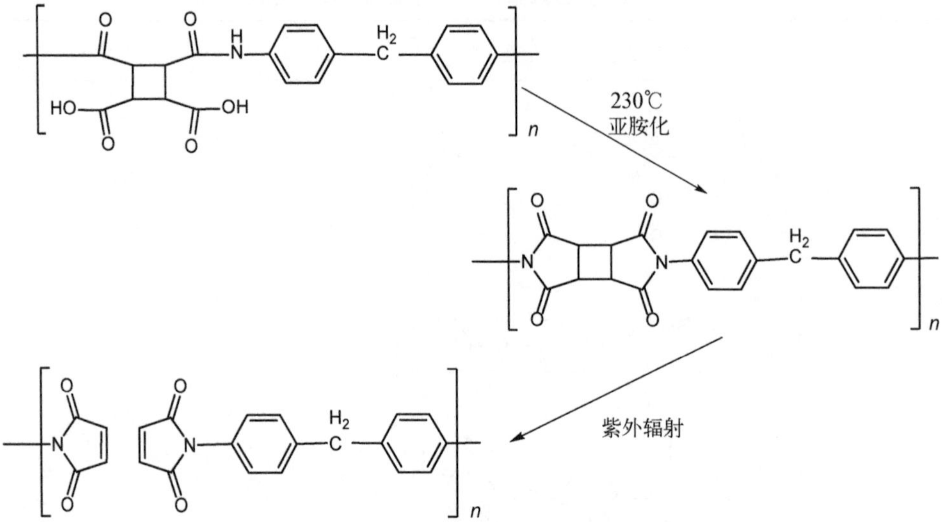

图 3 - 19 CBDA - PI 取向膜的光降解反应

3. 光致异构

对于偶氮苯化合物而言,反式异构体(*trans*)在紫外光照射下,可以高效地转变为顺式异构体(*cis*),而在加热或可见光照射条件下,顺势异构体又完全可逆地转变为反式异构体,如图 3 - 20 所示[48]。而当入射光为线性偏振紫外光时,偶氮苯发色团的光致异构化诱导分子重新取向,并垂直于入射光的偏振方向排列,图 3 - 21[47]给出了偶氮苯作为取向材料的原理示意图。

利用光诱导偶氮苯基团取向的方法是目前比较新颖的一种取向方法,这种光控取向技术不牵涉任何光化学或分子化学结构

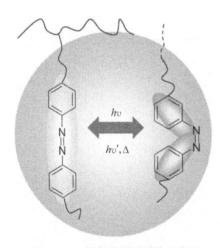

图 3 - 20 偶氮苯顺反异构示意图

的变化,这种光控取向膜非常稳定,并且拥有非常好的取向特性。它们可以用于新一代的液晶显示设备,也可以用于高有序有机薄层的新光伏、光电子以及光子设备。

常用的材料构筑方法有物理掺杂,或将偶氮苯生色团分子直接连接在分子链上。偶氮苯掺杂型取向材料有容易制备和纯化等优点。1990 年,Janossy 等将小剂

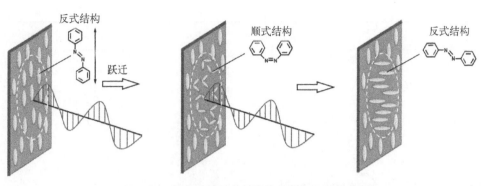

图 3-21　偏振光照射下偶氮苯的取向机理示意图

量的二色性偶氮染料掺杂于向列相液晶中,发现该混合材料可以在几毫瓦的氦氖激光器照射下就可以出现非线性光学效应[68]。Wolfer 等将三偶氮苯小分子有机物作为取向层,来实现多畴平面取向[21]。但是由于生色团小分子与聚合物相容性差,容易产生相分离,特别在高温条件下,小分子常会以气体形式散逸出去,致使生色团浓度降低,材料取向效果不理想。

为了解决掺杂型生色团与聚合物不相容及容易逃逸等问题,将生色团分子连接到聚合物分子链上。这种方法能有效提高其非线性光学值,此外,生色团连接在聚合物分子链上,固定的小分子不能自由移动,有效提高了体系的热稳定性。生色团连接到聚合物分子链上分为两种。将偶氮苯生色团连接到主链中,形成主链型聚合物材料,这种方法得到的材料生色团浓度大,稳定性高。Sakamoto 等合成了主链型偶氮苯聚酰亚胺[69],光控取向处理后,得到液晶分子的预倾角为 0.9°;此外,他们通过加入带侧链的单体共聚,获得了 90° 预倾角的垂直取向膜[70]。

表 3-5　光致异构诱导液晶取向用聚酰亚胺

分子结构	文献
Azo-PAA	
Azo-PI	[71]

分子结构	文献
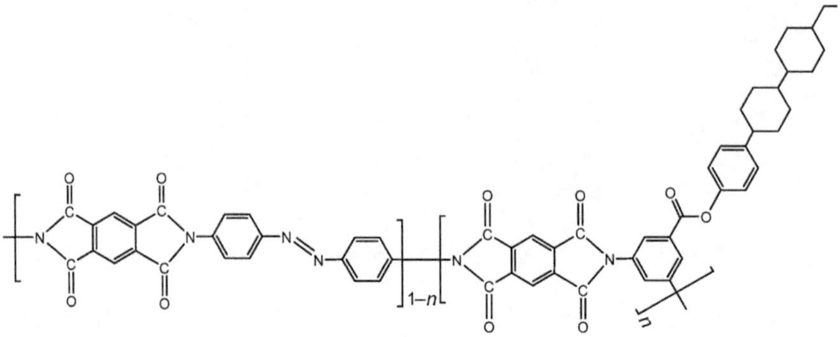	[72]
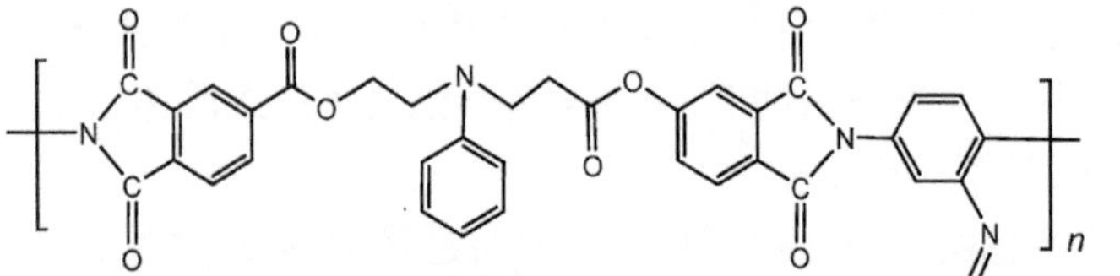 PESI-F	[74]

　　主链型偶氮苯聚酰亚胺由于其刚性的骨架结构,使得材料加工性能较差,光取向所需的能量较高,阻碍了其在材料方面的应用。因此,对偶氮苯聚酰亚胺的研究集中在侧链型聚合物上。Sasaki 等通过真空紫外处理聚酰亚胺表面,将偶氮苯接枝到聚酰亚胺基材上制备液晶取向层[71],如图 3-22 所示。但此方法不能保证偶氮苯基团的接枝率,并且偶氮苯基团在聚酰亚胺表面的分布情况也难以控制。Weglowski 等将偶氮苯基团接入到二胺单体中,然后与二酐反应制得含偶氮苯支链的聚酯酰亚胺,研究其液晶取向性能[72]。值得注意的是,此偶氮苯的一个苯环在聚酯酰亚胺的主链上,虽然得到了稳定的光致双折射薄膜[73],但是由于刚性的骨架结构,偶氮苯异构化较困难。Wu 等系统研究了聚甲基丙烯酸甲酯中偶氮苯侧链长度对取向性能的影响。但是带长侧链偶氮苯聚酰亚胺对液晶取向性能的研究较少[74]。

　　4. 光取向技术的应用与发展

　　光控取向应用于液晶显示器生产技术开始于 20 世纪 90 年代。科研人员对光控取向技术的材料和辐射处理方法投入了大量的时间和精力,除了在液晶显示器的液晶取向方面的应用,该技术还广泛应用于其他方向[75]。

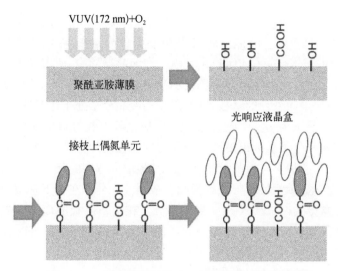

VUV(172 nm)+O₂

图 3 - 22　偶氮苯接枝聚酰亚胺液晶取向膜的机理图

（1）用于光波导材料：将液晶层用作光波导的覆盖层用于集成化时，光波导的工作电压偏高。用光照取向技术，可降低工作电压约 30 V。小的方位角取向力对于今后用于输入开关或铁电液晶显示，可以提高工作性能。

（2）液晶的立体取向：在液晶中加入少量的光固化单体，光固化后，液晶和高分子网络形成复合体系，可用来液晶取向。在加上垂直电场和倾斜的磁场后，就会产生立体取向。而且还可以获得高的预倾角。

（3）可以用于分割像素。可用控制液晶层的立体取向来分割像素。用电场和磁场组合，常用来二分割液晶像素。TN－LCD 用立体取向技术二分割像素之后，有效地扩大了视角特性，获得了上、下和左、右对称的视角特性。

由于用线性紫外偏振光处理制成的光控取向膜具有加工简单以及对器件不产生静电和污染等负面影响，同时光控取向技术可以实现多畴显示，解决液晶显示器件的视角偏窄问题。当然，液晶分子的光控取向技术也存在一些需要解决的问题，用线性偏振紫外光处理制成的光控取向膜尚处于研究阶段，如何提高预倾角、增强取向排列的稳定性，进入实用化等，还有待进一步探索工作。相信在不久的将来，这种光控取向膜有可能取代摩擦法运用于液晶显示器件上。

3.5　液晶取向的表征方法

3.5.1　偏光显微镜的表征

液晶盒是液晶显示器的核心部分，决定着液晶显示器的显示效果。液晶盒的主要参数包括透光率、对比度、视角、响应时间、驱动电压、工作电压、电压保持率和残留电压等。其中,透光率是液晶盒的首要参数,它表征背光在液晶盒中的穿透效率,决定着显示器的亮度。液晶分子在基板表面的定向效果可通过偏光显微镜(polarizing optical microscope,POM)来观测。在液晶器件中,使用最多的液晶材料为向列相液晶,下面以向列相液晶为例说明液晶盒在 POM 下的光学显示特性。

在未经过任何定向处理的基板表面,向列相液晶分子处于任意取向的状态,此时液晶在 POM 下显示为一些无规的带状纹纹影结构。在经过沿面定向处理的基板表面,向列相液晶分子呈现出沿着一个特定方向取向的特性,此时液晶盒在偏光显微镜下显示均匀的视场。液晶分子在上下基板取向方向的相对关系对液晶盒在偏光显微镜的光学显示特征有很大的影响。根据液晶分子在上下基板取向方向的不同,可将液晶盒分为两种模式:① 当液晶分子在上下基板的取向方向相互平行时,构成平行液晶盒;② 液晶分子在上下基板的取向方向相互垂直时构成扭曲向列(TN)液晶盒。如图 3 – 23 所示[76]。

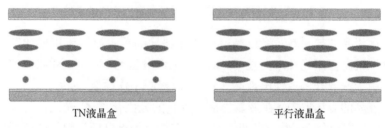

TN液晶盒　　　　　　　　　　平行液晶盒

图 3 – 23 　TN 液晶盒和平行液晶盒示意图

对于平行液晶盒,在平行偏光显微镜下(偏光镜的起偏镜和检偏镜的偏振方向相互平行),当液晶分子的取向方向平行于偏光镜的偏振方向时,液晶盒显示亮场。当液晶分子的取向方向与偏光镜的偏振方向呈 90°夹角时,液晶盒呈暗场。这样液晶盒每转动 90°,液晶盒便出现一次明暗变化。在正交偏光显微镜(偏光镜的起偏镜和检偏镜的偏振方向相互垂直)下,当液晶分子的取向方向与偏光镜任一偏振片的偏振方向相互平行或垂直时,液晶盒显示暗场,当取向方向与偏光镜的偏振方向呈 45°夹角时,液晶盒转变为亮场。TN 液晶盒在偏光显微镜下的显示特性与平行液晶盒相反。在平行偏光显微镜下,当液晶分子在任一基板上的取向方向平行于偏光镜的偏振方向时,液晶盒显示暗场;在正交偏光镜下,当液晶分子任一取向方向平行于偏光镜任一偏振方向时,液晶盒显示亮场。每转动 45°,液晶盒出现一次明暗场变化。

3.5.2　预倾角的表征

在液晶显示器件中,为了防止液晶显示器中液晶分子发生反倾斜,提高液晶盒成品率和显示的均匀性及器件的电光特性,液晶分子的排列需要有一定的预倾角,如图 3 – 24 所示。

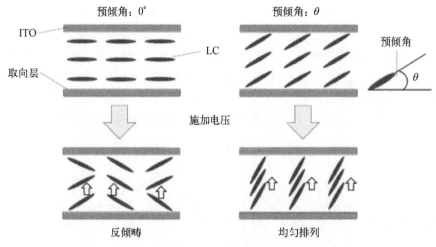

图 3 - 24　预倾角在电场作用下的示意图

取向层影响位于经过表面处理的聚合物取向层表面的液晶分子长轴方向与取向层之间产生预倾角。这一预倾角是影响液晶显示器光学和电学性能的重要参数。在 LCD 技术领域中,不同类型的显示器对预倾角有不同的要求。对于平面转换(in-plane switching, IPS)[77,78]和边缘场转换(fringe-field switching, FFS)[79]型液晶显示器,要求预倾角为约 0°;扭曲向列相液晶显示器(TN - LCD)[80],要求有 1°~3°的预倾角;超扭曲向列相液晶显示器(STN - LCD)[81],要求有 5°~30°的预倾角;光学自补偿弯曲(no-bias optically-compensated bend, OCB)模式[82]和双稳态弯曲-展曲(bi-stable bend-splay, BBS)模式[83,84]液晶显示器,要求有 45°~60°的预倾角;多区域垂直排列模式(multi-domain vertical alignment, MVA)[85-87],要求有约 90°的预倾角。

精确测定液晶分子的预倾角是很重要的,目前测定预倾角的方法有晶体旋转法(crystal rotation method)[88,89]、电容法(capacitive method)[90]、零磁场法(magnetic null method)[91]、全反射衰减法[92]和干涉法[93]等。其中晶体旋转法由于测试精度高(测量误差为 ± 0.1°)、所需时间短,因此得到了广泛的使用。

晶体旋转法测定液晶分子预倾角的原理是根据液晶的双折射效应,当一液晶盒置于两偏振片之间[图 3 - 25(a)],一束单色光通过这一系列时,由于液晶的双折射效应,其出射光将是在同一平面内振动、有一定位相关系的两束光,由于液晶层很薄,因此,这两束光重合在一起,它们是相干的。当改变这一系统的某些条件,如单色光的波长、入射光的角度(旋转晶体)或液晶盒的厚度等,这两束光的相位差将发生变化,从而产生干涉极大值和极小值,当两偏振光的偏振方向平行或正交,液晶盒取向层的摩擦方向与偏振片的偏振方向呈 45°时,干涉现象最为明显[3]。

对于液晶显示器中常用的向列相液晶,当光线通过液晶分子时发生双折射,产生两束折射光,其中折射方向符合折射定律的分量称为寻常光(ordinary light, 即 o

光);另一个不符合折射定律的分量称为非寻常光(extraordinary light,即 e 光)。图 3-25(b)是液晶中寻常光和非寻常光的波阵面。在一液晶层表面 AA' 上有一单色光源 S,由于在液晶中寻常光(o 光)和非寻常光(e 光)传播速度不同,某一时刻,寻常光和非寻常光的波阵面也不同(假设液晶是负单轴晶体)。o 光波阵面为球面,e 光波阵面为椭圆旋转面。SB 方向为分子长轴方向,α 为液晶分子预倾角,椭圆长轴方向 SO 和 SB 垂直[94]。这两束相干光的相位差随液晶盒的转动而变化,从而产生干涉极大值和极小值。

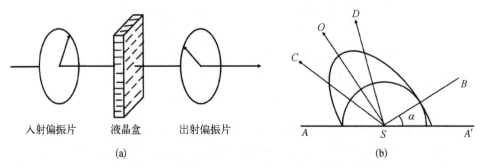

入射偏振片　　　　液晶盒　　　　出射偏振片

(a)　　　　　　　　　　　　　　　　(b)

图 3-25　(a)偏振光干涉系统,(b)点光源情况下,液晶中寻常光和非寻常光的波阵面

旋转晶体改变单色光的入射角,使光线分别沿 SC 和 SD 方向传播,出射光强度随入射角的变化相对于 SO 方向是对称的。在 SO 方向,o 光和 e 光的位相差有最大值,其表达式为[95]

$$\delta(\theta) = 2\pi d\lambda^{-1} \begin{bmatrix} c^{-2}(a^2 - b^2)\sin\alpha\cos\alpha\sin\theta \\ + c^{-1}(1 - a^2b^2c^{-2}\sin^2\theta)^{0.5} \\ - b^{-1}(1 - b^2\sin^2\theta)^{0.5} \end{bmatrix} \tag{3-2}$$

其中,$a = 1/n_o$;$b = 1/n_e$;$c^2 = a^2\cos^2\theta + b^2\sin^2\theta$;$\theta$ 为入射角;α 为预倾角;λ 为波长;d 为液晶盒的盒厚。由于在 SO 方向 o 光和 e 光位相差最大,因此

$$\frac{d\delta(\theta)}{d(\theta)}\Big|_{\theta = \theta_m} = 0 \tag{3-3}$$

其中,θ_m 是 SO 方向对应的入射角。由此得出:

$$c^{-2}(a^2 - b^2)^{-1}\sin\alpha\cos\alpha - a^2b^2c^{-2}(1 - a^2b^2c^{-2}\sin^2\theta_m)^{-0.5}\sin\theta_m = 0 \tag{3-4}$$

式中,θ_m 通过测试得到。由计算机解方程即可得预倾角 α。

晶体旋转法预倾角测试装置框如图 3-26 所示。入射偏振器与出射偏振器的偏振方向互相垂直,液晶盒的摩擦方向与偏振器方向 45°,液晶盒可绕与摩擦方向垂直且通过液晶中心的轴旋转(扫描范围:−60°~60°),随着液晶盒的转动,两束相干光的相位差发生变化,产生的极大值和极小值信号由光电管接收,经信号放大、A/D 变换后由计算机进行数据处理。扫描完成后得到透射光强度随角度分布的曲线,如图 3-27 所示,计算机会给出透射的极大值和极小值及其所对应的角度。输入液晶 n_o、n_e 数值,选择对称峰左右两侧的极值点,即可得到所测样品的预倾角。

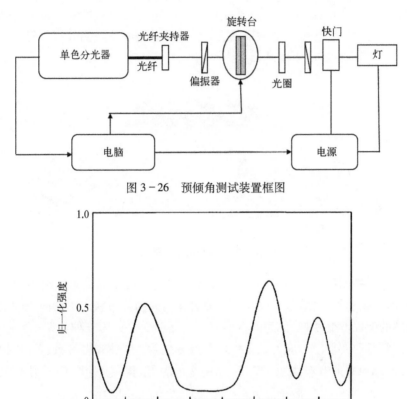

图 3-26　预倾角测试装置框图

图 3-27　液晶盒中相干光强度随入射角变化曲线

3.5.3　锚定能的表征

　　表面处理使液晶分子在界面上获得明确的取向方向:当没有外场存在或排列畸变时,液晶分子在界面上均按某方向排列,该方向即界面对液晶分子的易取向方向,也将此方向称为界面的易取向轴[96]。

　　液晶在界面上的作用很复杂,界面对液晶的作用既可以是物理化学力的作用,也可以是表面拓扑架构的作用,还可以是两者的综合作用。换言之,欲令液晶分子在界面上呈某一要求的排列,可以在界面上沉积一层适当化学结构的材料来获得,也可以在界面通过摩擦、刻蚀等机械手段来实现,还可以用上述两种方法综合处理而实现[16]。

　　除了易取向轴为液晶显示器件的必备知识和技术以外,液晶与界面之间的结合程度的强弱也是应当仔细考虑的问题。典型的例子是在外场作用下,当远离界面的液晶分子都转向平行于或垂直于外场方向时,界面层液晶分子转向的情况:如图 3-28 所示,若液晶的分子与界面之间的结合很强,则在外场下液晶分子基本不动;反之,若结合很弱,则液晶分子在外场下会转动一定的角度。表示液晶的分子与界面之间的结合程度的量为锚定能。强锚定状态表示液晶分子与界面之间的锚定能很大,弱锚定状态表示其锚定能很小[97]。

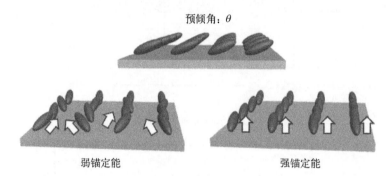

图 3-28　锚定能的示意图

　　液晶分子排列取向指向矢的分布,在外界作用下液晶界面附近会引起指向矢的改变;而在取消外界作用后,又恢复到原有指向矢的分布状态。指向矢的取向变化和固体的弹性形变相似,称为弹性形变。液晶形变可分为三种类型:展曲变形、扭曲变形和弯曲变形。对应的三个弹性常数分别为:展曲弹性常数(K_{11})、扭曲弹性常数(K_{22})和弯曲弹性常数(K_{33}),如图 3-29 所示。弹性常数一般在 $10^{-12}\sim10^{-11}$ N,比一般弹性体的弹性常数小得多,而三者的大小顺序为 $K_{33}>K_{11}>K_{22}$。弹性常数越大,表示液晶分子发生弹性变形所需要的外力越大,因此,弹性常数影响着液晶显示器的响应时间、驱动电压和锚定能等。

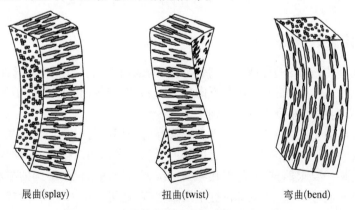

展曲(splay)　　　　扭曲(twist)　　　　弯曲(bend)

图 3-29　液晶控制器分布的弹性变形的类型

液晶分子在器件中的排列效果可以通过表面锚定能来评价。表面锚定能可以分为极向锚定能和方位锚定能两类。测试方位锚定能的方法有高磁场法[98]、Cano盒法[99,100]和 TN 盒法[101-103]等。对于方位锚定能的测试来说,TN 盒法简便易行,可靠性好,TN 盒法如图 3-30 所示。

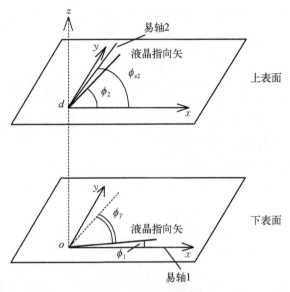

图 3-30　TN 盒法示意图

按照连续弹性能理论,液晶分子稳定而一致的排列状态是液晶的最小体自由能状态,即液晶的最稳定状态。当液晶分子排列产生畸变时,液晶的体自由能增加,其畸变能可由 Frank 弹性能理论得到。当上下基板易取向轴有个夹角时,由于表面的锚定作用,液晶盒中的液晶形成扭曲状态。如果基板的锚定能较弱,表面的液晶将偏离易取向轴,其偏离角度的大小由液晶的扭曲弹性能与方位锚定能的平衡来决定。根据偏离的角度就能够判定界面锚定对液晶分子能力的大小[104]。在扭曲液晶盒中液晶单位面积的自由能 F 可表示为如下形式[105]:

$$F = \frac{1}{2}\int_0^d K_{22}\left(\frac{\mathrm{d}\phi(z)}{\mathrm{d}z}\right)^2 \mathrm{d}z + \frac{1}{2}E_{\phi,1}\sin^2(\phi_1) + \frac{1}{2}E_{\phi,2}\sin^2(\phi_{e2} - \phi_2) \qquad (3-5)$$

其中,K_{22} 为液晶的扭曲弹性常数;$E_{\phi,1}$ 和 $E_{\phi,2}$ 为方位表面锚定能;ϕ_1 为下表面液晶表面指向矢与下基板取向方向的角度;ϕ_2 为上表面液晶表面指向矢与下基板取向方向的夹角;ϕ_{e2} 为上下基板易取向轴的夹角;d 为液晶盒盒厚。

当液晶分子排列在 xy 平面,沿 z 轴方向排列发生扭曲变形时,根据连续体理论,可以得到:

$$F = \frac{1}{2}K_{22}\phi_T^2/d + \frac{1}{2}E_{\phi,1}\sin^2(\phi_1) + \frac{1}{2}E_{\phi,2}\sin^2(\phi_{e2} - \phi_2) \qquad (3-6)$$

其中，ϕ_T 为盒中液晶的实际扭曲角。

在液晶盒中，液晶分子排列的稳定态满足欧拉-拉格朗日方程，便可得到：

$$K_{22}\phi_T/d - E_{\phi,1}\sin\phi_1\cos\phi_1 = 0 \qquad (3-7)$$

$$K_{22}\phi_T/d - E_{\phi,2}\sin(\phi_{e2} - \phi_2)\cos(\phi_{e2} - \phi_2) = 0 \qquad (3-8)$$

根据上述公式，可以得到：

$$\phi_{e2} - \phi_T = \frac{1}{2}\arcsin\left(\frac{2K_{22}\phi_T}{E_{\phi,2}d}\right) + \frac{1}{2}\arcsin\left(\frac{2K_{22}\phi_T}{E_{\phi,1}d}\right) \qquad (3-9)$$

根据式(3-9)，当知道某一基板的锚定能，测出液晶盒盒厚以及扭曲角，即可计算出另一基板对液晶分子的锚定能。

当上下基板处理方式相同，即 $E_{\phi,1}$ 和 $E_{\phi,2}$ 相等，可得式(3-10)；当下基板的锚定能非常大，ϕ_1 基本为0，下基板液晶分子不发生扭曲变形，可得式(3-11)

$$E_\phi = \frac{2K_{22}\phi_T}{d\sin 2\phi_1} = \frac{2K_{22}\phi_T}{d\sin(\phi_{e2} - \phi_T)} \qquad (3-10)$$

$$E_\phi = \frac{2K_{22}\phi_T}{d\sin[2(\phi_{e2} - \phi_T)]} \qquad (3-11)$$

上式表明只要得到液晶盒厚度 d 和实际扭曲角 ϕ_T 的值，便可得到液晶表面锚定能 E_ϕ。

参 考 文 献

[1] 钟建,张磊,陈晓西.液晶显示器件技术.北京：国防工业出版社,2014.

[2] Takatoh K, Sakamoto M, Hasegawa R, et al. Alignment technology and applications of liquid crystal devices. New York：CRC Press, 2005.

[3] 高鸿锦,董友梅.新型显示技术.北京：北京邮电大学出版社,2014.

[4] Yariv A. Optical electronics in modern communications. New York：Oxford University Press, 1997.

[5] Heilmeier G H, Zanoni L A, Barton L A. Dynamic scattering in nematic liquid crystals. Applied Physics Letters, 1968, 13(1)：46-47.

[6] Schadt M, Helfrich W. Voltage-dependent optical activity of a twisted nematic liquid crystal. Applied Physics Letters, 1971, 18(4)：127-128.

[7] Carruth G, Kobayashi R. Pressures, enthalpies and entropies of vaporization, and liquid fugacity coefficients. Industrial & Engineering Chemistry, 1972, 11(4)：509-517.

[8] 刘迎春.平板显示技术基础.杭州：浙江大学出版社,2013.

[9] Liu B, Meng C, Chen L. Role of monomer alkyl chain length in pretilt angle control of polymer-stabilized liquid crystal alignment system. The Journal of Physical Chemistry C, 2017,

121(38): 21037 - 21044.

[10] Schwartz J J, Mendoza A M, Wattanatorn N, et al. Surface dipole control of liquid crystal alignment. Journal of the American Chemical Society, 2016, 138(18): 5957 - 5967.

[11] Jiao M, Ge Z, Song Q, et al. Alignment layer effects on thin liquid crystal cells. Applied Physics Letters, 2008, 2(92): 61102.

[12] 丁孟贤.聚酰亚胺:化学、结构与性能的关系及材料.北京:科学出版社,2006.

[13] Toney M F, Russell T P, Logan J A, et al. Near-surface alignment of polymers in rubbed films. Nature, 1995, 20(374): 709 - 711.

[14] Yeung F S Y, Ho Y L J, Li Y W, et al. Liquid crystal alignment layer with controllable anchoring energies. Journal of Display Technology, 2008, 4(1): 24 - 26.

[15] Tae R L, Jin H K, Seung H L, et al. Investigation on newly designed low resistivity polyimide-type alignment layer for reducing DC image sticking of in-plane switching liquid crystal display. Liquid Crystals, 2017, 4(44): 738 - 747.

[16] Sakamoto K, Usami K, Miki K. Photoalignment efficiency enhancement of polyimide alignment layers by alkyl-amine vapor treatment. Applied Physics Express, 2014, 7(8): 81701.

[17] Paek S H, Durning C J, Lee K W, et al. A mechanistic picture of the effects of rubbing on polyimide surfaces and liquid crystal pretilt angles. Journal of Applied Physics, 1998, 83(3): 1270 - 1280.

[18] Lu Q, Lu X, Yin J, et al. Liquid crystal alignment on polyimide surface with laser-induced periodic surface microgroove. Japanese Journal of Applied Physics, 2002, 41 (7): 4635 - 4638.

[19] Berreman D W. Solid surface shape and the alignment of an adjacent nematic liquid crystal. Physical Review Letters, 1972, 28(26): 1683 - 1686.

[20] Geary J M, Goodby J W, Kmetz A R, et al. The mechanism of polymer alignment of liquid-crystal materials. Journal of Applied Physics, 1987, 62(10): 4100 - 4108.

[21] Wolfer P, Kreger K, Schmidt H W, et al. Photo-oriented trisazobenzene layers for patterned liquid-crystal alignment. Molecular Crystals and Liquid Crystals, 2012, 562(1): 133 - 140.

[22] O'Neill M, Kelly S M. Photoinduced surface alignment for liquid crystal displays. Journal of Physics D: Applied Physics, 2000, 33: 67 - 84.

[23] Chern Y T, Ju M H. Conformation of polyimide backbone structures for determination of the pretilt angle of liquid crystals. Macromolecules, 2009, 42(1): 169 - 179.

[24] Barzic A I, Rusu R D, Stoica I, et al. Chain flexibility versus molecular entanglement response to rubbing deformation in designing poly (oxadiazole-naphthylimide)s as liquid crystal orientation layers. Journal of Materials Science, 2014, 49(8): 3080 - 3098.

[25] Ree M. High performance polyimides for applications in microelectronics and flat panel displays. Macromolecular Research, 2006, 14(1): 1 - 33.

[26] Che X, Gong S, Zhang H, et al. The effect of junction modes between backbones and side chains of polyimides on the stability of liquid crystal vertical alignment. Physical Chemistry Chemical Physics, 2016, 18(18): 3884 - 3892.

[27] Chiou D, Chen L, Lee C. Pretilt angle of liquid crystals and liquid-crystal alignment on microgrooved polyimide surfaces fabricated by soft embossing method. Langmuir, 2006,

22(22): 9403 - 9408.

[28] Ban B S, Kim Y B. Surface free energy and pretilt angle on rubbed polyimide surfaces. Journal of Applied Polymer Science, 1999, 74(2): 267 - 271.

[29] Liu B Y, Chen L J. Role of surface hydrophobicity in pretilt angle control of polymer-stabilized liquid crystal alignment systems. Journal of Physical Chemisrty C, 2013, 117 (26): 13474 - 13478.

[30] Ata Alla R, Hegde G, Komitov L. Light-control of liquid crystal alignment from vertical to planar. Applied Physics Letters, 2013, 102(23): 215 - 220.

[31] Momoi Y, Sato O, Koda T, et al. Surface rheology of rubbed polyimide film in liquid crystal display. Optical Materials Express, 2014, 4(5): 1057 - 1063.

[32] van Aerle N A J M, Tol A J W. Molecular orientation in rubbed polyimide alignment layers used for liquid-crystal displays. Macromolecules, 1994, 27(22): 6520 - 6526.

[33] Kim J H, Rosenblatt C. Temperature effect on a rubbed polyimide alignment layer. Journal of Applied Physics, 2000, (87): 155 - 158.

[34] Berreman D W. Alignment of liquid crystals by grooved surfaces. Molecular Crystals and Liquid Crystals, 1973, (23): 215 - 231.

[35] Tokuoka K, Yoshida H, Miyake Y, et al. Planar alignment of columnar liquid crystals in microgroove structures. Molecular Crystals and Liquid Crystals, 2009, 510(1): 126 - 1260.

[36] Lu Q, Wang Z, Yin J, et al. Molecular orientation in laser-induced periodic microstructure on polyimide surface. Applied Physics Letters, 2000, 76(10): 1237 - 1239.

[37] Seki Y, Shinohara T, Ueno W, et al. Experimental evaluation of neutron absorption grating fabricated by oblique evaporation of gadolinium for phase imaging. Physics Procedia, 2017, 88(5): 217 - 223.

[38] 李巍,高志强,密保秀,等.液晶取向技术.南京邮电大学学报(自然科学版),2009,04(29): 90 - 96.

[39] 李巍.LCD 中液晶取向工艺条件的研究.南京:南京邮电大学,2011.

[40] Kakimoto M, Suzuki M, Konishi T, et al. Preparation of mono- and multilayer films of aromatic polyimides using Langmuir-Blodgett technique. Chemistry Letters, 1986, 12: 823 - 826.

[41] Koo Y, Kim M, Lee H, et al. Relationship between pretilt angle of nematic liquid crystal and surface structure of alignment layer. Molecular Crystals and Liquid Crystals, 1999, 337(1): 515 - 518.

[42] Lu Z, Lu R, Xu K, et al. AFM investigation of polymer LB films on the alignment of ferroelectric liquid crystal. Physics Letters A, 1999, 260(5): 417 - 423.

[43] Vithana H, Johnson D, Albarici A, et al. Novel method of obtaining pretilt angle in liquid crystal alignment with polyimide Langmuir-Blodgett films. Japanese Journal of Applied Physics, 1995, 34(1): 131 - 134.

[44] Ibn-Elhaj M, Chappellet S, Lincker F. Rolic® LCMO photo alignment technology: Mechanism and application to large LCD panels. Solid State Phenomena, 2011, 181: 3 - 13.

[45] Chrzanowski M M, Zieliński J, Olifierczuk M, et al. Photoalignment: an alternative aligning technique for liquid crystal displays. Journal of Achievements in Materials and Maunfacturing Engineering, 2011, 48: 7 - 13.

[46] Nishikawa M, Taheri B, West J L. Mechanism of unidirectional liquid-crystal alignment on polyimides with linearly polarized ultraviolet light exposure. Applied Physics Letters, 1998, 72(19): 2403–2405.

[47] Lv J, Liu Y, Wei J, et al. Photocontrol of fluid slugs in liquid crystal polymer microactuators. Nature, 2016, 537(7619): 179–184.

[48] Yu H, Iyoda T, Ikeda T. Photoinduced alignment of nanocylinders by supramolecular cooperative motions. Journal of the American Chemical Society, 2006, 128(34): 11010–11011.

[49] Sakamoto K, Usami K, Miki K. Photo-alignment property of azobenzene-containing polyimide films swollen by alkyl-amine. Molecular Crystals and Liquid Crystals, 2015, 611(1): 153.

[50] Muravsky A, Murauski A, Li X, et al. Optical rewritable liquid-crystal-alignment technology. Journal of the Society for Information Display, 2007, 15(4): 267–273.

[51] Srivastava A, Xu F, Cui H Q, et al. Liquid crystal gratings based on alternate TN and PA photoalignment. Optics Express, 2012, 5(20): 5384–5391.

[52] Presnyakov V, Liu Z J, Chigrinov V G. Infiltration of photonic crystal fiber with liquid crystals. Proceedings of the SPIE, 2005, 6017: 102–110.

[53] Zhao X, Bermak A, Boussaid F, et al. Liquid-crystal micropolarimeter array for full Stokes polarization imaging in visible spectrum. Optics Express, 2010, (18): 17776–17787.

[54] Wang X, Wang L, Sun J, et al. Autostereoscopic 3D pictures on optically rewritable electronic paper. Journal of the SID, 2013, 2(21): 103–107.

[55] Kvasnikov E D, Kozenkov V M, Barachevskii V A. Birefringence in polyvinyl cinnamate films, induced by polarized light. Doklady Akademii Nauk SSSR, 1977, 237(3): 633–636.

[56] Schadt M, Schmitt K, Kozinkov V, et al. Surface-induced parallel alignment of liquid crystals by linearly polymerized photopolymers. Japanese Journal of Applied Physics, 1992, 31(7): 2155–2164.

[57] Lee S W, Kim S I, Lee B, et al. Photoreactions and photoinduced molecular orientations of films of a photoreactive polyimide and their alignment of liquid crystals. Macromolecules, 2003, 36(17): 6527–6536.

[58] Kim Y H, Min Y H, Lee S W. Synthesis, characterization, and liquid crystal alignment properties of photosensitive polyimide. Molecular Crystals and Liquid Crystals, 2009, 513(1): 89–97.

[59] Kim S Y, Shin S E, Shin D M. Photo-sensitive polyimide containing methoxy cinnamate derivatives on photo-alignment of liquid crystal. Molecular Crystals and Liquid Crystals, 2010, 520: 116–121.

[60] Hwang Y J, Hong S H, Lee S G, et al. Surface characteristics of photoaligned polyimide film interfacial reacted with bromine or ethanethiol. Ultramicroscopy, 2008, 108(10): 1266–1272.

[61] Ree M, Kim S I, Lee S W. Alignment behavior of liquid-crystals on thin films of photosensitive polymers Effects of photoreactive group and UV-exposure. Synthetic Metals, 2001, (117): 273–275.

[62] Sung S, Lee J, Cho K, et al. Effect of photoreactivity of polyimide on the molecular orientation of liquid crystals on photoreactive polymer/polyimide blends. Liquid Crystals,

2004, 31(12): 1601 - 1611.

[63] Hah H, Sung S J, Cho K Y, et al. Molecular orientation of liquid crystal on polymer blends of coumarin and naphthalenic polyimide. Polymer Bulletin, 2008, 61(3): 383 - 390.

[64] Hasegawa M, Taira Y. Nematic homogeneous photo aligment polyimide exposure to linearly polarized UV. Journal of Photopolymer Science and Technology, 1995, 8(2): 241 - 248.

[65] Nishikawa M, West J L. Effect of chemical structures of polyimides on photo-alignment of liquid crystals. Molecular Crystals and Liquid Crystals, 1999, 333(1): 165 - 179.

[66] Nishikawa M, Taheri B, West J L. Mechanism of unidirectional liquid-crystal alignment on polyimides with linearly polarized ultraviolet light exposure. Applied Physics Letters, 1998, 72(19): 2403 - 2412.

[67] Kim S Y, Yi M H, Shin D M. Enhanced liquid crystal alignment using photo-irradiation of photo-dissociative polyimide. Molecular Crystals and Liquid Crystals, 2011, 539: 571 - 577.

[68] Janossy I, Lloyd A D, Wherrett B S. Anomalous optical freedericksz transition in an absorbing liquid crystal. Molecular Crystals and Liquid Crystals, 1990, 25(179): 1 - 12.

[69] Sakamoto K, Usami K, Kanayama T, et al. Photoinduced inclination of polyimide molecules containing azobenzene in the backbone structure. Journal of Applied Physics, 2003, 94(4): 2302 - 2307.

[70] Usami K, Sakamoto K. Photo-aligned blend films of azobenzene-containing polyimides with and without side-chains for inducing inclined alignment of liquid crystal molecules. Journal of Applied Physics, 2011, 110(4): 043522.

[71] Sasaki A, Aoshima H, Nagano S, et al. A versatile photochemical procedure to introduce a photoreactive molecular layer onto a polyimide film for liquid crystal alignment. Polymer Journal, 2012, 44(6): 639 - 645.

[72] Węgłowski R, Piecek W, Kozanecka-Szmigiel A, et al. Poly(esterimide) bearing azobenzene units as photoaligning layer for liquid crystals. Optical Materials, 2015, 49: 224 - 229.

[73] Kozanecka-Szmigiel A, Konieczkowska J, Szmigiel D, et al. Photoinduced birefringence of novel azobenzene poly(esterimide)s: The effect of chromophore substituent and excitation conditions. Dyes and Pigments, 2015, 114: 151 - 157.

[74] Wu Y, Demachi Y, Tsutsumi O, et al. Photoinduced alignment of polymer liquid crystals containing azobenzene moieties in the side chain. Macromolecules, 1998, 31: 1104 - 1108.

[75] Usami K, Sakamoto K, Uehara Y, et al. Stability of azobenzene-containing polyimide film to UV light. Japanese Journal of Applied Physics, Part 1: Regular Papers and Short Notes and Review Papers, 2005, 44(9): 6703 - 6705.

[76] 李鑫.激光诱导图形化液晶取向研究.上海：上海交通大学,2007.

[77] Geivandov A R, Barnik M I, Kasyanova I V, et al. Study of the vertically aligned in-plane switching liquid crystal mode in microscale periodic electric fields. Beilstein Journal of Nanotechnology, 2018, (9): 11 - 19.

[78] Kaplan B, Kaplan R. The spin wave gap and switching field in thin films with in-plane anisotropy. Journal of Superconductivity and Novel Magnetism, 2018, 6(31): 1779 - 1783.

[79] Mizusaki M, Tsuchiya H, Minoura K. Fabrication of homogenously self-alignment fringe-field switching mode liquid crystal cell without using a conventional alignment layer. Liquid Crystals, 2017, 44(9): 1394 - 1401.

[80] Yamaguchi R, Goto K, Yaroshchuk O. Electro-optical properties and morphology of reverse scattering mode TN LCD. Journal of Photopolymer Science and Technology, 2012, 25(3): 313 - 316.

[81] Lien C, Guu Y H. Optimization of the polishing parameters for the glass substrate of STN - LCD. Materials and Manufacturing Processes, 2008, 23(8): 838 - 843.

[82] Yeung F S, Kwok H. Fast-response no-bias-bend liquid crystal displays using nanostructured surfaces. Applied Physics Letters, 2006, 88(6): 63505.

[83] 王昊, 路洋, 魏杰, 等. 双稳态液晶显示技术的研究进展. 信息记录材料, 2011, 12(06): 25 - 33.

[84] 任立海. 双稳态液晶显示器制作的工艺难点与解决方法. 现代信息科技, 2018, 19(07): 35 - 39.

[85] Son I, Kim J H, Lee B, et al. Vertical alignment of liquid crystals using an *in situ* self-assembled layer of an amphiphilic block copolymer. Macromolecular Research, 2016, 24(3): 235 - 239.

[86] Kim S G, Kim S M, Kim Y S, et al. Trapping of defect point to improve response time via controlled azimuthal anchoring in a vertically aligned liquid crystal cell with polymer wall. Journal of Physics D: Applied Physics, 2008, 41(5): 1 - 5.

[87] Hanaoka K, Nakanishi Y, Inoue Y, et al. A new MVA-LCD by polymer sustained alignment technology. SID Digest, 2004, 40: 1200 - 1203.

[88] Han K Y, Miyashita T, Uchida T. Accurate measurement of the pretilt angle in a liquid crystal cell by an improved crystal rotation method. Molecular Crystals and Liquid Crystals, 1994, 241: 147 - 157.

[89] Shirota K, Yaginuma M, Ishikawa K, et al. Modified crystal rotation method for measuring high pretilt angle in liquid crystal cells. Japanese Journal of Applied Physics, 1995, 34(9): 4905 - 4906.

[90] Toko Y, Akahane T. Evaluation of pretilt angle and polar anchoring strength of amorphous alignment liquid crystal display from capacitance versus applied voltage measurement. Molecular Crystals and Liquid Crystals, 2001, 368(1): 469 - 481.

[91] Andrienko D, Kurioz Y, Reznikov Y, et al. Tilted photoalignment of a nematic liquid crystal induced by a magnetic field. Journal of Applied Physics, 1998, 83(1): 50 - 55.

[92] Sprokel G J, Santo R, Swalen J D. Determination of the surface tilt angle by attenuated total reflection. Molecular Crystals and Liquid Crystals, 1981, 68: 29 - 38.

[93] Chen K, Chang W, Chen J. Measurement of the pretilt angle and the cell gap of nematic liquid crystal cells by heterodyne interferometry. Optics Express, 2009, 17(16): 14143.

[94] 张晴. 液晶预倾角的晶体旋转法测量装置. 分析仪器, 1997, 4: 35 - 37.

[95] Scheffer T J, Nehring J. Accurate determination of liquid-crystal tilt bias angles. Journal of Applied Physics, 1977, 48(5): 1783 - 1792.

[96] Weng L B, Liao P C, Lin C C. Anchoring energy enhancement and pretilt angle control of liquid crystal alignment on polymerized surfaces. AIP Advances, 2015, 5: 97218.

[97] Gvozdovskyy I. Influence of the anchoring energy on jumps of the period of stripes in thin planar cholesteric layers under the alternating electric field. Liquid Crystals, 2014, 41(10): 1495 - 1504.

[98] Li X T, Pei D H, Kobayshi S. Measurement of azimuthal anchoring energy at LC photopolymer interface. Japanese Journal of Applied Physics, 1997, (36): 432 – 434.

[99] Sato Y, Sato K, Uchida T. Relationship between rubbing strength and surface anchoring of nematic liquid crystal. Japanese Journal of Applied Physics, 1992, 31(5): 579 – 581.

[100] 于涛, 彭增辉, 乌日娜, 等. 光控 PI 取向膜方位锚定能的温度特性. 液晶与显示, 2003, 18(1): 7 – 9.

[101] Lu X, Lu Q, Zhu Z. Alignment mechanism of a nematic liquid crystal on a pre-rubbed polyimide film with laser-induced periodic surface structure. Liquid Crystals, 2003, 30(8): 985 – 990.

[102] Thieghi L T, Barberi R, Bonvent J J, et al. Manipulation of anchoring strength in an azo-dye side chain polymer by photoisomerization. Physical Review E, Statistical, Nonlinear, and Soft matter Physics, 2003, 67(4): 41701.

[103] Honma M, Yamaguchi R, Sato S. Application of a circularly homogeneously aligned liquid-crystal cell to real-time measurements of twist angles in twisted-nematic liquid-crystal cells. Japanese Journal of Applied Physics, 2000, (39): 2727 – 2731.

[104] Sasaki T, Shoho T, Tien T M, et al. Photoalignment anchoring energy of photocrosslinkable liquid crystalline polymers doped in nematic liquid crystals. Optical Materials Express, 2016, 6(8): 2521 – 2530.

[105] Zhou Y, He Z, Sato S. Generalized relation theory of torque balance method for azimuthal anchoring measurements. Japanese Journal of Applied Physics, 1999, 38(8): 4857 – 4858.

第4章

聚酰亚胺在柔性有机发光
显示中的应用

4.1 引言

　　显示器是人机信息交互的重要界面，也是人与人之间信息交流的主要媒体。阴极射线管(cathode-ray tube，CRT)显示器的出现，使得信息显示由静态发布转变为动态显示，这是显示技术的第一次革命。薄膜晶体管液晶显示(thin film transistor-liquid crystal display，TFT-LCD)的出现标志显示技术第二次革命的开始，此项技术的变革使得手提电脑以及移动电话得以迅速普及，进而移动互联也开始进入人们的生活。尽管 TFT-LCD 对于便携式设备来说是巨大的成功，但是随着互联网移动终端与可穿戴设备应用技术的快速发展，液晶平板显示逐步暴露出某些严重的不足，如液晶本身的特点使显示屏器件的柔性化存在巨大的困难。与之相反，采用全薄膜制成的有机发光显示技术(organic light emitting display，OLED)容易实现由硬到柔、由重变轻、从易碎到抗震等变革，因此该技术成为未来最具有竞争力的新型显示技术，信息显示技术的第三次革命也可能很快随之到来。相比 TFT-LCD 的"窗帘开拉模式"，OLED 采用自发光技术，因此更加节能，同时还能获得绝对的"黑光"，从而使图像对比度呈数量级提高。即使在很大的视角下观看，画面仍不会失真。此外，OLED 的响应时间是 LCD 的千分之一，显示运动画面不会有拖影的现象。伴随着 OLED 显示技术的发展，一系列新的应用产品将会走向社会，这也将进一步改变我们的生活方式。

　　OLED 制作包括在导电基板上通过喷墨打印、气相沉积或真空热蒸发等工艺，形成正(阳)极、空穴传输层、有机发光层、电子传输层和负(阴)极[图4-1(a)]。当给阳极加直流电压时，金属阴极产生电子，氧化铟锡(ITO)阳极产生空穴，在电场力的作用下，电子穿过电子传输层，空穴穿过空穴传输层，在有机发光层相遇。电子和空穴分别带负电和正电，它们相互吸引，激发有机材料发光。由于 ITO 阳极段是透明的，人们就可以看到每个有机发光层发出的光。通过控制电流的大小，可调整发光亮度。每个 OLED 显示单元(像素点)都能受控产生三种不同颜色的光,并且每个 OLED 像素点后都有一个薄膜晶体管(TFT),像素点在 TFT 驱动下点亮。薄膜晶体管(TFT)的开启与否由逻辑板形成的栅极驱动信号和源极数据信号控制[图 4 - 1(b)]。根据像素发光驱动方式的不同 OLED 分为两类:由薄膜电晶体管控制的主动驱动式 AMOLED(active matrix OLED);由阴极、阳极构成矩阵状,以扫描方式点亮阵列中像素的 PMOLED(passive matrix OLED)。其中 AMOLED 由于驱动电压低、发光组件寿命长等优点,成为 MOLED 发展的主要方向。

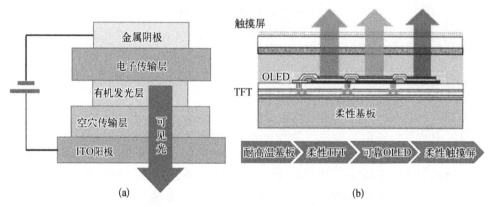

图 4 - 1　OLED 的工作原理图(a)和 AMOLED 的结构示意图(b)[1]

　　可柔性化是 OLED 显示的最大优势之一。显示柔性化不仅使显示器变得更薄、更轻(图 4 - 2),使用更便利,体验更佳,而且有望实现滚对滚(roll-to-roll)加工和可折叠显示。

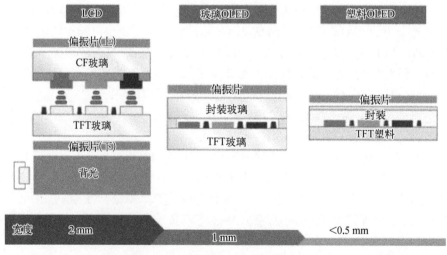

图 4 - 2　相比液晶显示(LCD)和玻璃 OLED,聚合物基板 OLED 变得更薄更轻

实现柔性 OLED 技术,很大程度上依赖于新材料的设计与开发,其中高稳定性柔性基板的研制是发展柔性 OLED 器件最为关键的技术之一,同时也是制约柔性 OLED 器件产业化发展的瓶颈之一。柔性 OLED 器件所用基板候选材料主要有薄型玻璃基板(3D 玻璃)、薄型金属板以及聚合物薄膜三种类型。如图 4-3 所示,柔性 OLED 器件向着高弯曲率的方向发展(牢不可破→可弯曲→可卷曲→可折叠),同时要求柔性基板相应呈现出平面型→可弯曲型→可卷曲型→可折叠型的发展趋势,其弯折曲率半径 R 要求减少到 3 mm 以下,因此聚合物薄膜基板显示出更大的优势。然而聚合物基板的阻水气和阻氧性能普遍较差,不能满足柔性 OLED 在 10 000 h 以上使用寿命过程中对水气与氧气透过率的要求[分别低于 10^{-6} g/(m^2·d) 和 10^{-5} cm^3/(m^2·d)]。但是,这个问题在聚合物基板表面施加阻水阻氧层(gas barrier, GB)技术提出后得到了很好的解决,聚合物基板也因此成为柔性电子器件的首选柔性基板材料。根据柔性基板对材料的基本要求,包括聚对苯二甲酸乙二酯(polyethylene terephthalate, PET)、聚萘二甲酸乙二醇酯(polybutylene terephthalate, PEN)、聚碳酸酯(polycarbonate, PC)、聚醚砜(polyether sulfone, PES)、聚酰亚胺在内的几种聚合物材料可进入柔性基板材料筛选的范围,这些聚合物材料的性能比较如表 4-1。从表 4-1 可知,聚酰亚胺是耐热性和尺寸稳定性等级最高的聚合物材料。对于目前 OLED 器件普遍采用的顶发射设计来说,基板材料的透明性并不重要。另外,水气阻隔层的应用也解决了聚酰亚胺的吸潮问题。因此,聚酰亚胺成为产业界最受关注的柔性基板材料。

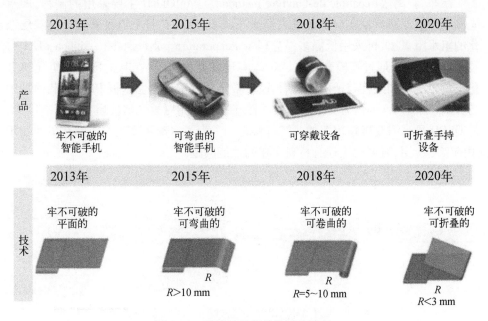

图 4-3　柔性显示器件发展的路径

表 4-1　几种柔性基板候选聚合物材料的性能[2]

	PET	PEN	PC	PES	PI
光学透明性 (optical clarity)	G	G	E	E	P
加工温度上限 (upper process temperature)	F	G	F	G	E
线膨胀系数 (CTE)	G	G	F	F	E
尺寸稳定性 (dimensional stability)	G	G	F	F	G
吸潮性能 (moisture adsorption)	G	G	F	P	P
杨氏模量 (Young's modulus)	G	G	F	F	F
表面平整性 (surface roughness)	P	P	G	G	G

注: E 表示"优秀"(excellent);G 表示"好"(good);F 表示"一般"(fair),P 表示"差"(poor)。

4.2　AMOLED 制程对柔性基板的要求

涂布-剥离法(coating/de-bonding method)是 AMOLED 主要采用的制程,即首先使用聚酰亚胺溶液在载体玻璃表面涂布成膜,然后在其上形成有机无机双层杂化的阻水阻氧层,再采用低温多晶硅(low temperature polycrystalline silicon, LTPS)技术制备 TFTs,通过掩模蒸镀红、黄、绿有机发光像素,再在其上覆盖有机无机杂化水氧阻隔层和柔性盖板层。之后,通过激光辐照实现柔性基板 PI 膜和载体玻璃的分离(图 4-4)。作为支撑结构的柔性基板的性能对柔性器件质量的影响巨大,是 OLED 显示需要聚焦攻关的关键材料之一。为了实现聚酰亚胺薄膜在柔性显示中的实际应用,需要解决现有材料存在的性能问题。

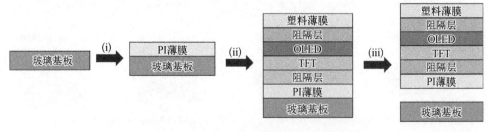

图 4-4　柔性 AMOLED 的制备过程:(i) 涂布 PI 薄膜;
(ii) 制备 TFT;(iii) 从玻璃基片上剥离

4.2.1　高热稳定性

OLED 显示要求通过每一个显示单元独立地驱动控制电流大小来实现目标的发光亮度,因此一个高度可靠和稳定的 TFT 背板技术是至关重要的。柔性基板的热稳定性应该能够承受薄膜晶体管的制作过程所需的温度,因为柔性基板上加工 TFT 对于柔性显示器件来说是极其重要的工艺。目前 AMOLED 器件最流行的 TFT 制备技术有:① 非晶硅(a-Si)TFTs;② 低温多晶硅(LTPS)TFTs;③ 氧化物 TFTs;④ 有机物 TFTs。a-Si 和有机 TFT 由于场效应迁移率低和电应力可靠性差而不符合使用要求。最有前途用于可折叠 AMOLED 显示的 TFT 技术是 LTPS 和氧化物 TFT(如 IGZO)。其中氧化物 TFT 的优势是制造成本低和稳定性好,但是氧化物 TFT 的一致性目前仍然是一个挑战,只有少数公司(如夏普和 LG 显示)有能力制造少量的可用于 LCDs 的 IGSO-TFT 背板。所以在氧化物 TFT 技术成熟之前,LTPS-TFT 技术在 AMOLED 驱动领域保持着统治地位。

表 4-2　现有的几种 AMOLED 显示 TFT 技术比较[3]

	a-Si TFTs	LTPS TFTs	氧化物 TFT	有机物 TFT
场效应迁移率/(cm²/Vs)	< 1	50~120	< 2	10~30
加工温度/(℃)	200~380	300~500	12~200	150~350
器件可靠性	差	很好	差	好
可重复性	很好	很好	有问题	有问题
加工性	困难	成熟	研发中	尚可
成本/产率	低/高	高/高	开发中/开发中	低/开发

在 LTPS-TFT 过程中,首先是将非晶硅膜作为活性层沉积在柔性基板上,然后经过高温退火使 a-Si 转化为多晶硅(poly-Si),a-Si 固态结晶温度大约在 300~500℃。另外一种制备 LTPS-TFT 的方法是准分子-激光-退火薄膜晶体管法(excimer-laser-annealed thin film transistor, ELA-TFT),即使用准分子激光扫描辐照 a-Si 前驱体向多晶硅转变,随后在 500℃下短时间高温退火,如图 4-5。可见 LTPS-TFT 制作过程需要柔性基板承受 300~500℃的高温,且处理温度越高,多晶硅结晶越

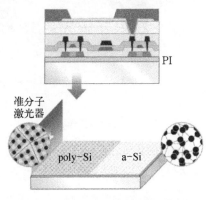

图 4-5　非晶硅在激光辐照下形成半导体多晶硅过程
(来源:LG Display)

完整,TFTs 的性能越好。a - Si TFTs 也被广泛应用于 AMOLED 器件制作,这种工艺的 TFT 在大面积范围具有均匀的电子特性、可接受的场效应迁移率和较低的加工温度(300℃)以及相对较低的制造成本,因此 T_g 高于 300℃ 的无色透明聚酰亚胺在一些柔性显示工程中也被寄予厚望。聚酰亚胺材料的 T_g 一般高于 300℃,因此基本能够承受 TFT 加工过程的高温。但是为了提高柔性器件的性能,T_g 高于450℃ 是柔性基板聚酰亚胺材料的研究方向。

4.2.2 高尺寸稳定性

一个尺寸稳定性优良的柔性基板对于 LTPS 过程来说是非常重要的,它很大程度上决定了柔性 OLED 显示器件的质量和可靠性。热膨胀系数(coefficient of thermal expansion, CTE)是衡量尺寸稳定性的关键技术指标。传统的聚合物薄膜的 CTE 高于 30 ppm/℃,而无机成分(如 SiN_x 气体阻隔层)的 CTE 低于 20 ppm/℃,OLED 用玻璃支撑基板的 CTE 在 5 ppm/℃ 左右。如图 4 - 6 所示,聚合物膜与 Si 膜在 CTE 方面存在差异,在 OLED 器件加工过程中,当温度从沉积温度降至室温时会产生聚合物热应力,而应力的弛豫使基板弯曲,进而导致层间剥离、破裂以及出现器件的其他问题。另外,在高温制造工艺中,如果基板的尺寸变化大,会造成光对位精度变差。所以,要求聚合物柔性基板材料具有和显示器中无机或金属组件相匹配的 CTE 值。为了降低聚酰亚胺的 CTE,提高本征聚酰亚胺的耐热性和尺寸稳定性仍然是改善聚酰亚胺性能的主要途径。

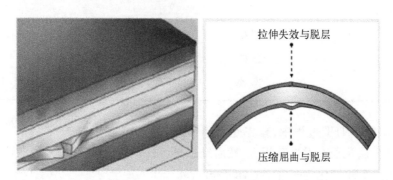

图 4 - 6 聚合物基板和无机组件热膨胀不匹配时弯曲引起的脱层

4.2.3 低水氧透光率

对于绝大多数构建在聚合物基板上的高性能有机半导体化合物,当将其暴露在环境湿度时,会出现器件性能的快速下降。这就需要聚合物柔性基板具有低的水汽透过率(water vapor transmission rate, WVTR)和氧气透过率(oxygen transmission rate, OTR)。对于 OLED 器件,要求基板的 WVTR 和 OTR 分别低于10^{-6} g/(m^2 · d)和 10^{-4} cm^3/(m^2 · d)。然而,如表 4 - 3 所示,根据分子链的聚集态结构传统的聚合物薄膜基板的 WVTR 和 OTR 值分别在 $10^{-1} \sim 40$ g/$(m^2 \cdot d)$ 和 $10^{-2} \sim 10^2$ g/$(m^2 \cdot d)$。所以,解决聚合物基板对水汽和氧气不充分的隔绝是开发柔性基板的关键技术之一。对于聚酰亚胺来说,复合特殊的添加剂,如有机蒙脱土和石墨烯,在一定程度上可以提高薄膜的湿气阻隔性。

表 4-3　几种聚合物材料和涂层的水汽和氧气阻隔性能[4]

聚　合　物	WVTR[a]/[g/$(m^2 \cdot d)$] (@ 37.8~40℃)	OTR[c][cm³(STP)/$(m^2 \cdot d)$] (@ 20~23℃)
聚乙烯(PE)	1.2~5.9	70~550
聚丙烯(PP)	1.5~5.9	93~300
聚苯乙烯(PS)	7.9~40	200~540
聚对苯二甲酸乙二醇酯(PET)	3.9~17	1.8~7.7
聚醚砜(PES)	14[b]	0.04[b]
聚对萘二甲酸乙二酯(PEN)	7.3[b]	3.0[b]
聚酰亚胺(PI)	0.4~21	0.04~17
OLED 用基板的要求	1×10^{-6}	$1 \times 10^{-6} \sim 1 \times 10^{-5}$

注: a. 膜厚约 100 mm;b. 温度没有给出;c. 膜厚约 100 mm,O_2压力为 0.2 atm * 。

　　除了对聚酰亚胺材料的组成进行阻水阻氧改进之外,通过器件封装的阻隔技术也是实现 OLED 商业化的途径之一。由于在焊接过程中使用高温会损坏柔性 OLED 器件。另外,采用的焊剂材料也不具有柔性特征,因此玻璃基板 OLED 采用的熔块密封显然对柔性 OLED 来说是不合适的。为此,LG 开发了一种多层有机无机杂化低温柔性封装技术。单层阻隔层的加工过程中不免会形成针孔或者细微裂缝,多层结构能够很好地将单层中可能出现的缺陷进行覆盖,延长了水和氧的透过通道,从而能够对水氧进行有效地阻隔。

图 4-7 是通过 PECVD 方法在聚酰亚胺基板上交替沉积 SiO_2 和 SiN_x 层形成的微米厚度的阻隔层。在阻隔层上沉积 50 nm 非晶态 Si,随后在 450℃ 退火脱氢形成 LTPS。由于 SiN_x 层比 SiO 层具有较高的应力,两者之间应力的不平衡在脱氢过程

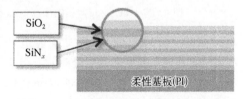

图 4-7　柔性基板聚酰亚胺上的阻水阻氧层

中由于快速升温被进一步放大,从而引起阻隔层裂痕的出现。为了达到应力平衡,两者的膜厚需要被优化,SiO_2 和 SiN_x 厚度比通常为 3 : 1[5]。通过使用多层阻隔膜,聚酰亚胺的 WVTR 降至约 10^{-6} g/$(m^2 \cdot d)$,能够满足 OLED 器件可靠性的要求。在高温(85℃)/高湿(85%)下存储器件可靠性也能得到保障。此外,这种新

---

　　* 1 atm = 101 325 Pa。

开发的封装结构还具有光学各向同性和良好的光透射能力。

4.2.4 高表面平滑度

表面质量(包括平整度和洁净度)对柔性基板也是同样关键。不同于玻璃基板和金属基板,聚合物表面不可能通过表面机械抛光达到高度平整的目的。而粗糙的聚合物表面会造成 OLED 性能的劣化,如像素短路(short-circuited pixel)或者暗点的形成和器件退化。所以,柔性聚合物基板表面需要一个平滑的扩散屏障膜(diffusion barrier film)来提供无缺陷表面。当然,聚酰亚胺表面的平整度能够达到柔性基板的要求则更有利于减少工艺过程和降低生产成本。为此,聚酰亚胺材料的洁净度和流平性以及成膜工艺都是改善聚酰亚胺薄膜平整度的主要措施。

Slot - Die 涂布技术是一种高精度涂布方式,涂布液由存储容器通过供给管路压送到喷嘴处,并使胶液由喷嘴处喷出,从而转移到涂布的基材上,如图 4 - 8 所示。这种涂布方式的优点是: ① 涂布精度高,涂布量(或膜厚度)可以通过涂布刮刀的微动调节来灵活控制; ② 涂布范围可自由调节,不需要使用挡板,不会因边缘厚度不同而产生污渍现象; ③ 胶液流动的通道可被密封,避免进入其他污染物。

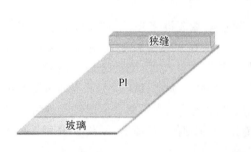 

图 4 - 8　聚酰亚胺薄膜的涂布(左)和载体玻璃上的准分子激光剥离(右)

聚酰亚胺和玻璃基板的黏附性也是需要考虑的因素之一。如黏附性太差,在支撑载体(玻璃)上涂布溶液时易产生液膜收缩,影响薄膜厚度的均一性;但是两者结合力太强则不利于后期器件从载体玻璃表面的激光剥离。因此,在聚酰亚胺柔性基板材料分子设计时,要充分考虑后期使用过程中聚酰亚胺薄膜与载体玻璃之间形成适当的结合力。

4.3　聚酰亚胺柔性基板

柔性 AMOLED 显示使用的 LTPS - TFT 技术要求很高的加工温度,限制了柔性聚合物基板的选择范围。聚酰亚胺是耐热性等级最高聚合物,且具有优良的电绝缘性、机械性能和化学稳定性,并作为柔性线路基板和电子器件涂层在半导体领域得到成熟应用,因此 OLED 厂家不约而同地将柔性基板定格在聚酰亚胺材料。但是,现有商业化的聚酰亚胺材料在耐高温性和尺寸稳定性等方面仍然达不到柔性 OLED 基板材料的要求。如 Kapton 的玻璃化转变温度为 377～399℃ 、Upilex－R® 为 330℃ 、Matrimid® 为 313℃ ,距离 OLED 基板对树脂的要求尚存在一定的差距。随着 OLED 显示技术的发展,学术界和产业界对聚酰亚胺基板的研发也在不断推进。表 4－4 列出聚酰亚胺柔性基板的商业化进展。如台湾工业技术研究院(Industrial Technology Research Institute, ITRI)为柔性显示应用开发一个独特的命名为 FlexUP(flexible-universal-plane)的聚酰亚胺溶液,该项技术包含了柔性基板材料和剥离技术(debonding layer, DBL)两个方面的技术创新。关于柔性基板,ITRI 开发的透明聚酰亚胺(CPI)包含了 50% 以上的无机氧化硅纳米填料,CTPI 基板展现出 90% 的光学透明性、高 T_g(>300℃)、低 CTE(28 ppm/℃)和高化学稳定性。另外,这种基板含有良好的水氧阻隔性能,WVTR 值低于 $4×10^{-5}$ g/(m² · d),其柔性屏以 5 cm 为半径弯曲 1 000 次后阻隔性仅有微小下降到 $8×10^{-5}$ g/(m² · d)。ITRI 使用这种基板材料成功制备了一个 6 英寸*的柔性彩色 AMOLED 显示器。

表 4－4 总结了近年来用于柔性 AMOLED 显示器的聚酰亚胺基板材料的各项性能;表 4－5 给出了基于聚酰亚胺基板的柔性 AMOLED 显示器样机的制程工艺。2007 年,ITRI 在 CTPI 薄膜基板上采用 a－Si TFT 技术成功地制备了一个 7 英寸的 VGA 透明有源矩阵 TFT－LCD 显示器(图 4－9)。CPI 薄膜基板高 T_g 和高透明性确保了 200℃ 下柔性器件的成功制备。这个柔性显示屏具有 640×480 的分辨率,75×225 mm 的像素间距和 100 nit 的亮度,这种基板材料能够满足 a－Si TFT 技术,对于制备高性能柔性显示的应用是具有吸引力的。

表 4－4　商业化聚酰亚胺基板的发展

年份	公司	材料	T_g/℃	CTE/ $(10^{-6}/℃)$	透光率/%	文　献
2005	GE	CPI	240		90	[6]
2008	ITRI	CPI	230	60	90	[1]
2009	ITRI	CPI	350	40	90	[7]
2009	三星	CPI	360	3.4		[8]
2010	ITRI	CPI	>400	20		[9]
2011	Ube	PI	>400	12		[10]
2012	ITRI	PI	450	7		[1]

类似地,使用来自杜邦的洁净柔性基板在 250～280℃ 温度下 a－Si TFTs 的加工也被报道[11]。无支撑洁净聚酰亚胺塑料基板的 T_g 高于 315℃ ,CTE 小于 10 ppm/℃ 。

---

* 1 英寸＝2.54 cm。

表 4-5 基于聚酰亚胺基板的柔性 AMOLED 显示器

公 司	尺寸（对角线）	版 式	分辨率	TFT	RGB	发射方向	加 工 方 式	文 献
ITRI	7"	640×480		a-TFT	RGB	顶		
东芝	11.7"	qHD	94 ppi	a-IGZO	白/CF	底	涂布/剥离	[12]
东芝	10.2"	WUXGA（1920×1200）		a-IGZO	白/CF	底	涂布/剥离	[13]
SEL	5.9"	720×1280	249 ppi	CAAC-IGZO	白/CF	顶	转移	[14]
LG	5.98"	720×1280	245 ppi	ELA-TFT	RGB	顶	涂布/剥离（激光）	[15]
LG	18"	WXGA		IGZO	RGB	顶	涂布/剥离（激光）	[16]
AU	4.3"	qHD	257	ULTPS		顶	涂布/剥离（机械）	[17]
Holst Center	6cm	QQVGA	85 dpi	IGZO 方法	单色	顶	剥离	[18]
京东方	9.55"	640×432	81 ppi	a-IGZO	FMM	顶	剥离	[19]

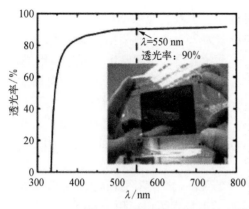
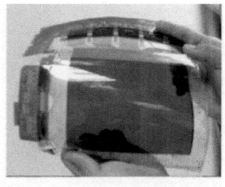

图 4-9　ITRI 开发的无色 PI 基板和彩色 VGA 柔性 TFT-LCD

280℃的最高加工温度接近工业界玻璃基板上加工 a-Si TFT 的使用温度（300~350℃）。

日本东芝公司采用涂布/剥离方法在厚度为 100 mm 的聚酰亚胺薄膜上成功制作了 11.7 英寸柔性 AMOLED。这个显示器采用底部发射结构和 a-IGZO TFTs，TFT 包含有 2 个晶体管和 1 个电容器（2Tr+1℃）。此后，东芝又在透明聚酰亚胺基板上构筑 IGZO TFTs 制备了 10.2 英寸底发射 AMOLED 显示器，成功地将偏置温度应力（bias-temperature stress，BTS）下的阈值电压降低到 0.03 以下，等同于玻璃基板上的 AMOLED 器件。

2013 年，LG 显示将 PI 基板柔性 AMOLED 显示器商业化。提供的 5.98 英寸的聚酰亚胺背板曲面显示器具有 720×1280 像素、245ppi 分辨率，可弯曲半径为 700 nm。稍后，LG 显示开发了世界上第一个 18 英寸的大尺寸柔性 OLED 显示器。这种显示器采用聚酰亚胺背板制作的 a-IGZO TFT 的顶发射结构，分辨率达到 810×1 200（WXGA），可弯曲半径为 30 mm。图 4-10 是所开发的 18 英寸显示器的显示图像。

图 4-10　18 英寸 OLED 显示器的显示图像

AU 光电公司(AU Optronics Corporation)基于聚酰亚胺基板的极低温多晶体 TFT(ULTPS TFT)技术制备了 4.3 英寸分辨率为 257ppi 的顶发射式 AMOLED 显示屏,其背板具有可靠性极高的气体阻隔层。显示器全部厚度仅 0.2 mm。同年,霍尔斯特中心(Holst Center)在旋涂于玻璃薄片的聚酰亚胺薄膜上开发了一个顶发射 OLED 显示器,这种显示器采用 QQVGA 格式,具有 85dpi 的分辨率。我国京东方(BOE)也基于聚酰亚胺薄膜/a‑IGZO TFT 背板技术开发了全色彩的顶发射 9.55 英寸 AMOLED,该显示器具有 640×432 像素、81ppi 的分辨率和大于 100% 色饱和度。

近来,低温 TFT 技术受到学界和产业界的关注,德国斯图加特大学报道了在最高温度 160℃ 的 IGZO TFTs 的研究,这样的 TFT 技术可以应用于包括聚酰亚胺在内的多种聚合物薄膜。

以上器件均采用了加工温度相对较低的 TFT 制备技术,但是从目前商业化趋势来看 LTPS‑TFT 是主流的制程工艺,因此耐高温、低膨胀的聚酰亚胺值班材料的必要的。基板用聚酰亚胺的分子结构设计主要是针对耐高温(高 T_g 和高热分解温度 T_d)、高温尺寸稳定性(低 CTE)和光学透明性目标。聚酰亚胺的其它性能(如力学性能、电学性能)均能满足柔性基板的需要。但是,处于商业秘密的考虑,这类聚酰亚胺材料的分子结构在文献中很少报道。表 4‑6 提供了聚酰亚胺柔性结构分子设计的个别案例。

表 4‑6 柔性显示用聚酰亚胺材料分子

编号	分 子 结 构	文献

PI‑1 [20]

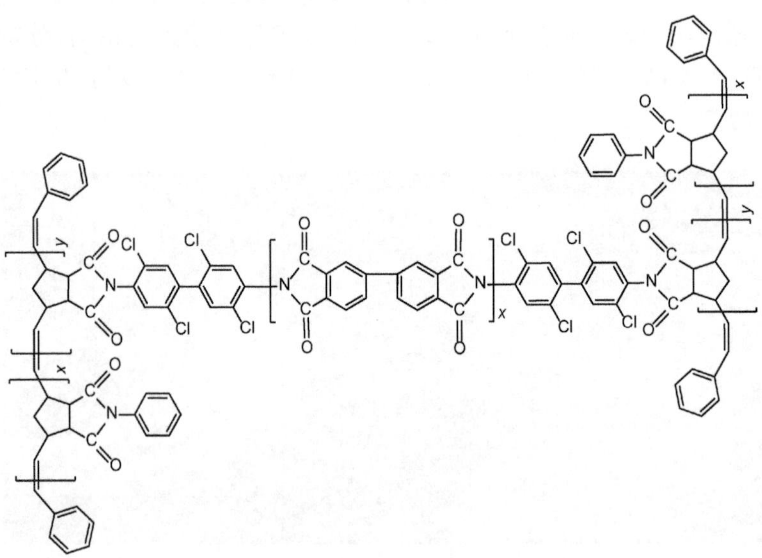

编号	分 子 结 构	文献

PI－2

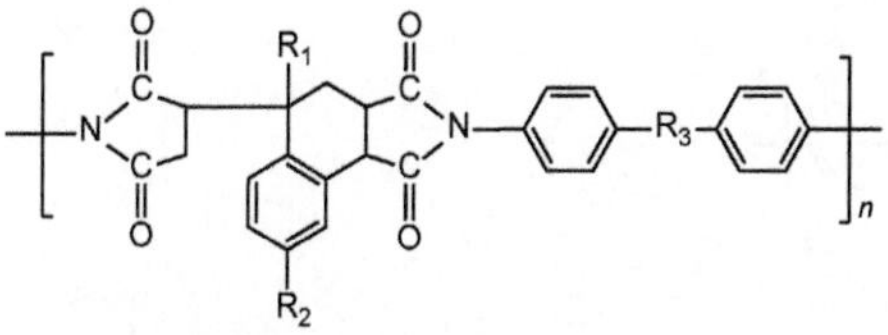

$R_1 =$ H, Me; $R_2 =$ H, C_mH_{2m+1} ($m=$ 1~16)
$R_3 =$ O, O—C_6H_4—O, O—C_6H_4—C(CH$_3$)$_2$—C_6H_4—O,
　　O—C_6H_4—C(CF$_3$)$_2$—C_6H_4—O

[21]

PI－3

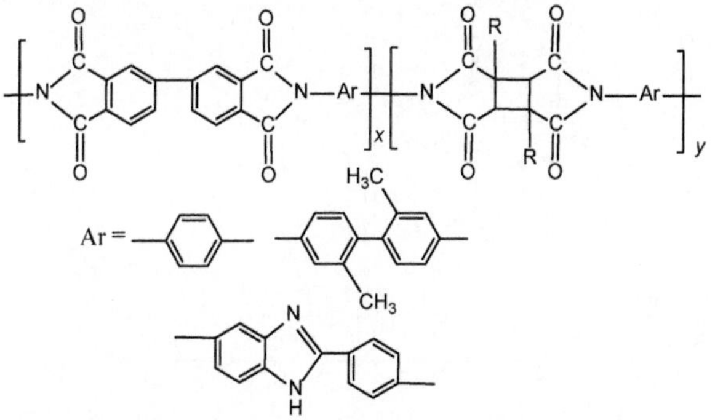

Ar ＝

[22]

PI－4

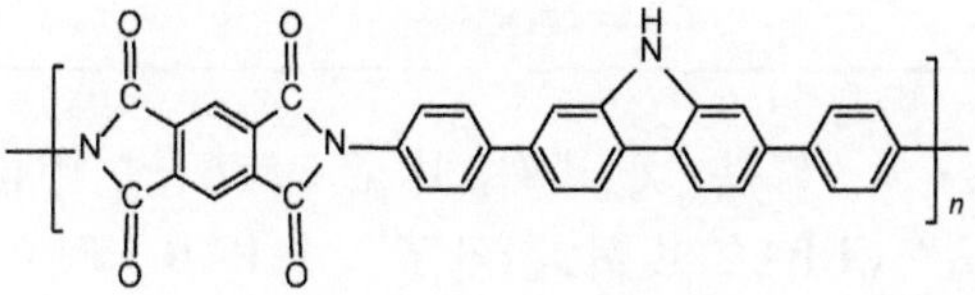

[23]

PI－5

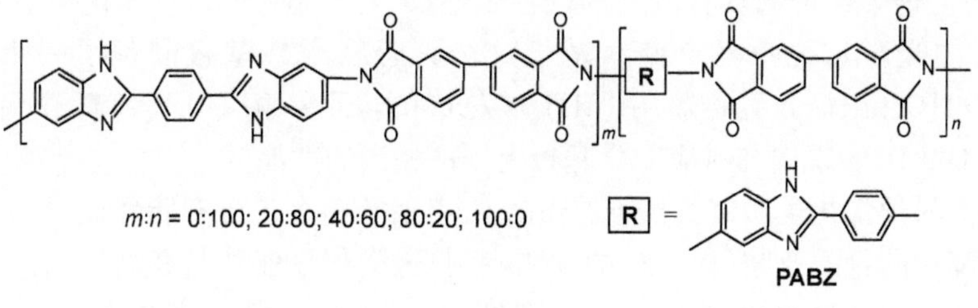

$m:n =$ 0:100; 20:80; 40:60; 80:20; 100:0　　**R** =

PABZ

[24]

PI－6

＋石墨烯

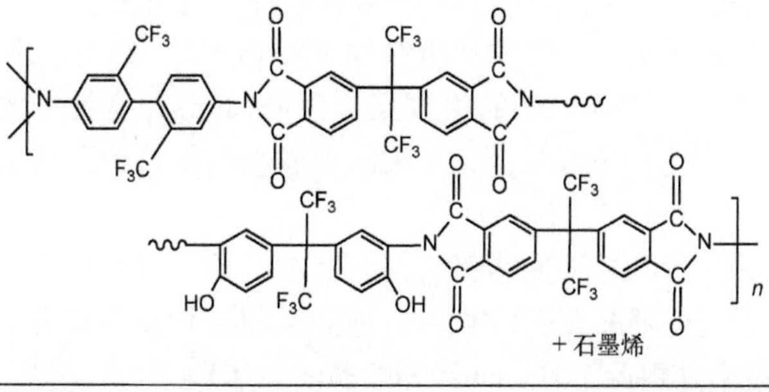

[25]

续 表

编号	分 子 结 构	文献
	+ SiO₂	
PI－7	+ TEOS SiO₂	[26]
	+ Z-6040 SiO₂	
PI－8	CF₃ ... CF₃ +纳米银线网络	[27]

　　Choi 等[20] 研究人员使用聚（N-苯基-外-降冰片烯-5,6-二甲酰亚胺）（PPhNI）和氯化聚酰亚胺（BPDA/TCDB）的共聚,制备了一个 PNB－PI 的共聚物（PI－1）。这个共聚物具有较高的热稳定性（T_g 在 276~300℃）和化学稳定性,在 400 nm 的光学透光率约 70%。基于这个聚合物柔性基板制备了一个结构为 PNIC08/ITO（阳极）/孔传输层（HTL）/发光和电子传输层（EM&ETL）/铝（阴极）柔性的 OLED,表现出与对应 ITO 基板上器件相当的性能。

　　中国科学院化学研究所杨士勇团队[21] 申请了一个包含有脂环成分、芳香结构和柔性酯键的聚酰亚胺（PI－2）的发明专利,这类聚酰亚胺具有高的耐热性、光学透明性和耐化学溶剂性,能够应用于 TFT－LCD 光电器件或光纤通信和太阳能电池的涂层。之后他们还保护了另一个聚酰亚胺结构 PIs（PI－3）[22],它选用芳香二胺和一个芳香二酐（sBPDA）与脂环二酐的组合聚合而成,其热稳定性和光学透明性能够通过改变两种酸酐的比例来调整。这个聚酰亚胺材料被认为可作为柔性器件的基板材料。

　　Liu 等[23] 采用新颖的含有刚性平面咔唑结构的二胺（2,7－CPDA）和均苯四甲酸酐（PMDA）聚合制备了一种聚酰亚胺（PI－4）,他们发现这种材料具有很好的阻隔性能,氧气和水汽透过率分别低于 0.2 cm³/（m²·d）和 0.1 g/（m²·d）。同时表现出极好的热稳定性(T_g：437℃；T_d 5%：556℃；TCE：2.89 ppm/K)以及力学拉伸强度(143.8 MPa)。因此,PI-3 在顶发射柔性 OLED 显示方面显现出巨大的应用价值。

本课题组采用了两种具备分子间氢键形成能力,且具有刚性直链结构的苯并咪唑二胺与联苯四酸二酐(BPDA)共聚制备了系列 T_g 在 452~475℃,T_d 大于 550℃和 CTE 在 6~10 ppm/K 的耐高温聚酰亚胺薄膜(PI-5)。我们发现随着含 N-H 基团多的 2,2′-p-氨基-二(5 氨基苯并咪唑)单体含量的增加、氢键形成的数量增多、分子之间的相互作用增强、分子链间的堆积密度提高,聚合物的耐热性和耐热氧化性也不断提高。而 5-氨基-2-(4-氨基苯基)苯并咪唑单体的线性度更高,有利于获得更低线膨胀系数的聚酰亚胺。因此,调控两种咪唑二胺单体的含量配比,可以获得的各种性能指标的耐高温聚酰亚胺材料[24]。

除了聚酰亚胺的本征结构之外,聚酰亚胺的纳米复合也是提高其综合性能的重要手段之一,聚酰亚胺复合膜也被报道用于柔性 OLED 的基板材料。Kim 等[25]选取含多重 CF_3 基团的单体制备聚酰胺酸,并将其与还原石墨烯混合、涂膜、亚胺化,所生成的透明聚酰亚胺-石墨烯复合膜(PI-6)的机械性能随着石墨烯的含量增加而增大,直到石墨烯添加到 0.7%。在这种聚酰亚胺上蒸镀 ITO/Ag/ITO 薄膜并制备柔性 OLEDs,该器件比用商品化聚酰亚胺薄膜获得的对比器件在性能上更有优势。

林志成等[26]的专利保护了 PSCFs 结构作为柔性电子器件柔性基板的聚酰亚胺-二氧化硅复合材料(PI-6),这种材料通过聚酰胺酸溶液和二氧化硅凝胶、正硅酸四乙酯(TEOS)和 r-环氧丙基氧丙基三甲氧基硅(Z-6040)混合制备而成。

Spechler 等[27]将透明聚酰亚胺和镶嵌式纳米银线网络的组合开发了一种光学透明、表面平滑、热稳定和导电性的聚酰亚胺(PI-8)。他们发现纳米线上增加二氧化钛涂层可增加其热稳定性,薄膜允许在 360℃下热亚胺化。这种聚酰亚胺被用于柔性基板材料,可实现高温沉积、有机发光二极管制作,与 ITO 导电玻璃对应器件相比显著提升的器件性能。

目前,包括三星和京东方在内的多家显示器制造企业主要采用日本宇部的聚酰亚胺基板树脂,尽管材料性能并不完善,但是经过多年的磨合柔性 OLED 器件的成品率和寿命在不断提升。因为具备优良的机械性、高的玻璃化转变温度和稳定的电化学性能,聚酰亚胺在柔性 OLED 显示中具有乐观前景。

4.4　柔性 AMOLED 显示屏配套的触摸屏

柔性 OLED 器件结构中需要三种聚酰亚胺薄膜,除了最重要的柔性显示屏基板聚酰亚胺(黄膜)之外,另外还需要两张透明无色聚酰亚胺膜(白膜)分别作为触控屏的导电膜和盖板膜(图 4-11)。由于光线需要通过这两张薄膜,因此对薄膜的透明性提出较高的要求,一般要求高透明(可见光范围透光大于 90%)、极低色度,以及耐弯曲和高硬度,这对聚酰亚胺材料设计和薄膜加工都提出很高的要求。CPI 的应变值为 29(这是目前较高的),而且 CPI 耐高温可达 250℃ 以上。因此,CPI+硬化涂层(hard coating)以及 CPI+纳米银线(nano silver wire)分别成为触摸屏的盖板膜和导电膜的最佳方案。

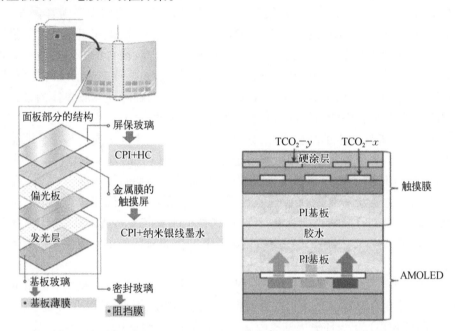

图 4-11 可折叠智能手机结构及 AMOLED 与触控屏组件(参考:日经中文网)

4.4.1 硬化透明聚酰亚胺盖板膜

目前 OLED 的显示器部分已经可以以一定的曲率被反复弯曲,这一点可以满足用户的日常需求。触控部分,使用薄膜金属网格或纳米银线也同样基本可以满足要求,唯独盖板不行。柔性盖板必须同时具备可反复弯曲、透明、超薄以及足够的硬度。3D 玻璃在足够薄的情况下(100 μm 以下)能在 10 mm 直径曲率下弯曲超过 20 万次,硬度和透光性都好于透明聚酰亚胺,但是易碎的特性使其无法满足要求。盖板材料面临的挑战是既要有材料的钢性还要兼顾材质的弯折性以及回复性,长时间弯折能恢复到原始形态,这是折叠屏具有折叠属性的特质。折叠屏生产的盖板材料需要同时满足柔韧性、透光率以及很强的表面防划伤性能。

为了强化盖板膜的表面防划伤性能,需要对透明聚酰亚胺进行表面硬化处理。目前主要有两种途径:一是在 CPI 表面蒸镀一层无机透明薄膜,如氧化硅,这个过程也需要薄膜承受一定的温度,再次体现了聚酰亚胺耐热性的优势;二是在 CPI 表面涂覆一层特殊的透明(透光率>90%;雾度<0.9%)、耐磨、柔性好、平整度高、耐

酸碱性强、硬度在 2H 以上的光固化树脂。后者是目前的主流方向。CPI 表面硬化涂层(hard coating, HC)的制作中常常会出现彩虹纹。彩虹纹是由薄膜上下两个表面对入射光的反射和折射在反射方向(或透射方向)产生的相干条纹。为了消除彩虹纹尽可能保持 HC 涂层厚度的均一性。另外,硬化涂液的折射率要小于易黏结层折射率,膜的透光率要大于基材的透光率。

4.4.2　透明聚酰亚胺导电膜

透明导电薄膜(TCF)是一种兼备透光性和导电性的材料,其中,氧化铟锡(ITO)是目前最主要的 TCF 材料。ITO 透明导电膜是通过喷溅涂覆沉积在透明的玻璃基质上制备得到的,存在制备条件苛刻、成本高和柔性差等缺陷,且制备 ITO 所需的金属铟(In)日渐稀缺。因此,需要寻找 ITO 材料的替代品。金属网格、纳米银线、导电聚合物、碳纳米管、石墨烯成为最有可能替代 ITO 材料的五大发展方向。其中,纳米银线的导电、透光、弯折性能最好,且可以使用涂覆工艺生产透明导电膜,生产成本低,是当前 ITO 材料的最佳替代品。特别是纳米银线透明导电膜的耐弯折性能好于 ITO 和金属网格透明导电膜,经历 100 次绕曲,ITO 发生开路,金属网格阻抗变化大于 100%,而纳米银线阻抗变化仍小于 1%。因此,柔性触控领域纳米银线是目前唯一可行的方案。

一般来说,银纳米线长度越长、直径越小,其透光度越高、电阻越小。雾度问题是纳米银线薄膜存在的主要缺点,导致在室外场景光线照射的情况下看不清屏幕。但是如果纳米银线的直径小于 10 nm,辅助光刻工艺形成 36 nm 以下的银线网格,导电膜的雾度问题则基本可以消除。

作为柔性触控屏的聚酰亚胺薄膜,要求 CPI 高透明、低色度、低 CTE 和低光学相位。盖板和导电膜用透明聚酰亚胺多采用含氟聚酰亚胺、含脂环含氟聚酰亚胺,这些聚酰亚胺表现出优异的力学性能、耐热性能、低介电特性和有机溶剂可溶性。透明聚酰亚胺的性能除了与分子结构设计有关之外,还受到聚合方法与过程(原位溶剂热一步缩合反应、二步法)、亚胺化方法(热亚胺化、化学亚胺化)以及成膜工艺过程(气氛、加热程序、最高温度和时间)的直接影响。制备完全透明无色的聚酰亚胺不是一件容易的事,为了达到实用目的,有时也会涂覆一层极薄的互补色聚合物来降低 CPI 的色度。另外,在柔性 OLED 手机多次开合弯曲过程中发现折叠处会发生薄膜隆起,严重影响手机用户的体验,因此开发更高力学性能(包括极高模量)的 CPI 薄膜也逐步提上日程。

总之,柔性 OLED 是显示领域的一场技术革命,三种不同特性的聚酰亚胺薄膜支撑着 OLED 显示向柔性化轻量化发展。随着柔性 OLED 显示产品规模化进入市场,会有更多的使用问题被发现,这给聚酰亚胺薄膜性能不断提出新的要求,也为聚酰亚胺的基础研究和应用开发提供了巨大的发展空间。

参 考 文 献

[1] Chen J, Liu C T. Technology advances in flexible displays and substrates. IEEE Access, 2013, 1: 150 - 158.

[2] Choi M C, Kim Y, Ha C S. Polymers for flexible displays: From material selection to device applications. Progress in Polymer Science, 2008, 33(6): 581 - 630.

[3] Liu J M, Lee T M, Wen C H, et al. High-performance organic-inorganic hybrid plastic substrate for flexible displays and electronics. Journal of the Society for Information Display, 2011, 19(1): 63 - 69.

[4] Lewis J S, Weaver M S. Thin-film permeation-barrier technology for flexible organic light-emitting devices. IEEE Journal of Selected Topics in Quantum Electronics, 2004, 10(1): 45 - 57.

[5] Gao X, Lin L, Liu Y, et al. LTPS TFT process on polyimide substrate for flexible AMOLED. Journal of Display Technology, 2015, 11(8): 666 - 669.

[6] Yan M, Kim T W, Erlat A G, et al. A transparent, high barrier, and high heat substrate for organic electronics. Proceedings of the IEEE, 2005, 93(8): 1468 - 1477.

[7] Huang J J, Chen Y P, Huang Y S, et al. A 4.1 - inch flexible QVGA AMOLED using a microcrystalline-Si: H TFT on a polyimide substrate. SID Symposium Digest of Technical Papers, 2009, 40(1): 866 - 869.

[8] Park J S, Kim T W, Stryakhilev D, et al. Flexible full color organic light-emitting diode display on polyimide plastic substrate driven by amorphous indium gallium zinc oxide thin-film transistors. Applied Physics Letters, 2009, 95(1): 013503.

[9] Liu J M, Lee T M, Wen C H, et al. High performance organic-inorganic hybrid plastic substrate for flexible display and electronics. SID Symposium Digest of Technical Papers, 2010, 41(1): 913 - 916.

[10] Hassler C, Boretius T, Stieglitz T. Polymers for neural implants. Journal of Polymer Science, Part B: Polymer Physics, 2011, 49(1): 18 - 33.

[11] Long K, Kattamis A Z, Cheng I, et al. Stability of amorphous-silicon TFTs deposited on clear plastic substrates at 250℃ to 280℃. IEEE Electron Device Letters, 2006, 27(2): 111 - 113.

[12] Yamaguchi H, Ueda T, Miura K, et al. 11.7 - inch flexible AMOLED display driven by a-IGZO TFTs on plastic substrate. SID Symposium Digest of Technical Papers, 2012, 43(1): 1002 - 1005.

[13] Miura K, Ueda T, Saito N, et al. TFT technologies and FPD materials//Proceedings of 2013 Twentieth International Workshop on Active-Matrix Flatpanel Displays and Devices (AM-FPD 13). Kyoto: Institute of Electrical and Electronics Engineers (IEEE), 2013.

[14] Jimbo Y, Aoyama T, Ohno N, et al. Tri-fold flexible AMOLED with high barrier passivation layers. SID Symposium Digest of Technical Papers, 2014, 45(1): 322 - 325.

[15] Hong S, Jeon C, Song S, et al. Development of commercial flexible AMOLEDs. SID Symposium Digest of Technical Papers, 2014, 45(1): 334 - 337.

[16] Yoon J, Kwon H, Lee M, et al. World 1st large size 18 - inch flexible OLED display and the key technologies. SID Symposium Digest of Technical Papers, 2015, 46(1): 962 - 965.

[17] Lin Y L, Ke T Y, Liu C J, et al. A delamination method and ultra-high-reliable gas barrier

film for flexible OLED displays. SID Symposium Digest of Technical Papers, 2014, 45(1):
114 - 117.

[18] Cobb B, Rodriguez F G, Maas J, et al. Flexible low temperature solution processed oxide
semiconductor TFT backplanes for use in AMOLED displays. SID Symposium Digest of
Technical Papers, 2014, 45(1): 161 - 163.

[19] Shi S, Wang D, Yang J, et al. A 9.55 - inch flexible top-emission AMOLED with a-IGZO
TFTs. SID Symposium Digest of Technical Papers, 2014, 45(1): 330 - 333.

[20] Choi M C, Hwang J C, Kim C, et al. New colorless substrates based on polynorbornene-
chlorinated polyimide copolymers and their application for flexible displays. Journal of Polymer
Science, Part A: Polymer Chemistry, 2010, 48(8): 1806 - 1814.

[21] 杨士勇, 郭远征, 宋海旺, 等. 烷基取代脂环二酐化合物及由其制备的聚酰亚胺.
ZL201110230928.5.2012.

[22] 杨士勇, 倪洪江, 刘金刚, 等. 一种聚酰亚胺薄膜及其制备方法和柔性基板与应用.
ZL201510628642.0.2015.

[23] Liu Y, Huang J, Tan J, et al. Intrinsic high-barrier polyimide with low free volume derived
from a novel diamine monomer containing rigid planar moiety. Polymer, 2017, 114:
289 - 297.

[24] Lian M, Lu X, Lu Q. Synthesis of superheat-resistant polyimides with high T_g and low
coefficient of thermal expansion by introduction of strong intermolecular interaction.
Macromolecules, 2018, 51(24): 10127 - 10135.

[25] Kim H H, Kim H J, Choi B J, et al. Fabrication and properties of flexible OLEDs on
polyimide-graphene composite film substrate. Molecular Crystals and Liquid Crystals, 2013,
584(1): 153 - 160.

[26] 林志成, 吕奇明, 郭育如. 离型层、基板结构、与柔性电子元件工艺. TW103107366.2015.

[27] Spechler J A, Koh T W, Herb J T, et al. A transparent, smooth, thermally robust, conductive
polyimide for flexible electronics. Advanced Functional Materials, 2015, 25 (48):
7428 - 7434.

第 5 章

聚酰亚胺透明导电膜及器件

5.1 引言

随着柔性透明触控屏、柔性薄膜晶体管、柔性照明、柔性显示、柔性薄膜太阳能电池等一大批高科技产品从实验室逐渐走向市场,柔性光电产业的崛起趋势日趋明朗[1-4],而支撑该领域快速发展的基础是高性能柔性透明导电薄膜的突破性发展。高透明、低电阻、耐刮擦、高平整、高强度、耐多次弯曲、服役性能优秀的透明导电薄膜是科技工作者追求的目标。目前,柔性透明导电膜的技术指标已经能够满足许多柔性光电器件的基本需要(表 5-1),如可作为一些柔性可弯曲器件结构中的透明电极,以及电子触摸屏、LCD 屏、OLED 屏和太阳能电池等(图 5-1)。其中用于触摸屏的透明导电电极仅需要有轻微的柔性,透光率在 85% 以上即可,由于触摸屏多采用感应方式工作,可以接受相对较高的方阻(500 Ω/sq);对于新发展起来的 OLED 显示器件,无论是底发射还是顶发射结构,柔性透明电极的选择都是至关重要的,要求透光率在 90% 以上,面电阻小于 50 Ω/sq;此外,在太阳能电池领域,柔性薄膜太阳能电池板正逐渐成为主流,透明/半透明太阳能电池中的透明电极的要求透光率大于 90%,面电阻小于 10 Ω/sq[5]。

表 5-1 不同应用场景对透明导电膜的最低要求[5]

应 用 领 域	$\tau_v/\%$	$R_{sq}/(\Omega/sq)$	σ_{opt}/σ_{dc}
触摸屏	85	500	4.5
LCD 屏	85	100	22.3
OLED 屏	90	50	69.7
太阳能电池	90	10	348

注: σ_{opt} 和 σ_{dc} 分别为光导和直流电导。

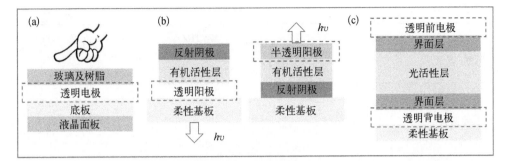

图 5-1　(a) 静电容量式触摸屏的构造示意图；(b) 底发射 OLED(左)
与顶发射 OLED(右)[6]；(c) 透明/半透明太阳能电池示意图[1]
(图中虚线框内为透明导电薄膜)

　　透明导电薄膜通常包括导电层和柔性透明衬底两个部分。其中金属氧化物、
金属薄膜、金属网格、金属纳米线、导电碳材料(石墨烯、碳纳米管)和导电聚合物
都可作为柔性透明电极的导电层。而柔性衬底材料则需要满足三个条件[7,8]：
① 材料透明性好，对可见光(380~780 nm)的透光率高(τ_v>80%)；② 柔性衬底材
料的热膨胀系数与导电层的热膨胀系数相匹配；③ 具有一定的耐热性，以避免在
膜沉积过程中受到损伤。大多数有机柔性衬底材料不能像硬质玻璃那样承受高
温，并且柔性衬底和导电层薄膜的热膨胀系数严重不匹配，在较大的温差作用下，
柔性衬底和导电层薄膜界面间产生较大的应力，膜间黏附力变弱，易出现导电层薄
膜的电阻增大、薄膜出现翘曲、褶皱、开裂等情况。因此，选择合适的柔性衬底对制
备透明导电薄膜至关重要。表 5-2 列举了一些常用柔性衬底的相关性能参数，相
对于高密度聚乙烯、聚丙烯、聚对苯二甲酸乙二醇酯、聚萘二甲酸乙二醇酯等高分
子薄膜，聚酰亚胺具有介电常数低、耐热性好、耐化学溶剂性强、机械稳定性高、阻
隔性优良的优势，是一种理想的透明导电薄膜的柔性衬底材料。

表 5-2　柔性衬底的相关性能参数

材料类型/要求	名　称	简称	长期使用温度/℃	WVTR/[g/(m²·d)](@37.8~40℃)	OTR/(cm³·m²·d)(@20~23℃)	CTE/(10⁻⁶·℃⁻¹)
聚合物材料	高密度聚乙烯	HDPE	100	1.2~5.9	70~550	220
	聚丙烯	PP	120	1.5~5.9	93~300	60~100
	聚对苯二甲酸乙二醇酯	PET	120	3.9~17	1.8~7.7	33
	聚萘二甲酸乙二醇酯	PEN	160	7.3	3.0	20
	聚酰亚胺	PI	300	0.4~21	0.04~17	8~20

续　表

材料 类型/要求	名　称	简称	长期使用 温度/℃	WVTR/ [g/(m² · d)] (@37.8~40℃)	OTR/ (cm³ · m² · d) (@20~23℃)	CTE/ (10⁻⁶ · ℃⁻¹)
柔性玻璃	超薄透明玻璃	—	—	—	—	3.3
金属薄片 （铜）		—	—	—	—	17.5
OLED 要求			>150	1×10⁻⁶	1×10⁻⁵ ~ 1×10⁻³	20

传统的聚酰亚胺薄膜呈浅黄色到深棕色,在可见光区域的透光率低,在 500 nm 处透光率不到 40%,在 400 nm 附近被 100% 吸收,该特性严重限制了其在光电领域的应用,因此设计和制备透明聚酰亚胺势在必行。研制透明聚酰亚胺可从分子设计和薄膜成形两方面入手,在保证优良的热性能和力学性能的前提下,提高聚酰亚胺的透光性。目前,美国、日本和韩国在透明聚酰亚胺的研究和产业化方面走在世界前列。我国中科院化学研究所、上海交通大学、同济大学、中山大学等研究机构有开展透明聚酰亚胺研究的团队。

本章将介绍透明聚酰亚胺的分子设计原理及透明聚酰亚胺导电薄膜的制备方法。

5.2　透明聚酰亚胺

1996 年,Ando 等研究发现芳香族聚酰亚胺薄膜产生颜色的机制是分子链中二胺具有给电子能力、二酸酐具有接受电子能力,使聚合物分子内和分子间形成电荷转移络合物(CTC)[9-11]。且发现聚酰亚胺的颜色深浅顺序与由 ¹⁵N NMR 化学位移(δ_N)估计的二胺的给电子能力的顺序相当一致;也与实验和计算获得的二酐的电子亲和力(EA)的顺序基本一致。根据以上原理,人们通过以下的分子设计原理来制备透明聚酰亚胺: ① 引入含氟基团;② 引入脂肪尤其是脂环结构单元;③ 引入体积较大的取代基;④ 采用能使主链弯曲的单体;⑤ 导入不对称的分子结构;⑥ 减少共轭双键结构等。聚酰亚胺透光性能的表征方法和参数主要有三种:紫外-可见光谱、黄色指数和灰度。在紫外光谱中常用紫外截止波长(λ_0)和紫外光透光率来评价聚酰亚胺薄膜的透光性能。

5.2.1　含氟无色透明聚酰亚胺

氟原子具有高的电负性($\chi_M = 4.193$)和低摩尔极化率。在聚酰亚胺主链或侧链中引入氟原子或含氟基团会阻碍聚合物的电子转移络合物形成,进而提高聚酰亚胺的光学透明性。同时该类聚酰亚胺溶解性能较好,介电常数较低且吸水性较低。1951 年,Pettit 和 Tatlow 公开了第一个含氟二胺单体 4,4′-二氨基-2,2′-双三氟甲基联苯(TFMB)的合成方法[12]。1964 年,美国的杜邦公司申请了 4,4′-(六氟异丙基)二邻苯二甲酸酐(6FDA)专利[13]。1990 年,Lau 等公开了一种含硝基六氟二胺的制备[14]。在含氟无色透明聚酰亚胺中,采用三氟甲基(CF₃)单体是最常见的方法,表 5-3 列举了常见的含三氟甲基的无色透明聚酰亚胺单体及其结构[12-18]。

表 5-3　含三氟甲基的无色透明聚酰亚胺单体

缩　写	分　子　结　构	文　献
TFMB		[12]
6FDA		[13]
6HDA		[14]
TFMEB		[15]
6FODA		[16]
BAPB		[17]
BAPP		[18]

1991 年，Matsuura 等通过 6FDA 和 TFMB 制备了全氟透明性能优异的聚酰亚胺薄膜[19]。该透明聚酰亚胺具有低介电常数（$\varepsilon = 2.8$）、低折射率（$n = 1.556$）和低吸水率（$W_A = 0.2\%$），紫外吸收波长低于 350 nm，400 nm 紫外光透光率接近 90%，通过对比 6FDA/TFMB 和 6FDA/DMDB 聚酰亚胺（CPI-1 和 CPI-2，见表 5-4）的透明性，发现 TFMB 中 CF₃ 将发色中心隔开，削弱了电子共轭，进而提高光学性能。研究 6FDA/TFMB 和 PMDA/TFMB 聚酰亚胺（CPI-1 和 CPI-3）的透明性，表明 6FDA 中 CF₃ 阻碍了分子内共轭，降低了电子转移络合物的形成，进而提高光学性能。Lim 等将这类全氟透明聚酰亚胺应用在有机电致发光器件中，以其为柔性基板用于支撑氧化铟锡（ITO）薄膜，得到的器件性能与常规 ITO 涂层玻璃基板的器件相当[20]。Ando 总结了 6FDA 含氟透明聚酰亚胺在光学元件和波导电路中的应用[21]。2007 年，Li 等通过 6FDA 和 3,3′-二氨基二苯基砜制备了含氟聚酰亚胺，将其作为塑料基板在其上涂覆 ITO，在 250℃、氮气氛中退火 1 h，ITO 薄膜的电阻率为 4.0×10^{-4} Ω·cm，ITO 光电性能优异，透光率值为 83.5%[22]。

表 5-4 含氟聚酰亚胺[19]

PI	分 子 结 构	文 献
CPI-1		[19]
CPI-2		[19]
CPI-3		[19]

Yang 等通过亲核取代反应，肼和 Pd/C 催化还原制备了含醚键的氟化二胺单体：4,4-双(4-氨基-2-三氟甲基苯氧基)-3,3,5,5-四甲基联苯（图 5-2）[23]。将其与酸酐聚合制备聚酰亚胺，所得聚酰亚胺能溶解于多种有机溶剂，其聚酰亚胺薄膜的力学性能优异（$\sigma > 80$ MPa，$\varepsilon = 8\% \sim 16\%$，$E = 1.6 \sim 2.0$ GPa）、热稳定性高（$T_d 10\% = 470 \sim 523℃$）、透明性能优异（$\lambda_0 = 373 \sim 418$ nm）、玻璃化转变温度（T_g）在 312~351℃。随后，他们采用类似的方法合成了另外一种含萘的氟化双醚胺单体——2,3-双(4-氨基-2-三氟甲基苯氧基)萘（图 5-2），将这种含氟二胺与酸

酐聚合制备的透明聚酰亚胺薄膜表现出良好的溶解性能和拉伸强度（$\sigma_{max}=$ 124 MPa），玻璃化转变温度达到了 247～300℃，500℃以下的氮气或空气气氛下没有出现明显的热分解现象[24]。除了与 PMDA 聚合的聚酰亚胺之外，其他酸酐的聚酰亚胺膜几乎为无色透明，紫外截止波长低于 400 nm，黄度指数在 10.7～41.9。随后，Yang 等[25]研究了含有柔性醚键和侧链三氟甲基（CF_3）基团的透明聚酰亚胺。通过此种方法制备的膜具有很高的光学透明度，且几乎无色，紫外截止波长 368～382 nm，黄度指数 $b*$ 值为 6.2～15.5，玻璃化转变温度在 186～288℃，其中大部分 PI 膜在 500℃之前没有显著的分解。Chung 等[26]和 Behniafar 等[27]在 N,N-二甲基甲酰胺溶液中碳酸钾存在下进行亲核取代反应，然后用肼和 Pd/C 在乙醇中催化还原制备不同含氟含萘二胺——1,6-双（4-氨基-2-三氟甲基苯氧基）萘和 1,5-双（2-氨基-4-三氟甲基苯氧基）萘（图 5-2），并将其与各种可商购的芳族四羧酸二酐聚合，得到的聚酰亚胺薄膜透明性能和力学性能优异。

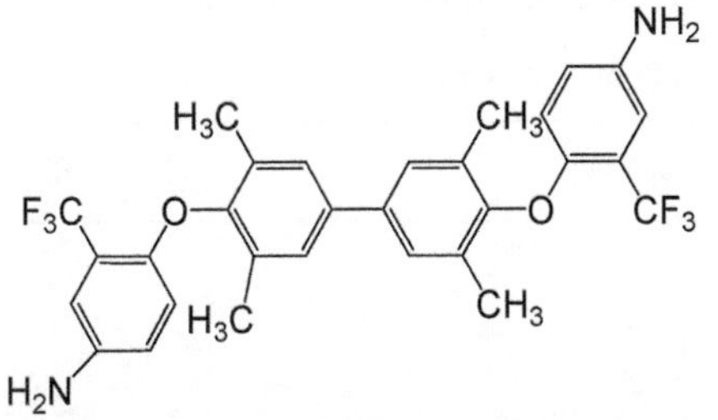

4,4-双(4-氨基-2-三氟甲基苯氧基)-3,3,5,5-四甲基联苯 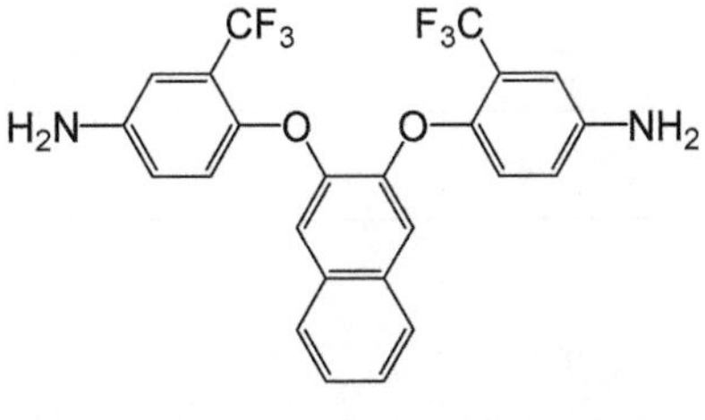　　2,3-双(4-氨基-2-三氟甲基苯氧基)萘

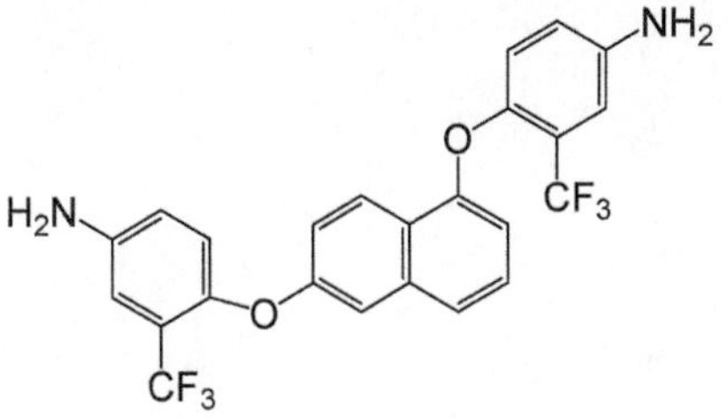

1,6-双(4-氨基-2-三氟甲基苯氧基)萘 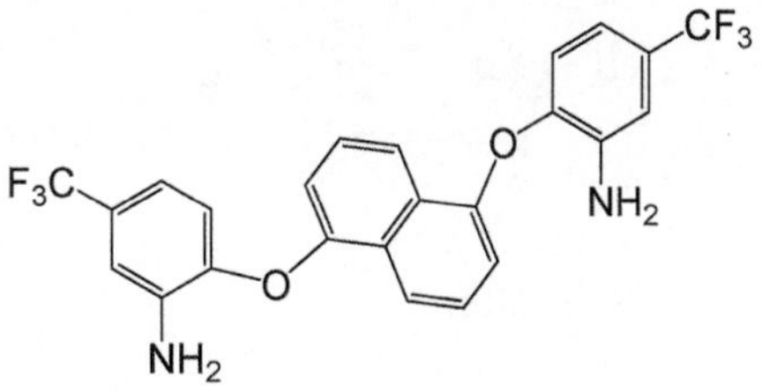　　　　1,5-双(2-氨基-4-三氟甲基苯氧基)萘

图 5-2　亲核取代及催化还原反应制备含三氟甲基聚酰亚胺单体及结构式

2009 年，Tao 等[28]分别制备了含十二氟、含十五氟的二胺分子，并将其与多种酸酐共聚，制备高透明性含氟聚酰亚胺。所得的无色透明聚酰亚胺薄膜的玻璃化转变温度在 209～239℃，力学性能优异，具有 88～111 MPa 的抗拉强度、2.65～3.17 GPa 的拉伸模量，介电常数为 2.49，吸湿率为 0.17%～0.66%。厚度为 7～10 mm 的氟化聚酰亚胺膜在 450 nm 透光率高达 97.0%，截止波长低至 298 nm，平均折射率和双折射分别在 1.506 0～1.562 2 和 0.003 6～0.009 5。

2017 年，Li 等[18]研究了 6FDA 与 TFMB 和 BAPP 的均聚与共聚，对比了含氟透明聚酰亚胺性能。他们发现将 CF$_3$ 基团引入聚酰亚胺主链和侧链显著降低了 PI 对太阳能的吸收率和发射率。所得含氟聚酰亚胺 6FDA/TFMB 对太阳能的吸收率低至 0.04,红外发射率为 0.6,同时具有高的导热性和良好的抗紫外线辐射性,是柔性太阳能电池的重要候选材料。

含氟聚酰亚胺因其具有优异的透明性能、溶解性能和介电性能而广受重视,但目前含氟聚酰亚胺单体品种仍然较少,生产成本较高,不同结构和功能的含氟二胺单体的开发任重道远。

5.2.2　脂肪族无色透明聚酰亚胺

脂肪族单体具有低电子密度和低极性的特征,能有效地抑制分子链电荷转移络合物的形成,因此脂肪族单体的引入可以获得无色透明聚酰亚胺。根据聚合物中的二酐和二胺使用情况,脂肪族聚酰亚胺又分为全脂肪族和半脂肪族无色透明聚酰亚胺,表 5-5 所示的单体是常见的脂肪族无色透明聚酰亚胺单体。

表 5-5　常见的脂肪族聚酰亚胺单体

缩　写	分　子　结　构	文　献
CBDA		[29]
H-PMDA		[30]
H″-PMDA		[31]
H′-PMDA		[32]
BOCA		[33]
TCA-AH		[34]

续　表

缩　写	分　子　结　构	文　献
DAn		[35]
H－BTA		[36]
H－BPDA		[37]
H′－BPDA		[38]
H″－BPDA		[38]

　　1,2,3,4-环丁烷四甲酸二酐(CBDA)作为最简单的脂肪族酸酐单体,所制备的聚酰亚胺具有优异的透光性、耐热性和尺寸稳定性,而且成本相对较低,因此受到了广泛研究。1999 年,Suzuki 等[29]通过 CBDA 和 2,2′-双[4-(4-氨基苯氧基苯基)]丙烷、4,4′-二氨基二苯甲烷、4,4′-二氨基二苯醚二胺单体制备了半脂肪族聚酰亚胺 CPI-4、CPI-5 和 CPI-6,它们的紫外-可见透光率达 81.0%~85.8%,热分解温度超过 450℃(表 5-6)。Hasegawa 等[39]和 Koyanaka 等[40]将 CBDA 与 TFMB 聚合制备了半脂肪族聚酰亚胺 CPI-7,其在 400 nm 处的透光率为 83%,T_g 达 356℃,热分解温度高于 459℃,热膨胀系数为 21 ppm/K,介电常数值为 2.66。Lu 等[41-44]将 CBDA 与 TFMB 等不同的含氟二胺聚合制备透明聚酰亚胺,该 PI 膜在 450 nm 处的透光率高于 80%,在 1.30 μm 和 1.55 μm 的光通信波长下几乎没有吸收。其中 CPI-8 聚酰亚胺的截止波长低至 313 nm,450 nm 处透光率达到 81.5%,玻璃化转变温度为 289℃,5% 热分解温度为 419℃。Watanabe 等[45]制备含 CBDA 的全脂肪族聚酰亚胺 CPI-9,其紫外截止波长 230 nm,玻璃化转变温度为 361℃,

平均折射率为1.498,并且介电常数为2.47。Choi 等[46]将 CBDA 与三种含氯二胺共聚制备聚酰亚胺,其 400 nm 处透光率大于 90%,紫外截止波长在 333~359 nm,5%热分解温度分别为 452℃、439℃和 439℃。

2013 年,Hasegawa 等[40]报道了基于 CBDA 含不同甲基取代的脂环族透明聚酰亚胺,其中二甲基取代环丁烷四甲酸二酐(DM－CBDA)比 CBDA 表现出更高的可聚合性,容易获得高分子量的聚酰胺酸。DM－CBDA/TFMB 的聚酰亚胺 CPI－10表现出良好的综合性能,在 400 nm 处的紫外透光率达 83.0%,紫外截止波长低至284 nm,玻璃化转变温度高达 341℃,热膨胀系数值为 28.1,吸水率(W_A)为 0.27%,介电常数值为 2.59。

2016 年,Hasegawa 等[47]通过 CBDA 与含酰胺的氟二胺聚合制备无色透明聚酰亚胺 CPI－11,紫外截止波长为 344 nm,400 nm 紫外光透光率为 85.2%,玻璃化转变温度为 340℃,5%热分解温度为 439℃,热线膨胀系数为 25.4 ppm/K。其通过添加共聚酸酐 6FDA 改进其溶剂性,当 6FDA 含量为 30%时,实现了综合性能较好的聚酰亚胺,其 400 nm 透光率为 76.9%,紫外截止波长为 350 nm,玻璃化转变温度达329℃,CTE 低至 7.3 ppm/K,断裂伸长率最大为 31%,并具有足够的溶解性能。

表 5－6　CBDA 型聚酰亚胺结构及其性能

PI	分　子　结　构	T_{tran}/%	T_g/℃	T_d/℃	文献
CPI－4		85.8	—	454	[29]
CPI－5		82.1	—	456	[29]
CPI－6		81.0	—	452	[29]
CPI－7		83.0	356	459	[39,40]
CPI－8		81.5	289	419	[47]
CPI－9		<95	361	415	[45]

PI	分　子　结　构	T_{tran}/%	T_g/℃	T_d/℃	文献
CPI‑10		83.0	341	433	[40]
CPI‑11		85.2	340	439	[47]

注：T_{tran} 主要为 400 nm 处紫外光透光率；T_d 为氮气气氛，5% 质量损失时温度；T_g 等具体测试方法及细节参照文献原文。

环己烷四羧酸二酐(H‑PMDA)是另外一种成本较低的脂环族四酸二胺单体，它有三个同分异构体 H‑PMDA、H'‑PMDA 和 H"‑PMDA。2012 年，Zhai 等[30] 将 H‑PMDA 与不同的含氟二胺聚合，得到半脂肪族透明聚酰亚胺，其截止波长在 292~314 nm，450 nm 处的透光率达到 91%，黄度指数小于 3.8，其优异的光学性能是由于 H‑PMDA 弱电子受体和含氟二胺强吸电子的共同作用。2013 年，Hasegawa 等[31] 研究发现 H"‑PMDA 反应活性高于 H‑PMDA，并将其与多种二胺聚合制备成半脂肪族聚酰亚胺，其中 H"‑PMDA/ODA 的玻璃化转变温度超过 300℃，断裂伸长率大于 70%，同时具有良好溶解性。2014 年，Hasegawa 等[32] 合成了新的异构体 1S,2S,4R,5R‑环己烷四羧酸二酐(H'‑PMDA)。与常规的氢化均苯四甲酸二酐(H‑PMDA)制备聚酰亚胺相比，H'‑PMDA 与各种二胺反应的聚合活性更高，所获得的无色透明聚酰亚胺具有很高的 T_g 和高的柔韧性。通过与 TFMB 聚合制备的聚酰亚胺表现出低的线性膨胀系数(CTE = 29.8 ppm/K)，400 nm 透光率为 71.8%，截止波长为 293 nm，玻璃化转变温度 344℃，并指出 H'‑PMDA/TFMB 的均聚物及共聚物可用于图像显示装置和新型涂布型光学补偿膜。

双环[2.2.2]‑辛‑7‑烯‑2,3,5,6‑四羧酸二酐(BOCA)作为另外一种脂环族非共面二酐单体，将其引入聚酰亚胺主链中同样可降低电子转移络合物形成，因而可获得无色透明聚酰亚胺。Chun[33] 对比了含 BOCA 与含 6FDA 透明聚酰亚胺的性能，由于 BOCA 的双环结构，使其与热分解温度低于 6FDA 聚酰亚胺，但截止波长小于 300 nm，低于对应的 6FDA 聚酰亚胺。2006 年，Mathews 等[48] 将 BOCA 和各种脂肪族二胺在高温下间甲酚中一步聚合，制备一系列包括柔性脂环族和刚性金刚烷基二胺的全脂肪族透明聚酰亚胺。这类聚酰亚胺具有低的介电常数(ε = 2.44~2.92)和相对高的玻璃化转变温度(210~251℃)，以及不错的力学性能(σ = 78.7~118 MPa，ε = 3.4%~15%，E = 1.3~2.5 GPa)，这些性质在含有等摩尔量的刚性和柔性单体共聚聚酰亚胺中得到进一步加强。随后，其又将 BOCA、CBDA 与脂肪族二胺及 1,3 -双(3 -氨基丙基)-四甲基二硅氧烷(APTMS)进行多元共聚,研究了不同组成的共聚全脂肪族聚酰亚胺的性能。结果表明,含有适当比例的 APTMS 和脂肪族二胺时,多元共聚的聚酰亚胺具有良好的综合性能[49]。

　　除了以上常见的脂环二酐聚酰亚胺之外,还有一些脂环二酐单体和对应的透明聚酰亚胺相继被开发(表 5 -7)。1999 年,十氢二甲基萘四羧酸二酐(DNDH)和双环庚烷四羧酸二酐(BHDA)脂肪族酸酐被 Matsumoto 等合成,这两种酸酐分别与脂肪族二胺和芳香族二胺聚合制备全脂环(CPI - 12、CPI - 13)和半芳香聚酰亚胺(CPI - 14、CPI - 15)薄膜,聚酰亚胺薄膜全部无色透明,其全脂环聚酰亚胺的透明性优于半芳香聚酰亚胺薄膜,其中 CPI - 13 的截止波长为 235 nm,热分解温度459℃,玻璃化转变温度 340℃[50]。Tsuda 等[34]研究了 2,3,5 -三羧基环戊基乙酸二酐(TCA - AH)和传统芳香族酸酐与 4,4 -二氨基二苯醚二胺三元的共聚,制备不同组成的共聚聚酰亚胺,所得聚酰亚胺热分解温度可达 519℃。

表 5 - 7　DNDH 型和 BHDA 型聚酰亚胺结构[50]

PI	分 子 结 构	文 献
CPI - 12		[50]
CPI - 13		[50]
CPI - 14		[50]
CPI - 15		[50]

　　2000 年,Li 等[35]合成了不对称螺三环二酐螺[呋喃-3(2H),6′-[3]氧杂二环[3.2.1]辛烷]-2,2′,4′,5(4H)-四酮(DAn),并分别与对苯二胺、4,4′-亚甲基二苯胺和 4,4 -二氨基二苯醚制备成半脂肪族聚酰亚胺(CPI - 16、CPI - 17 和 CPI - 18,见表 5 - 8),该薄膜基本无色透明,紫外截止波长均低于 310 nm,玻璃化转变温度范围为 261~270℃,氮气气氛下 10%的重量损失温度范围为 417~429℃。2016 年,Yu 等[51]将不对称螺三环二酐 DAn 与 2,6 -二氨基蒽共聚制备半脂环族聚酰亚胺(CPI - 19),并将其应用于非易失性电阻式有机信息存储器,所制备的 ITO/聚酰亚胺/ITO/玻璃器件在 400~800 nm 波长的透光率超过 90%,起始光吸收在 416 nm,

光学带隙值为 2.98 eV,氧化开始电位为 1.11 V,同时该装置保持良好的单极记忆性能(图 5-3)。

表 5-8　DAn 型聚酰亚胺结构

PI	分　子　结　构	文　献
CPI-16	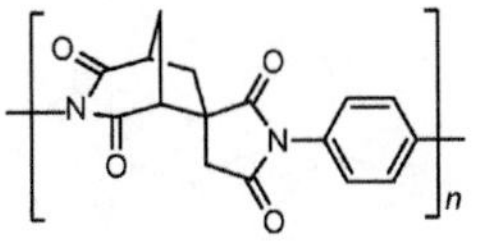	[35]
CPI-17	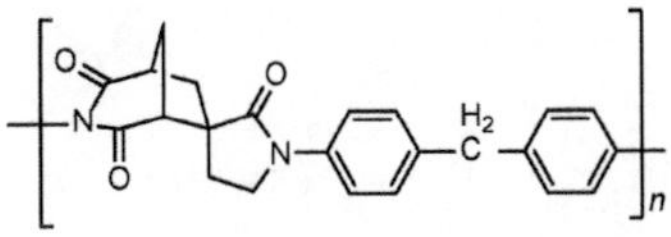	[35]
CPI-18	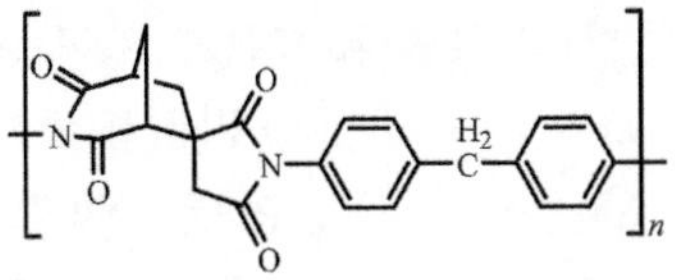	[35]
CPI-19	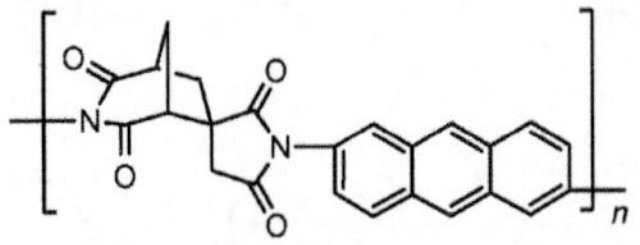	[51]

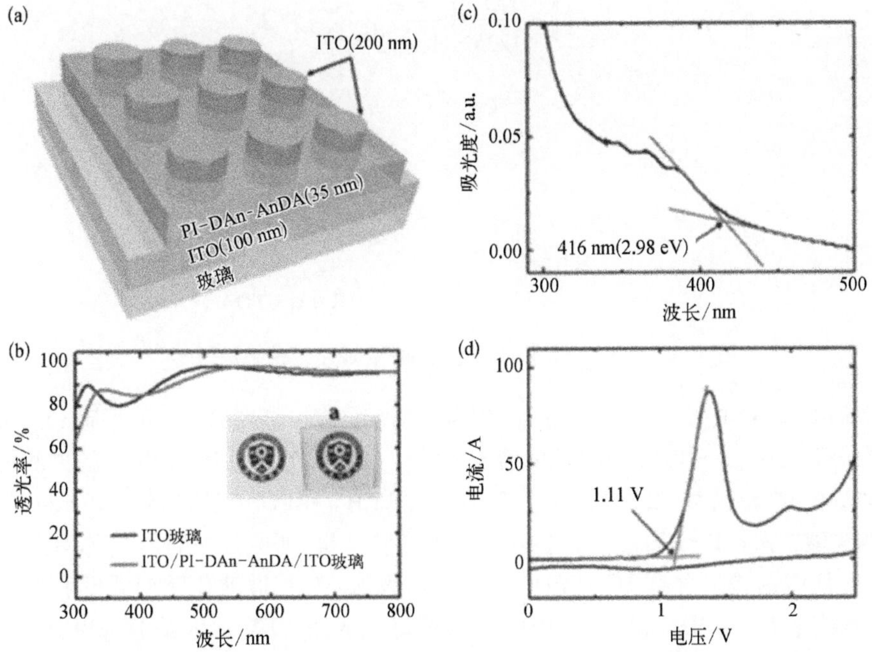

图 5-3　DAn 聚酰亚胺电子器件性能及示意图。(a) DAn 聚酰亚胺电子器件示意图;(b) 电子器件透明设备的光学图片及光学透射光谱;(c) 紫外-可见光谱;(d) CV 响应曲线[51]

2012 年,Hasegawa 等[52]通过氢化偏苯三酸酐(HTA)和一些二醇合成新型四羧酸二酐,由 HTA 衍生的四羧酸二酐与常规的脂环族四羧酸二酐相比,显示出较高的反应活性,可制备高分子量的聚酯酰亚胺前体。其中联苯型 HTA 与邻甲基联苯二胺聚合所得的聚酰亚胺(CPI-20,图 5-4)综合性能较好,T_g 接近 300℃,400 nm 透光率大于 80%,断裂伸长率超过 100%,同时具有良好的热处理和溶液加工性。

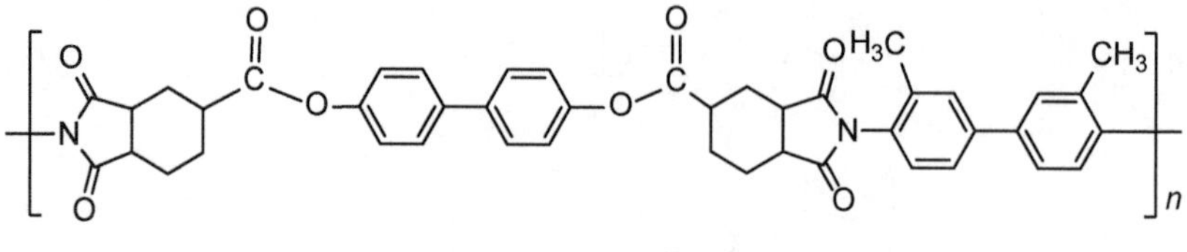

图 5-4 PI-20 结构

2013 年,Guo 等[53,54]以廉价的马来酸酐和取代的苯乙烯化合物作为原料,在一氧化氮(NO)气体催化下进行 Diels-Alder 反应和重排反应,合成了一系列含有不同取代基的四氢化萘脂环族二酐(图 5-5)。该反应收率高,产物纯度好,可直接用于聚合反应。其中脂肪族酸酐中的不对称脂环四氢化萘结构赋予了聚酰亚胺良好溶解性和透明性。

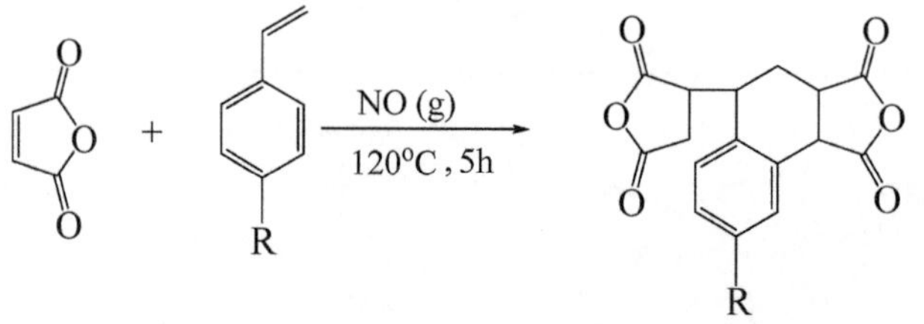

R = H, **TDA**
R = CH₃, **MTDA**
R = C(CH₃)₃, **TTDA**
R = CH₂Cl, **CMTDA**
R = F, **FTDA**

图 5-5 含四氢化萘的脂肪族酸酐合成路线及结构图[53,54]

2014 年,Kaneya 等[37]公布了脂肪族联苯四甲酸二酐顺式-二环己基-3,3′,4,4′-四羧酸二酐(H-BPDA)单体的合成方法。Hu 等[38]制备 H-BPDA 的另两种同分异构体:二环己基-2,3′,3,4′-四羧酸二酐(H′-BPDA)和二环己基-2,2′,3,3′-四羧酸二酐(H″-BPDA),并将其与多种二胺共聚,研究了三种异构体对透明聚酰亚胺性能影响。含有 H″-BPDA 的聚酰亚胺薄膜,其玻璃化转变温度和尺寸稳定性均优于 H-BPDA 和 H′-BPDA 对应的聚酰亚胺薄膜,原因是 H″-BPDA 的刚性结构限制了聚酰亚胺分子链的旋转。此外,含有 H-BPDA 的聚酰亚胺薄膜透明性较好,薄膜的紫外截止波长低至 244~323 nm,在 400 nm 处的紫外光透光率在

78%~87%。

2018 年,Hasegawa 等[36]研究了双环[2.2.2]辛烷-2,3,5,6-四羧酸二酐(H-BTA)与多种二胺制备透明聚酰亚胺,并将其与 H-PMDA 及其异构体的脂环族聚酰亚胺对比,发现 H-BTA 和 H-PMDA 均能有效提高脂肪族透明聚酰亚胺的硬度。同时两种含醚二胺与 H-BTA 共聚制备的无色透明聚酰亚胺薄膜,在400 nm 处的透光率高达 86.8%,玻璃化转变温度高达 313℃,同时薄膜具有良好的延展性($\varepsilon_{b\,max}$=51%)和加工性。

将脂环族结构引入聚酰亚胺中是制备无色透明聚酰亚胺的有效方法,但是脂环族单体的反应活性相对较低,如何获得高分子量聚酰亚胺是其中的技术难点。

5.2.3　大侧基无色透明聚酰亚胺

在聚酰亚胺侧链引入体积庞大的取代基或主链导入体积较大的不对称结构,会降低分子间及分子内的电荷转移络合物的形成,也是制备透明聚酰亚胺的常见方法之一。Clair 等[55]报道了芳香聚酰亚胺中引入大体积磺酰基的影响,磺酰基的引入降低了聚酰亚胺分子链间及分子链内电荷转移络合物的形成,所得的聚酰亚胺薄膜光学性能优异。Liu 和 Li 等[56,57]分别制备了不同数量的三氟、六氟和九氟大侧基二胺:双(4-氨基-3,5-二甲基苯基)-3'-三氟甲基苯基甲烷(3FMA)、双(4-氨基-3,5-二甲基苯基)-3,5'-双(三氟甲基)苯基甲烷(6FMA)和 1,1-双(4-氨基-3,5-二甲基苯基)-1-(3,5-二氟三甲基苯基)-2,2,2-三氟乙烷(9FMA),其与 6FDA 聚合所得的聚酰亚胺(CPI-21、CPI-22 和 CPI-23,见表 5-9),拥有低的紫外截止波长(305 nm、285 nm 和 303 nm)、良好的紫外光透光率(在450 nm 处分别为 84.0%、85.0% 和 75.5%),高的玻璃化转变温度(286℃、288℃ 和300℃)以及低的吸水率(0.30%、0.37% 和 0.22%)。2009 年,Wang 等[58]合成含异丙基甲苯的大侧基二胺:3,3',5,5'-四甲基-4,4'-二氨基二苯基-4″-异丙基甲苯,聚合物链中的大侧链基团与非共面结构的甲基共同作用,有效减少分子间的共轭结构和电子转移络合物的形成,有效改善了聚酰亚胺的光学性质,其与 6FDA 聚合所得的聚酰亚胺(CPI-24)紫外截止波长为 340 nm,450 nm 处紫外光透光率87.0%,玻璃化转变温度高达 327℃。

表 5-9　大侧基型聚酰亚胺结构

PI	分 子 结 构	文 献
CPI-21		[55]

续　表

PI	分　子　结　构	文　献
CPI－22		[55]
CPI－23		[55]
CPI－24		[58]
CPI－25		[59]
CPI－26		[60]
CPI－27		[61]

　　Liou 和 Cheng 等[59,60]通过 4 -氨基苯基-咔唑与 4 -氟硝基苯缩合,然后钯催化肼还原,成功地合成了新的咔唑衍生二胺单体: 4,4 -二氨基-4 -N -咔唑基三苯胺和含三苯胺的 N,N -双(4 -氨基苯基)-N' ,N' 二苯基-1,4 -苯二胺,将其分别与脂

环族酸酐、含氟酸酐、含醚键酸酐、含磺酰基酸酐和芳香族酸酐聚合制备聚酰亚胺，详细研究了体积较大的取代基对聚酰亚胺透明性能的影响，其中与脂环族酸酐聚合制备的半脂环族聚酰亚胺 CPI-25 和 CPI-26 透光性能最佳，紫外截止波长分别为351 nm 和 340 nm。

Sheng 等[61]制备了一种新型三氟甲基化双（醚胺）的二胺单体：9,9-双［4-（4-氨基-2-三氟甲基苯氧基）苯基］呫吨，将其与 6FDA 聚合，制得聚酰亚胺膜（CPI-27）。由于在聚酰亚胺分子链中引入大的螺旋骨架结构和柔性醚键，降低了分子间电子转移络合物的形成[62]，提高了其光学性能，其紫外截止波长为 352 nm，在 450 nm 紫外透光率为88%，其中 CPI-27 的吸水率为0.28%，玻璃化转变温度为290℃，5%质量损失的热分解温度为525℃。2015 年，Tapaswi 等通过联苯胺重排及还原反应制备含噻吩基的二胺单体：2,2′-双（噻吩基）联苯胺（BTPB）和 2,2′-双（4-氯噻吩基）联苯胺（BCTPB），并将其与五种不同酸酐聚合制备了透明聚酰亚胺 CPI-28（图 5-6）[63]。其中 6FDA/BTPB、6FDA/BCTPB、CBDA/BTPB、CBDA/BCTPB 和 BPDA/BCTPB 的 PI 膜是无色透明的，紫外截止波长均在 321~387 nm，400 nm 处透光率在 50%~85%，BPDA/BTPB 的 PI 膜为略带浅黄色透明薄膜，紫外截止波长为 453 nm，400 nm 透光率低于 15%。BTPB 和 BCTPB 的 PI 中二个联苯胺基团的二面角在 84°~85°，BTPB 和 BCTPB 中的噻吩和 4-氯噻吩大侧基的空间位阻，引起 PI 的主链构象扭曲，抑制在 PI 链中酰亚胺与苯基以及苯基与苯基之间的共轭，同时削弱分子内或分子间的电子转移络合物形成，使紫外截止波长向短波长移动。所得的薄膜玻璃化转变温度在 300℃，5%质量损失的热分解温度在 453~487℃，薄膜的线性热膨胀系数在 38.8~61.4 ppm/K。

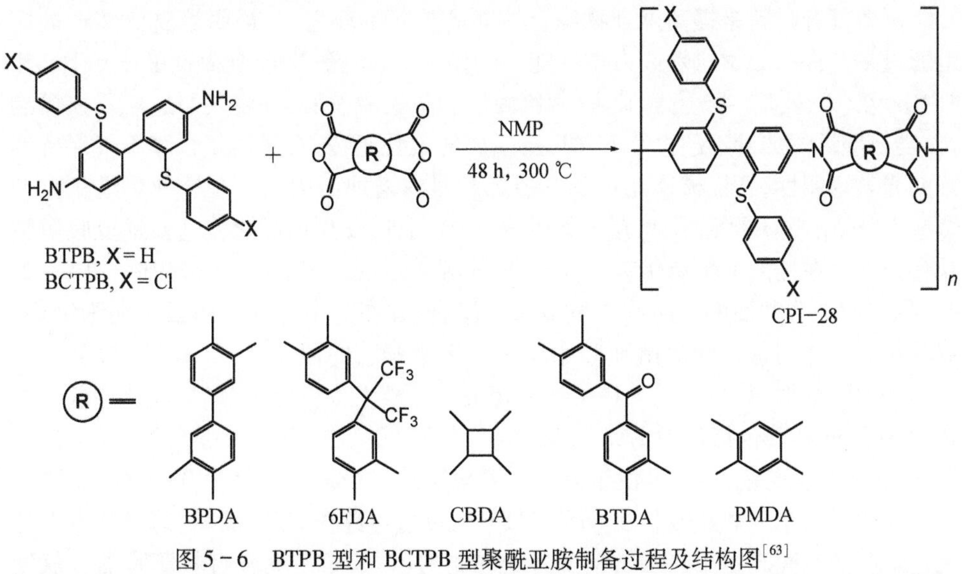

图 5-6　BTPB 型和 BCTPB 型聚酰亚胺制备过程及结构图[63]

2016 年，Huang 等[64]合成了一种大的取代基和非共面结构二胺：3,3′-二异丙基-4,4′-二氨基苯基-4″-联苯基甲烷（PAPT），并将其与五种商品化的酸酐通过一步法聚合制备聚酰亚胺（CPI-29，图 5-7）。在聚合物链中引入大的异丙基和联苯基降低了 PI 主链中芳环之间的共轭效应和电子转移络合物的形成，光学性能优异，紫外截止波长在 305~365 nm，玻璃化转变温度在 262~318℃，其中与 6FDA 聚合的聚酰亚胺，紫外截止波长为 305 nm，400~700 nm 平均透光率为 90%，玻璃化转变温度 277℃，5%质量损失的热分解温度为 454℃，这显示其在 LCD、光电器件和光学显微镜等方面具有潜在的应用前景。

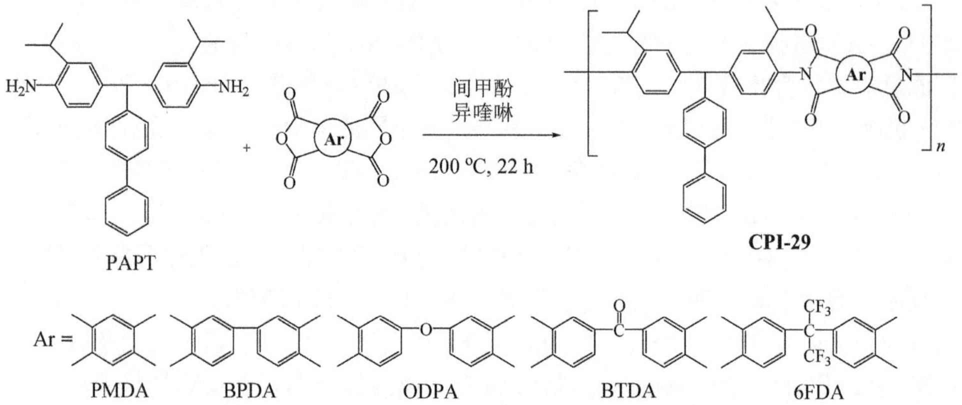

图 5-7　PAPT 型聚酰亚胺制备过程及结构[64]

5.2.4　无色透明聚酰亚胺复合膜

制备复合材料是提高聚合物综合性能的重要手段之一，透明聚酰亚胺也被报道通过复合提高其耐热性或力学性能。2013 年，Kim 等[65]选取含氟单体 6FDA 和 TFMB、双（3-氨基-4-羟基苯基）六氟丙烷制备聚酰胺酸，并将其与还原石墨烯混合，当石墨烯添加量不超过 0.7%时，所生成的聚酰亚胺-石墨烯复合膜不仅保持良好的光学透明性，且机械性能也随石墨烯含量的增加而增大。在这种聚酰亚胺上蒸镀 ITO/Ag/ITO 的薄膜，可用于柔性 OLEDs 器件，比用商品化普通聚酰亚胺薄膜获得的器件在性能上更有优势。同年，Kim 等[66]又采用双[4-(3-氨基苯氧基)苯基]砜二胺与非共面的脂肪族二酐 BOCA 聚合，并在其中加入有机黏土纳米结构，亚胺化后成功制备透明聚酰亚胺杂化膜。聚酰亚胺的截止波长（λ_0）随着黏土含量的增加而增加，并与黏土含量呈线性相关。当黏土含量为 40%时，其紫外截止波长为 316 nm 和黄色指数为 13.35（Kapton® 为 97.50），在 550 nm 光学透光率最低为 75%，光学性能变差，主要是由于黏土的聚集所致。当黏土含量为 0~20%，聚酰亚胺杂化薄膜的紫外截止波长在 298~311 nm，黄色指数在 2.35~6.23，薄膜基本上是无色透明的。同时由于片层结构的有机黏土的引入，聚酰亚胺材料薄膜的水氧气透光率明显降低,有利于其在柔性显示和太阳能电池中的应用。

2015 年,Spechler 等[67]以 BAPP 和 4,4′-氧双邻苯二甲酸酐为单体,将聚酰亚胺和镶嵌式纳米银线网络复合,开发了一种光学透明、表面平滑、热稳定和导电性良好的无色透明聚酰亚胺复合材料(图 5-8)。研究发现在纳米银线上增加二氧化钛涂层可增加其热稳定性,薄膜允许在 360℃下热亚胺化。这种聚酰亚胺被用于柔性基板材料,可实现高温沉积和有机发光二极管制作,与 ITO 导电玻璃对应的器件相比显示出提升的器件性能。

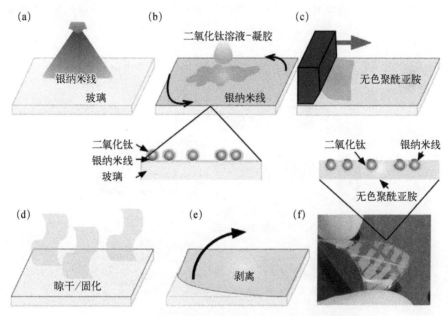

图 5-8　聚酰亚胺/纳米银线无色透明复合材料制备过程[67]

2016 年,Bae 等[68]在 6FDA/TFMB 的聚酰亚胺预聚体中添加二氧化硅,采用硅烷封端的低聚聚酰胺酸和二氧化硅溶胶-凝胶反应,增加了 PI 和二氧化硅之间的互溶性,并通过控制分子量和加工条件调控其性能。所得的聚酰亚胺-二氧化硅复合材料在退火后显示出均匀的表面,并具有与玻璃相当的低热膨胀系数和超过400℃的高热稳定性,所形成的薄膜通过了折叠半径为 3 mm、循环次数为 200 000 次的抗弯曲性能测试。

2018 年,Min 等分别在聚酰亚胺中添加了氮化硼颗粒和氮化硼纳米片,对比了氮化硼的颗粒和纳米片对聚酰亚胺薄膜的性能影响。其中添加氮化硼纳米片的聚酰亚胺拥有更高的热分解温度,更稳定的摩擦系数,添加量为 2%时其透光性与纯聚酰亚胺保持一致[69]。

目前,具有良好的机械性能和透明性、高的玻璃化转变温度和良好的电化学稳定性的无色透明聚酰亚胺已开始被应用于柔性显示器件等光电领域。随着科学技术的不断发展,作为一种有前途的柔性基板的候选材料,聚酰亚胺材料未来将会越来越广泛地应用于光电领域。

5.3 聚酰亚胺透明导电膜的制备

根据导电层的不同,透明导电膜分为金属氧化物导电膜、金属薄膜导电膜、金属网导电膜、金属纳米线导电膜、导电高分子导电膜和导电碳材料导电膜等,如图5-9所示。本节将集中介绍以透明聚酰亚胺为衬底的各种导电膜的制备和性能。

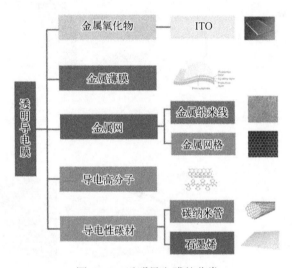

图5-9 透明导电膜的分类

5.3.1 金属氧化物透明导电聚酰亚胺膜

1. ITO/PI 透明导电膜

In_2O_3: Sn(ITO)是目前硬质(玻璃)透明导电膜的通用导电层材料,具有以下优点: ① 导电性好,电阻率可达 10^{-4} Ω·cm; ② 可见光透光率高,在85%以上; ③ 对紫外线具有较强的吸收性,吸收率>85%; ④ 对红外线具有反射性,反射率>80%; ⑤ 对微波具有衰减性,衰减率>85%; ⑥ 膜层硬度高、耐磨、耐化学腐蚀; ⑦ 膜层加工性能好,便于刻蚀等[70]。目前制备ITO薄膜的方法包括:脉冲激光沉积[71]、磁控溅射[72]、溶胶-凝胶[73]、热反应蒸发[74]、电子束蒸发[75]等。由于磁控溅射法制备ITO薄膜对衬底的要求不高,且具有致密性好、结构均匀、参数容易控制、能够大面积制备等优点,因此利用磁控溅射技术制备ITO薄膜得到了科技界和产业界的青睐。

韩国釜山国立大学 Ha 课题组[20]以 4,4′-(六氟异丙烯)二酞酸酐(6FDA)和

2,2′-双三氟甲基-4,4′-二氨基联苯(TFMB)为单体聚合得到的含氟聚酰亚胺为柔性衬底,采用射频平板磁控溅射系统,研究了聚酰亚胺衬底的沉积温度对 ITO 导电层的导电性影响,发现表面电阻随着衬底温度的升高而降低。当衬底温度高于100℃时,得到的聚酰亚胺透明电极的面电阻可以低至 20 Ω/sq,可以和商用 ITO 玻璃相媲美。相应的电学和光学性质以及物理结构与衬底沉积温度的关系见表5-10。之后,Lim 等[76]研究了双环[2.2.2]辛-7-烯-2,3,5,6-四甲酸二酐(BCOEDA)和 4,4′-二氨基二苯醚(ODA)聚合得到的聚酰亚胺衬底上沉积 ITO,所制得的 ITO/PI 导电薄膜在 500 nm 处的透光率小于 40%。

表 5-10　沉积在聚酰亚胺薄膜衬底上的 ITO 导电层的性质[20]

基　板	生长温度 /(°)	方块电阻/ (Ω/sq)	平均透过率(400~700 nm)/%	ITO 膜厚 /nm	平均粒度 /nm	F_{TC}品质指数[1]/ (×10⁻³ Ω⁻¹)[83]	ϕ_{TC}品质指数[2] (×10⁻³ Ω⁻¹)[84]
聚酰亚胺	25	16.5	66.2	55	17.36	5.23	0.13
	100	34.4	73.4	95	17.49	21.31	1.31
	125	25.4	73.6	115	17.82	28.98	1.84
	150	26.7	76.0	120	17.77	28.50	2.41
	175	22.3	76.1	130	18.42	34.13	2.92
	200	19.8	76.9	150	18.70	34.80	3.65
商品化ITO 玻璃	—	9.28	83.4			89.87	17.54

注:① F_{TC},用于评价透明导电膜的综合质量。$F_{TC}=T/R_S$,其中 T 为光学透光率,R_S 为面电阻。
② ϕ_{TC},用于评价透明导电膜的综合质量。$\phi_{TC}=T^{10}/R_S$,其中 T 为光学透光率,R_S 为面电阻。

在低温磁控溅射过程中,ITO 成膜时极易出现不完全结晶,呈现非晶状态,非晶 ITO(a-ITO)相比于多晶 ITO(c-ITO)具有更优异的表面形貌、高刻蚀率、良好的可刻蚀性和可微图案化,但是电阻率相对较高、透光率相比较低。台湾成功大学 Hsu 课题组[77]通过分子设计,将 3,3′-二氨基二苯砜(3,3′-DDS)和 6FDA 聚合,制备得到具有高热变形温度的聚酰亚胺,其热变形温度达到 278℃。以 6FDA-3,3′-DDS 聚酰亚胺为衬底,磁控溅射 ITO,研究了不同热退火温度对透明导电膜的光学、电学性能的影响。如图 5-9 所示,随着退火温度的升高,表面电阻下降,透光率提升。在 250℃,氮气气氛下退火 1 h,可获得透光率 83.5%,表面电阻为28.1 Ω/sq 的透明柔性导电膜。中科院化学所范琳等[78,79]以 1,2,4,5-环己烷四甲酸二酐(CHDB)和 2,2′-双三氟甲基-4,4′-二氨基联苯(TFDB)为单体,制备得到 CHDB-TFDB 透明聚酰亚胺,研究了在该薄膜衬底上射频磁控溅射过程中,衬底温度、溅射功率和气压对 ITO 导电层性能的影响。同时也采用两步法,先在 CHDB-

TFDB 聚酰亚胺衬底上沉积一层厚度为 40~60 nm 的种子 ITO 层,第二步再溅射厚度为 140~180 nm 的 ITO 层。240~320℃退火 0.5~1 h,获得了透光率 83%,表面电阻 19.7 Ω/sq 透明导电薄膜。

除了提高衬底温度、后处理温度来改善聚酰亚胺透明电极表面 ITO 层的电导率,韩国庆北国立大学 Lee 等[80]对比了电退火工艺和热退火工艺对聚酰亚胺上沉积的 ITO 导电层性能的影响(图 5-10)。研究发现 180℃下,2 mA 电退火能够使表面电阻从 50 Ω/sq 下降到 28 Ω/sq。韩国弘益大学 Seungho Park 等[81]研究了氙灯退火工艺对沉积在聚酰亚胺膜上的 ITO 导电层的影响。

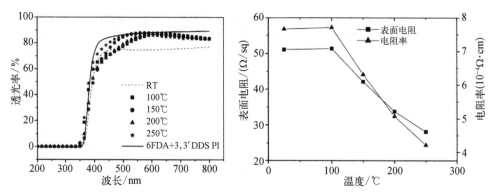

图 5-10 退火温度对 ITO 导电层透光率、表面电阻和电子率的影响[80]

Jung 和 Song[82]在日本三菱瓦斯化学株式会社型号为 Neopulim-L3430 的聚酰亚胺膜为衬底上室温直流磁控溅射掺杂不同比例 Sm 的 ITO,之后进行高温后处理。研究表明:通过调控掺杂比例和后处理温度,在聚酰亚胺上溅射具有非晶态结构、良好机械性能和平整表面形貌的 ITO∶Sm 导电层。

2. 其他金属氧化物透明导电膜

除了 ITO 之外,研究的较多且实用化较强的透明导电氧化物还有 ZnO∶Al(ZAO)、SnO_2∶F(FTO)和 SnO_2∶Sb。相对于 ITO 来说,ZnO 的成本低、沉积温度也相对较低,且在活性氢下更加稳定。Hao 等[83]采用射频磁控溅射技术在聚酰亚胺上溅射掺杂 Al_2O_3 的 ZnO。研究表明,沉积温度越高,晶粒尺寸越大、晶界数减少、导电层密度增加。Park 等[84]采用射频平板磁控溅射工艺在 6FDA-TFDB 聚酰亚胺衬底上溅射掺杂 Al_2O_3 的 ZnO,研究了衬底温度对导电层性能的影响。当沉积温度为 200℃时,获得透光率为 81.47%、表面电阻为 19.4 Ω/sq 的透明导电膜。

FTO 通常通过喷雾热分解法,将 $SnCl_4$ 或者 $SnCl_2$ 喷射到温度为 350~550℃的衬底上[85,86]。Giusti 等[87]以 Kapton PV9101 为衬底,采用超声喷雾热分解方法,研究了生长温度和薄膜厚度对 FTO 导电层的影响。结果表明,在 380℃下,导电层表现出最优异的光电性能[低电阻率:8.9×10^{-4} Ω·cm;迁移率:17.9 $cm^2/(V \cdot s)$;

在 780 nm 透光率 79.4%]。Hao 等[88]采用低温(30~220℃)射频磁控溅射技术在 PI 衬底上溅射 SnO_2:Sb,最终获得了电阻率低至 $3.7×10^{-3}\ \Omega\cdot cm$、可见光区域透光率超过 70% 的柔性透明导电膜。

5.3.2　ITO 透明柔性电极替代路线

目前,金属氧化物透明电极也存在一些局限:① 地球上的铟元素稀缺;② 在酸或碱存在下不稳定;③ 对于扩散入基材的离子具有敏感性;④ 在近红外区透光率差;⑤ FTO 结构缺陷导致的 FTO 器件的泄露。另外,ITO 需要高温制备来确保其对玻璃的附着力以及高的导电率。加上 ITO 的硬和脆的特性极大地限制了其在柔性/可穿戴器件领域的应用。

金属透明电极包括金属纳米线网络、金属网格和超薄金属薄膜,它们也具有合适的光、电性能,同时金属透明电极的制备成本低,能规模化制备,具有替代 ITO 的潜力。金属相比于 ITO 和 FTO 具有更高的电导率,当温度为 20℃ 时,金属银(Ag)、铜(Cu)和金(Au)电导率分别为 $6.30×10^7$ S/m、$5.96~5.80×10^7$ S/m,$4.10×10^7$ S/m。其中银的电导率最高,对可见光的吸收最小,因而银作为金属导电层最为常用。然而对于几十纳米厚度的金属薄膜,可见光难以有效透过。因此,需要特殊的金属结构设计来实现与 ITO 和 FTO 相当透光性和导电性的金属透明电极的制备。

1. 金属叠层透明导电电极

华中科技大学曹中欢[89]利用 2 nm 金颗粒作为种子层,制得银表面粗糙度小于 0.5 nm 的超薄金银膜,通过溶液法旋涂不同厚度的氧化锌减反射层,最终在玻璃上制备出结构为 $MoO_3/Au/Ag/ZnO$ 的,在可见光范围内平均透光率为 79.5%、550 nm 处的透光率为 82.3%、方阻为 35 Ω/sq 的透明电极。之后在聚酰亚胺薄膜上通过热蒸镀该结构的电极,制备出在 550 nm 处透光率为 80.8%、方阻为 35.2 Ω/sq 的柔性透明导电电极。

2. AgNW/PI 透明导电膜

为了获得优异的光电性能,通常使用高长径比的银纳米线作为导电层,采用旋涂[90]、Meyer 棒涂[91]、图案转移法[92]、刮涂法[93]和喷涂法[94]等工艺将银纳米线涂覆在基材上,之后通过焊接的手段,降低银纳米线之间的结电阻。目前,基于银纳米线的透明导电膜无论是在学术上还是在商业应用方面都是热点。但是这种导电层也存在一些问题:① 银纳米线在 250℃ 以上不稳定,限制了其应用的温度范围[95];② 沉积在基材表面的银纳米线,通常表面粗糙度大,无法达到背电极对表面粗糙度的要求[96];③ 银纳米线在基材上的附着力较差[97]。

2014 年,Ghosh 等[98]将分散在异丙醇中的 AgNW 旋涂在玻璃或塑料衬底上,随后旋涂聚酰亚胺,紧接分别在 100℃ 下退火 10 min 和 180℃ 下退火 10 min,之后将嵌有 AgNW 的聚酰亚胺薄膜剥离,获得 AgNW/PI 透明导电膜(透光率>90%,表面电阻=15 Ω/sq,弯曲半径>1 mm,表面粗糙度=2.4 nm)。有效改善了单一银纳米线透明导电膜存在的问题(如图 5-11 所示)。

图 5-11 AgNW/PI 透明导电膜的制备过程

2015 年,宁波材料所宋伟杰研究员团队开发出铝掺杂氧化锌(AZO)和银纳米线杂化的三明治结构的导电膜,该膜以厚度为 50 μm、550 nm 处透光率为 90.2% 的高透明聚亚胺为基材[99],通过溅射和线棒涂膜工艺在 CPI 基材上构建 AZO/AgNW/AZO 导电层(图 5-12)[100]。该透明导电聚酰亚胺膜展现出 8.6 Ω/sq 的表面电阻和 74.4% 的透光率。此外,在 250℃处理 1 h,电阻变化率(R_c)小于 10%,而纯银纳米线膜的电阻变化率大于 500%。另外,这种三明治结构的导电膜能够有效地降低表面粗糙度(R_{rms}<8 nm),同时提高膜的机械性能。

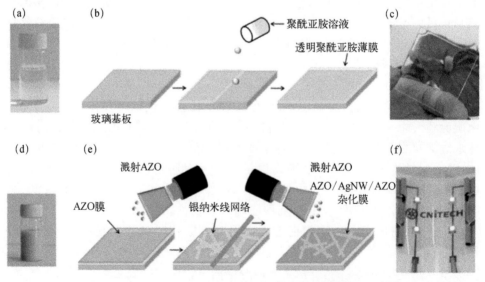

图 5-12 AZO/AgNW/AZO 三明治结构导电膜的制备过程[100]

2015 年,Kim 等[101]首先在玻璃上旋涂含有环氧基黏结剂的中性 PEDOT∶PSS 导电高分子溶液,得到 PEDOT∶PSS 膜后在 120℃ 下退火 30 min。然后在 PEDOT∶PSS 膜上沉积 AgNWs 乙醇溶液,经红外灯烘干,并进行光刻制作微图案。最后在图案化上旋涂透明聚酰亚胺,200℃ 热处理 1 h(图 5 - 13)。获得的 PEDOT∶PSS - AgNW/PI 透明导电膜在波长 450 ~ 700 nm 范围内透光率 > 92%,表面电阻低至 7.7 Ω/sq,表面高度平整(粗糙度约 2.0 nm),并能耐受多种溶剂。

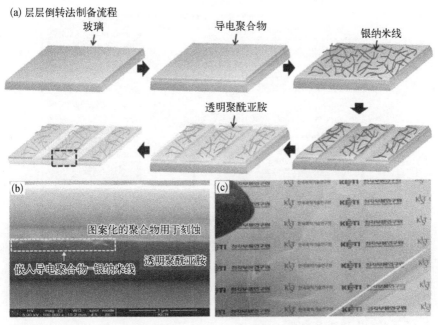

图 5 - 13　PEDOT∶PSS - AgNW/PI 透明导电膜的制造过程[101]

5.3.3　碳材料透明导电膜

1. CNTs/PI 透明导电膜

基于碳纳米管网络的柔性电极的方块电阻在 200 ~ 1 000 Ω/sq,光学透光率为 80% ~ 90%[91,102,103]。相对高的面电阻,使得碳纳米管网络只可用于电压驱动器件,如电容式触摸屏、电湿润显示器和液晶显示器。但相对于 10 ~ 50 Ω/sq 的高分子基柔性 ITO,透明碳纳米管电极的实际应用受到了限制,不能应用于有机发光器件和太阳能电池。清华大学王晓工教授等[103]探索了基于碳纳米管的聚酰亚胺基高性能柔性透明电极的最优制备方法。他们采用 4,4′-(六氟异丙烯)二邻苯二甲酸酐(6FDA)、4,4 -二氨基 - 2,2′-双三氟甲基联苯(TFMB)和双 [4 -(3 -氨基苯氧基)苯基]砜(mBAPS)共聚,三乙氧基硅烷封端制备得到

$CPI_{6FDA-TFDB-mBAPS(Si)}$,并与 SiO_2 复合。该薄膜 T_g 为 276.0℃,450 nm 处透光率为 94%[104]。以此为基材,研究表明在四种不同的 SWCNT/PI 柔性电极制备方法中,热亚胺化结合硝酸掺杂最优(图 5 – 14 中 B3 – T 法)。B3 – T 法制备得到的 SWCNT/PI 透明电极在 550 nm 处的透光率为 77.6%,方块电阻为 1169±172 Ω/sq,在重复弯曲、折叠(100 次)、胶带剥离(5 次)、湿纸巾划/擦拭(5 次)测试中面电阻没有明显变化。

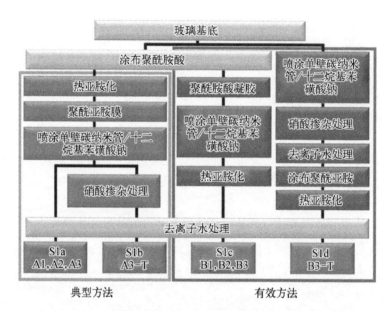

图 5 – 14　四种制备得到的 SWCNT/PI 透明电极的流程图[104]

2. 石墨烯/PI 透明导电膜

石墨烯是一种只有一个碳原子厚度的二维材料,厚度仅有 0.335 nm,是目前世界上最薄却也是最坚硬的纳米材料。它几乎是完全透明的,光吸收率仅为 2.3%。电子导电性良好,常温下其电子迁移率高于 15 000 $cm^2/(V \cdot s)$,而电阻率仅为 10^{-6} Ω·cm,为目前世界上电阻率最小的材料。总之石墨烯是一种高透光率、高导电性、高柔韧性、高机械强度、高导热性的优异材料,如果用于透明导电薄膜中,在未来的柔性触控显示领域具有很大的优势。现有工艺相对成熟且可实现大面积制备石墨烯薄膜的方法是采用化学气相沉积法在金属催化基材上生长石墨烯,然后通过相应的转移方法将石墨烯转移到目标基材上。目前的石墨烯转移工艺使得石墨烯薄膜的导电性变差,且转移工艺良率低,制备成本高,其面电阻仍然需要改善才能够达到现有 ITO 器件的要求。将石墨烯从金属衬底上转移过程中,往往需要聚合物涂层作为支撑,避免在刻蚀金属时,石墨烯的折叠和撕裂,之后通过化学或者热处理除去聚合物支撑膜[105,106]。这一过程往往有聚合物和金属污染物残留在石墨烯表面影响其性能,降低载流子迁移率,增加电荷杂质密度与狄拉克电压[107]。2014 年,Wang 等[108]分别采用低压化学气相沉积法和大气压化学气相沉积法在铜箔表面制备单层石墨烯和多层石墨烯。之后将聚酰亚胺前驱液(PI - 2611, HD Micro Systems)旋涂在石墨烯表面,并进行热亚胺化。最后,通过电化学脱层法得到石墨烯/聚酰亚胺透明导电膜(图 5 - 15 所示)。相比于 PMMA 辅助的石墨烯/聚酰亚胺导电膜(表面电阻 1 583 Ω/sq),单层石墨烯/聚酰亚胺膜的表面电阻达到 459 Ω/sq。扣除基材的吸光度,单层石墨烯的透光率达到 97.5%(λ = 550 nm)。对于多层石墨烯(约 6 层),表面电阻为 49 Ω/m²,透光率约为 85%(λ = 550 nm)。此外,在 2 mm 弯曲半径下,单层石墨烯/聚酰亚胺膜和多层石墨烯/聚酰亚胺膜的最大电阻变化分别为 1.3% 和 3.4%,比传统透明导电氧化物更优异[109]。京东方邸云萍等在金属催化基底上生长石墨烯,之后涂覆聚酰亚胺溶液,并固化所述 PI 溶液,形成 PI 膜,最后去除所述金属催化基底,得到 PI 膜基材的石墨烯导电薄膜,该法能够显著提高石墨烯转移后的导电性和转移工艺良率。

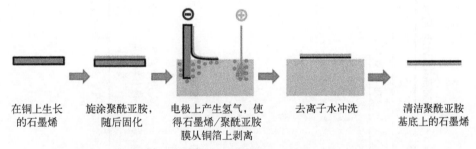

| 在铜上生长的石墨烯 | 旋涂聚酰亚胺,随后固化 | 电极上产生氢气,使得石墨烯/聚酰亚胺膜从铜箔上剥离 | 去离子水冲洗 | 清洁聚酰亚胺基底上的石墨烯 |

图 5 - 15 电化学脱层法制备石墨烯/聚酰亚胺导电膜示意图[108]

不管是使用化学气相沉积法、氧化还原法还是其他方法制备的石墨烯,由于石墨烯本身的晶体缺陷以及石墨烯片层间的接触电阻,石墨烯薄膜的导电性具有极大限制。此外,相关的制备方法(如化学气相沉积、高温热还原石墨烯等)还有低产量、高能耗、步骤复杂等缺点[110]。上海理工大学李静等在聚酰亚胺上涂覆氧化石墨烯导电液,干燥后还原成石墨烯,获得石墨烯/聚酰亚胺导电膜,其表面电阻可以达到 80.7 Ω/sq,透光率达到 89%[111]。

5.4 商品化进展

已实用化或正以实用化为目标进行开发的新材料主要有 5 种,除涂布型 ITO、Ag 丝墨水及导电性高分子之外,还有 ZnO 与 Ag 丝。这些材料具有共同的特点:① 柔软及弯曲性出色;② 色调好;③ 易降低成本;④ 形成透明电极的基材选择自由度高(表 5 - 11)[112]。

表 5-11 商品化柔性透明电极

	ITO膜①	涂布型ITO②	新型透明电极材料			
			Ag线墨水③	ZnO④	Ag丝⑤	导电性高分子⑥
方块电阻值	350 Ω/sq	700 Ω/sq	250 Ω/sq	45 Ω/sq	0.20 Ω/sq	260 Ω/sq
光学特性 透光率	88%	88%	91%	86.80%	80%以上	约85%
色调	略显黄色或紫色	几乎无色	几乎无色	几乎无色	几乎无色	略显蓝色
耐久性 弯曲性	略低	出色	出色	出色	出色	出色
耐环境性	出色	出色	出色	出色	出色	略低(但达到实用水平
基材选择的自由度	—	出色	出色	同等或以上	出色	同等或以上
制造工艺	高温真空工艺(溅射)	涂布或转印	涂布及印刷	常温真空工艺(溅射)	涂布,印刷(卷到卷)	涂布及印刷
实用化阶段	量产中	实现产品化。已采用于触摸屏等	实现产品化。将有触摸屏厂商采用	ZnO薄膜已实现产品化。将有触摸屏厂商采用	样品供货中。2009年开始正式销售	样品供货中

注：① 电阻膜式触摸屏用 ITO 薄膜时；② TDK 的"FLECLEAR 产品,方阻已达到 300 Ω/m²,透光率为 88%的数值；③ Cambrious 公司的产品；④ 吉奥马科技的产品；⑤ 富士胶片的产品；⑥ 普利司通用于电子纸的品种。

参 考 文 献

[1] Lu H, Ren X, Ouyang D, et al. Emerging novel metal electrodes for photovoltaic applications. Small, 2018, 14(14): 1703140.

[2] Sun D M, Liu C, Ren W C, et al. All-carbon thin-film transistors as a step towards flexible and transparent electronics. Advanced Electronic Materials, 2016, 2(11): 1600229.

[3] Asano K, Shikida M, Sato K. Flexible transparent touch panel mounted on round surface. IEEE International Conference on Micro Electro Mechanical Systems, 2012: 567－570.

[4] Mativenga M, Geng D, Kim B, et al. Fully transparent and rollable electronics. Acs Applied Materials & Interfaces, 2015, 7(3): 1578－1585.

[5] Rowell M W, McGehee M D. Transparent electrode requirements for thin film solar cell modules. Energy & Environmental Science, 2010, 4(1): 131－134.

[6] 吕方, 顾建男, 卞梦颖, 等. 有机发光二极管（OLED）顶发射器件的透明电极. 科学通报, 2018,(12): 1111－1122.

[7] 何维凤, 赵玉涛, 李素敏, 等. 柔性透明导电薄膜的制备及其发展前景. 材料导报, 2005, 19(3): 32－36.

[8] 刘丹, 黄友奇. 可用于沉积透明导电氧化物薄膜的柔性衬底研究进展. 材料导报, 2012, 26(23): 43－46.

[9] Ando S, Matsuura T, Sasaki S. Coloration of aromatic polyimides and electronic properties of their source materials. Polymer Journal, 1997, 29(1): 69－76.

[10] Hasegawa M, Horie K. Photophysics, photochemistry, and optical properties of polyimides. Progress in Polymer Science, 2001, 26(2): 259－335.

[11] Kotov B V, Gordina T A, Voishchev V S, et al. Aromatic polyimides as charge transfer complexes. Polymer Science U.S.S.R., 1977, 19(3): 711－716.

[12] Pettit M R, Tatlow J C. Synthesis of certain trifluoromethyldiphenyl derivatives. Journal of the Chemical Society (Resumed), 1951, (1): 3459－3464.

[13] Elliott R F. Polyamide-acids and polyimides from hexafluoropropylidine bridged diamine. United State Patent 3 356 648. 1967－12－5.

[14] Lau J, Siegemund G. Derivatives of 2, 2－bis-(3－aminophenyl) hexafluoropropane and process for the preparation of 2, 2－bis-(3, 4－diaminophenyl) hexafluoropropane. Google Patents, 1990.

[15] Feiring A E, Auman B C, Wonchoba E R. Synthesis and properties of fluorinated polyimides from novel 2, 2′－bis (fluoroalkoxy) benzidines. Macromolecules, 1993, 26 (11): 2779－2784.

[16] Satoh A, Morikawa A. Synthesis and characterization of aromatic polyimides containing trifluoromethyl group from bis (4－amino－2－trifluoromethylphenyl) ether and aromatic tetracarboxylic dianhydrides. High Performance Polymers, 2009, 22(4): 412－427.

[17] Xie K, Zhang S, Liu J, et al. Synthesis and characterization of soluble fluorine-containing polyimides based on 1, 4－bis (4－amino－2－trifluoromethylphenoxy) benzene. Journal of Polymer Science, Part A: Polymer Chemistry, 2001, 39(15): 2581－2590.

[18] Xiao T, Fan X, Fan D, et al. High thermal conductivity and low absorptivity/emissivity properties of transparent fluorinated polyimide films. Polymer Bulletin, 2017, 74 (11):

4561 – 4575.

[19] Matsuura T, Hasuda Y, Nishi S, et al. Polyimide derived from 2, 2′– bis (trifluoromethyl) – 4, 4′– diaminobiphenyl. 1. Synthesis and characterization of polyimides prepared with 2, 2′– bis (3, 4 – dicarboxyphenyl) hexafluoropropane dianhydride or pyromellitic dianhydride. Macromolecules, 1991, 24(18): 5001 – 5005.

[20] Lim H, Cho W J, Ha C S, et al. Flexible organic electroluminescent devices based on fluorine-containing colorless polyimide substrates. Advanced Materials, 2002, 14(14): 1275 – 1279.

[21] Ando S. Optical properties of fluorinated polyimides and their applications to optical components and waveguide circuits. Journal of Photopolymer Science and Technology, 2004, 17(2): 219 – 232.

[22] Li T L, Hsu S L C. Preparation and properties of a high temperature, flexible and colorless ITO coated polyimide substrate. European Polymer Journal, 2007, 43(8): 3368 – 3373.

[23] Yang C P, Hsiao S H, Chen K H. Organosoluble and optically transparent fluorine-containing polyimides based on 4, 4′– bis (4 – amino – 2 – trifluoromethylphenoxy) – 3, 3′, 5, 5′– tetramethylbiphenyl. Polymer, 2002, 43(19): 5095 – 5104.

[24] Yang C P, Hsiao S H, Wu K L. Organosoluble and light-colored fluorinated polyimides derived from 2, 3 – bis (4 – amino – 2 – trifluoromethylphenoxy) naphthalene and aromatic dianhydrides. Polymer, 2003, 44(23): 7067 – 7078.

[25] Yang C P, Su Y Y, Wen S J, et al. Highly optically transparent/low color polyimide films prepared from hydroquinone- or resorcinol-based bis (ether anhydride) and trifluoromethyl-containing bis(ether amine)s. Polymer, 2006, 47(20): 7021 – 7033.

[26] Chung C L, Hsiao S H. Novel organosoluble fluorinated polyimides derived from 1, 6 – bis (4 –amino – 2 – trifluoromethylphenoxy) naphthalene and aromatic dianhydrides. Polymer, 2008, 49(10): 2476 – 2485.

[27] Behniafar H, Sefid-girandehi N. Optical and thermal behavior of novel fluorinated polyimides capable of preparing colorless, transparent and flexible films. Journal of Fluorine Chemistry, 2011, 132(11): 878 – 884.

[28] Tao L, Yang H, Liu J, et al. Synthesis and characterization of highly optical transparent and low dielectric constant fluorinated polyimides. Polymer, 2009, 50(25): 6009 – 6018.

[29] Suzuki H, Abe T, Takaishi K, et al. The synthesis and X-ray structure of 1, 2, 3, 4 – cyclobutane tetracarboxylic dianhydride and the preparation of a new type of polyimide showing excellent transparency and heat resistance. Journal of Polymer Science, Part A: Polymer Chemistry, 2000, 38(1): 108 – 116.

[30] Zhai L, Yang S, Fan L. Preparation and characterization of highly transparent and colorless semi-aromatic polyimide films derived from alicyclic dianhydride and aromatic diamines. Polymer, 2012, 53(16): 3529 – 3539.

[31] Hasegawa M, Hirano D, Fujii M, et al. Solution-processable colorless polyimides derived from hydrogenated pyromellitic dianhydride with controlled steric structure. Journal of Polymer Science, Part A: Polymer Chemistry, 2013, 51(3): 575 – 592.

[32] Hasegawa M, Fujii M, Ishii J, et al. Colorless polyimides derived from 1S, 2S, 4R, 5R-cyclohexanetetracarboxylic dianhydride, self-orientation behavior during solution casting, and their optoelectronic applications. Polymer, 2014, 55(18): 4693 – 4708.

[33] Chun B W. Preparation and characterization of organic-soluble optically transparent polyimides from alicyclic dianhydride, bicyclo[2.2.2]-oct-7-ene-2, 3, 5, 6-tetracarboxylic dianhydride. Polymer, 1994, 35(19): 4203 − 4208.

[34] Tsuda Y, Etou K, Hiyoshi N, et al. Soluble copolyimides based on 2, 3, 5-tricarboxycyclopentyl acetic dianhydride and conventional aromatic tetracarboxylic dianhydrides. Polymer Journal, 1998, 30(3): 222 − 228.

[35] Li J, Kato J, Kudo K, et al. Synthesis and properties of novel soluble polyimides having an unsymmetric spiro tricyclic dianhydride unit. Macromolecular Chemistry and Physics, 2000, 201(17): 2289 − 2297.

[36] Hasegawa M, Fujii M, Wada Y. Approaches to improve the film ductility of colorless cycloaliphatic polyimides. Polymers for Advanced Technologies, 2018, 29(2): 921 − 933.

[37] Kaneya Y, Arakawa Y, Suzuki K. Polyimide precursor composition, polyimide film, and transparent flexible film. United State Patent 8 796 411. 2014 − 8 − 5.

[38] Hu X, Mu H, Wang Y, et al. Colorless polyimides derived from isomeric dicyclohexyl-tetracarboxylic dianhydrides for optoelectronic applications. Polymer, 2018, 134: 8 − 19.

[39] Hasegawa M, Koyanaka M. Polyimides containing *trans*-1, 4-cyclohexane unit. polymerizability of their precursors and low-CTE, low-*K* and high-T_g properties. High Performance Polymers, 2002, 15(1): 47 − 64.

[40] Hasegawa M, Horiuchi M, Kumakura K, et al. Colorless polyimides with low coefficient of thermal expansion derived from alkyl-substituted cyclobutanetetracarboxylic dianhydrides. Polymer International, 2014, 63(3): 486 − 500.

[41] Lu Y H, Kang W J, Hu Z Z, et al. Synthesis and properties of fluorinated polyimide films based on 1, 2, 3, 4 − cyclobutanetetracarboxylic dianhydride. Advanced Materials Research, 2010, 150 − 151: 1758 − 1763.

[42] Lu Y, Hu Z, Wang Y, et al. Organosoluble and light-colored fluorinated semialicyclic polyimide derived from 1, 2, 3, 4 − cyclobutanetetracarboxylic dianhydride. Journal of Applied Polymer Science, 2012, 125(2): 1371 − 1376.

[43] Lu Y H, Xiao G Y, Dong Y, et al. Preparation and properties of copolyimides containing fluorine and alicyclic group. Advanced Materials Research, 2013, 652 − 654: 381 − 385.

[44] Lu Y H, Pan P, Wang B, et al. Synthesis and properties of polyimides containing tert-buty group. Applied Mechanics and Materials, 2013, 275 − 277: 1636 − 1639.

[45] Watanabe Y, Sakai Y, Shibasaki Y, et al. Synthesis of wholly alicyclic polyimides from *N*-silylated alicyclic diamines and alicyclic dianhydrides. Macromolecules, 2002, 35 (6): 2277 − 2281.

[46] Choi M C, Wakita J, Ha C S, et al. Highly transparent and refractive polyimides with controlled molecular structure by chlorine side groups. Macromolecules, 2009, 42 (14): 5112 − 5120.

[47] Hasegawa M, Watanabe Y, Tsukuda S, et al. Solution-processable colorless polyimides with ultralow coefficients of thermal expansion for optoelectronic applications. Polymer International, 2016, 65(9): 1063 − 1073.

[48] Mathews A S, Kim I, Ha C S. Fully aliphatic polyimides from adamantane-based diamines for enhanced thermal stability, solubility, transparency, and low dielectric constant. Journal of

Applied Polymer Science, 2006, 102(4): 3316 – 3326.

[49] Mathews A S, Kim I, Ha C S. Synthesis and characterization of novel fully aliphatic polyimidosiloxanes based on alicyclic or adamantyl diamines. Journal of Polymer Science, Part A: Polymer Chemistry, 2006, 44(18): 5254 – 5270.

[50] Mimoun B, Henneken V, van der Horst A, et al. Flex-to-rigid (F2R): A generic platform for the fabrication and assembly of flexible sensors for minimally invasive instruments. IEEE Sensors Journal, 2013, 13(10): 3873 – 3882.

[51] Yu H C, Kim M Y, Lee J S, et al. Fully transparent nonvolatile resistive polymer memory. Journal of Polymer Science, Part A: Polymer Chemistry, 2016, 54(7): 918 – 925.

[52] Hasegawa M, Kasamatsu K, Koseki K. Colorless poly (ester imide) s derived from hydrogenated trimellitic anhydride. European Polymer Journal, 2012, 48(3): 483 – 498.

[53] Guo Y Z, Shen D X, Ni H J, et al. Organosoluble semi-alicyclic polyimides derived from 3, 4 –dicarboxy – 1, 2, 3, 4 – tetrahydro – 6 – *tert*-butyl – 1 – naphthalene succinic dianhydride and aromatic diamines: Synthesis, characterization and thermal degradation investigation. Progress in Organic Coatings, 2013, 76(4): 768 – 777.

[54] Guo Y Z, Song H W, Zhai L, et al. Synthesis and characterization of novel semi-alicyclic polyimides from methyl-substituted tetralin dianhydride and aromatic diamines. Polymer Journal, 2012, 44(7): 718 – 723.

[55] Clair A, St Clair T. Process for preparing highly optically transparent/colorless aromatic polyimide film, 1986. United State Patent 4 603 061. 1986 – 7 – 29.

[56] Liu J G, Zhao X J, Li H S, et al. Organo-soluble fluorinated polyimides derived from bis-trifluoromethyl-substituted aromatic diamines and various aromatic dianhydrides. High Performance Polymers, 2006, 18(6): 851 – 865.

[57] Li H S, Liu J G, Rui J M, et al. Synthesis and characterization of novel fluorinated aromatic polyimides derived from 1, 1 – bis (4 – amino – 3, 5 – dimethylphenyl) – 1 – (3, 5 – ditrifluoromethylphenyl)–2, 2, 2 – trifluoroethane and various aromatic dianhydrides. Journal of Polymer Science, Part A: Polymer Chemistry, 2006, 44(8): 2665 – 2674.

[58] Wang C Y, Li G, Zhao X Y, et al. High solubility, low-dielectric constant, and optical transparency of novel polyimides derived from 3, 3′, 5, 5′ – tetramethyl – 4, 4′ – diaminodiphenyl – 4″ – isopropyltoluene. Journal of Polymer Science, Part A: Polymer Chemistry, 2009, 47(13): 3309 – 3317.

[59] Liou G S, Hsiao S H, Chen H W. Novel high-T_g poly(amine-imide)s bearing pendent N – phenylcarbazole units: Synthesis and photophysical, electrochemical and electrochromic properties. Journal of Materials Chemistry, 2006, 16(19), 1831 – 1842.

[60] Cheng S H, Hsiao S H, Su T H, et al. Novel aromatic poly(amine-imide)s bearing a pendent triphenylamine group: Synthesis, thermal, photophysical, electrochemical, and electrochromic characteristics. Macromolecules, 2005, 38(2): 307 – 316.

[61] Sheng S, Li D, Lai T, et al. Organosoluble, low-dielectric-constant fluorinated polyimides based on 9, 9 – bis[4 –(4 – amino – 2 – trifluoromethyl- phenoxy)phenyl] xanthene. Polymer International, 2011, 60(8): 1185 – 1193.

[62] Zhang S, Li Y, Ma T, et al. Organosolubility and optical transparency of novel polyimides derived from 2′, 7′ – bis (4 – aminophenoxy)-spiro (fluorene – 9, 9′ – xanthene). Polymer

Chemistry, 2010, 1(4): 485 - 493.

[63] Tapaswi P K, Choi M C, Jeong K M, et al. Transparent aromatic polyimides derived from thiophenyl-substituted benzidines with high refractive index and small birefringence. Macromolecules, 2015, 48(11): 3462 - 3474.

[64] Huang X, Pei X, Wang L, et al. Design and synthesis of organosoluble and transparent polyimides containing bulky substituents and noncoplanar structures. Journal of Applied Polymer Science, 2016, 133(14): 43266.

[65] Kim H H, Kim H J, Choi B J, et al. Fabrication and properties of flexible OLEDs on polyimide-graphene composite film substrate. Molecular Crystals and Liquid Crystals, 2013, 584(1): 153 - 160.

[66] Kim Y, Chang J H. Colorless and transparent polyimide nanocomposites: Thermo-optical properties, morphology, and gas permeation. Macromolecular Research, 2012, 21(2): 228 - 233.

[67] Spechler J A, Koh T W, Herb J T, et al. A transparent, smooth, thermally robust, conductive polyimide for flexible electronics. Advanced Functional Materials, 2015, 25(48): 7428 - 7434.

[68] Bae W J, Kovalev M K, Kalinina F, et al. Towards colorless polyimide/silica hybrids for flexible substrates. Polymer, 2016, 105: 124 - 132.

[69] Min Y J, Kang K H, Kim D E. Development of polyimide films reinforced with boron nitride and boron nitride nanosheets for transparent flexible device applications. Nano Research, 2018, 11(5): 2366 - 2378.

[70] 王树林, 夏冬林. ITO 薄膜的制备工艺及进展. 玻璃与搪瓷, 2004, 32(5): 51 - 54.

[71] Murti Y V G S, Prasad K L N. Color centers in mixed crystals of KCl-KBr: Mollwo-Ivey relationship. Solid State Communications, 1982, 41(9): 691 - 693.

[72] Cruz L R, Legnani C, Matoso I G, et al. Influence of pressure and annealing on the microstructural and electro-optical properties of RF magnetron sputtered ITO thin films. Materials Research Bulletin, 2004, 39(7): 993 - 1003.

[73] Kim S S, Choi S Y, Park C G, et al. Transparent conductive ITO thin films through the sol-gel process using metal salts. Thin Solid Films, 1999, 347(1-2): 155 - 160.

[74] Nath P, Bunshah R F, Basol B M, et al. Electrical and optical properties of In_2O_3: Sn films prepared by activated reactive evaporation. Thin Solid Films, 1980, 72(3): 463 - 468.

[75] George J, Menon C S. Electrical and optical properties of electron beam evaporated ITO thin films. Surface & Coatings Technology, 2000, 132(1): 45 - 48.

[76] Lim H, Bae C M, Kim Y K, et al. Preparation and characterization of ITO-coated colorless polyimide substrates. Synthetic Metals, 2003, 135(5): 49 - 50.

[77] Li T L, Hsu L C. Preparation and properties of a high temperature, flexible and colorless ITO coated polyimide substrate. European Polymer Journal, 2007, 43(8): 3368 - 3373.

[78] Wen Y, Liu H, Yang S Y, et al. Transparent and conductive indium tin oxide/polyimide films prepared by high-temperature radio-frequency magnetron sputtering. Journal of Applied Polymer Science, 2015, 132(44): 42753.

[79] 范琳, 温钰, 杨士勇. 高透光率柔性聚酰亚胺基底 ITO 导电薄膜及其制备方法与应用. 中国. 201510102429.6. 2015.

［80］ Lee D H, Shim S H, Choi J S, et al. The effect of electro-annealing on the electrical properties of ITO film on colorless polyimide substrate. Applied Surface Science, 2008, 254(15): 4650－4654.

［81］ Kim Y, Park S, Kim S, et al. Flash lamp annealing of indium tin oxide thin-films deposited on polyimide backplanes. Thin Solid Films, 2017, 628: 88－95.

［82］ Jung T D, Song P K. Mechanical and structural properties of high temperature a-ITO: Sm films deposited on polyimide substrate by DC magnetron sputtering. Current Applied Physics, 2011, 11(3): S314－S319.

［83］ Hao X T, Ma J, Zhang D H, et al. Comparison of the properties for ZnO: Al films deposited on polyimide and glass substrates. Materials Science and Engineering, 2002, 90(1): 50－54.

［84］ Park H J, Park J W, Jeong S Y, et al. Transparent flexible substrates based on polyimides with aluminum doped zinc oxide (AZO) thin films. Proceedings of the IEEE, 2005, 93(8): 1447－1450.

［85］ Pasquarelli R M, Ginley D S, O'Hayre R. Solution processing of transparent conductors: From flask to film. Cheminform, 2011, 40(11): 5406－5441.

［86］ Shanthi E, Banerjee A, Dutta V, et al. Electrical and optical properties of tin oxide films doped with F and (Sb+F). Journal of Applied Physics, 1982, 53(3): 1615－1621.

［87］ Muthukumar A, Giusti G, Jouvert M, et al. Fluorine-doped SnO_2 thin films deposited on polymer substrate for flexible transparent electrodes. Thin Solid Films, 2013, 545(11): 302－309.

［88］ Ma J, Hao X, Ma H, et al. RF magnetron sputtering SnO_2: Sb films deposited on organic substrates. Solid State Communications, 2002, 121(6): 345－349.

［89］ 曹中欢.基于聚酰亚胺基底的柔性透明导电电极的制备与研究.武汉: 华中科技大学,2017.

［90］ Ghosh D S, Chen T L, Mkhitaryan V, et al. Solution processed metallic nanowire based transparent electrode capped with a multifunctional layer. Applied Physics Letters, 2013, 102 (22): 297－302.

［91］ Hu L, Han S K, Lee J Y, et al. Scalable coating and properties of transparent, flexible, silver nanowire electrodes. Acs Nano, 2010, 4(5): 2955－2963.

［92］ Madaria A R, Kumar A, Zhou C. Large scale, highly conductive and patterned transparent films of silver nanowires on arbitrary substrates and their application in touch screens. Nanotechnology, 2011, 22(24): 245201.

［93］ Padinger F, Brabec C J, Fromherz T, et al. Fabrication of large area photovoltaic devices containing various blends of polymer and fullerene derivatives by using the doctor blade technique. Solar Energy Materials & Solar Cells, 2000, 63(1): 61－68.

［94］ Scardaci V, Coull R, Lyons P E, et al. Spray deposition of highly transparent, low-resistance networks of silver nanowires over large areas. Small, 2011, 7(18): 2621－2628.

［95］ Langley D P, Lagrange M, Giusti G, et al. Metallic nanowire networks: effects of thermal annealing on electrical resistance. Nanoscale, 2014, 6(22): 13535－13543.

［96］ Gaynor W, Hofmann S, Christoforo M G, et al. Color in the corners: ITO-free white OLEDs with angular color stability. Advanced Materials, 2013, 25(29): 4060－4060.

［97］ Jin Y, Li L, Cheng Y, et al. Cohesively enhanced conductivity and adhesion of flexible silver nanowire networks by biocompatible polymer Sol-Gel transition. Advanced Functional

Materials, 2015, 25(10): 1581－1587.

[98] Ghosh D S, Chen T L, Mkhitaryan V, et al. An ultrathin transparent conductive polyimide foil embedding silver nanowires. ACS Applied Materials & Interfaces, 2014, 6 (23): 20943－20948.

[99] Chen G, Pei X, Liu J, et al. Synthesis and properties of transparent polyimides derived from *trans*－1, 4－bis(3, 4－dicarboxyphenoxy) cyclohexane dianhydrides. Journal of Polymer Research, 2013, 20(6): 1－11.

[100] Huang Q, Shen W, Fang X, et al. Highly thermostable, flexible, transparent, and conductive films on polyimide substrate with an AZO/AgNW/AZO Structure. Acs Appl Mater Interfaces, 2015, 7(7): 4299－4305.

[101] Kim Y, Ryu T I, Ok K H, et al. Inverted layer-by-layer fabrication of an ultraflexible and transparent Ag nanowire/conductive polymer composite electrode for use in high-performance organic solar cells. Advanced Functional Materials, 2015, 25(29): 4580－4589.

[102] Li J, Hu L, Wang L, et al. Organic light-emitting diodes having carbon nanotube anodes. Nano Letters, 2006, 6(11): 2472－2477.

[103] Kim S K, Liu T, Wang X G. Flexible, highly durable, and thermally stable SWCNT/ polyimide transparent electrodes. Acs Applied Materials & Interfaces, 2015, 7 (37): 20865－20874.

[104] Kim S K, Wang X, Ando S, et al. Highly transparent triethoxysilane-terminated copolyimide and its SiO_2 composite with enhanced thermal stability and reduced thermal expansion. European Polymer Journal, 2015, 64: 206－214.

[105] Li X, Cai W, An J, et al. Large-area synthesis of high-quality and uniform graphene films on copper foils. Science, 2009, 324(5932): 1312－1314.

[106] Pirkle A, Chan J, Venugopal A, et al. The effect of chemical residues on the physical and electrical properties of chemical vapor deposited graphene transferred to SiO_2. Applied Physics Letters, 2011, 99(12): 122108.

[107] Mccreary K M, Pi K, Kawakami R K. Metallic and insulating adsorbates on graphene. Applied Physics Letters, 2011, 98(19): 146801.

[108] Wang X, Tao L, Hao Y, et al. Direct delamination of graphene for high-performance plastic electronics. Small, 2014, 10(4): 694－698.

[109] Lewis J. Material challenge for flexible organic devices. Materials Today, 2006, 9 (4): 38－45.

[110] 邱云萍.石墨烯导电薄膜及其制备方法.中国.201510259926.7.2015.

[111] 李静,袁茜茜,冯庆康,等.含石墨烯的柔性透明导电薄膜及其制备方法.中国,201510946965.4.2016.

[112] Nawrocki R A, Matsuhisa N, Yokota T, et al. 300－nm imperceptible, ultraflexible, and biocompatible e-skin fit with tactile sensors and organic transistors. Advanced Electronic Materials, 2016, 2(4): 1500452.

第6章

聚酰亚胺存储材料及其器件

6.1 引言

　　如果没有信息存储,整个人类的历史都会是混沌未知的,人类运用不同时期的技术(图6-1)[1],将各种信息记录和保存了下来并代代相传。早在四万年前,人类历史上就出现了信息记录的活动方式;约6 000年前,最早字母形式的信息记录出现在了美索不达米亚文明;公元1450年,可移动金属打印机的出现使得相对廉价且大规模的信息复制成为可能;直到20世纪40年代,第一台电脑原型机的问世,使存储技术发展到了更高级别的数字形式,即通过基于逻辑上的"1"和"0"的二进制数字编码来存储信息,并在此后的70年间,几乎应用到所有的电子设备。信息技术作为现代工业的基础,它的发展对整个社会的进步起到显著的推动作用;其中,材料技术为信息存储提供了非常重要的物质基础,并在某种程度上来看是影响信息技术发展的决定性因素。

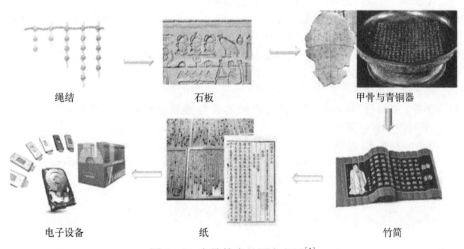

绳结　　　　　　　　　石板　　　　　　　　甲骨与青铜器

电子设备　　　　　　　纸　　　　　　　　　竹简

图6-1　存储技术的历史变迁[1]

　　信息存储材料是指具备在存储器中记录和储存有关信息的一类功能材料。根据存储介质的不同可分为半导体存储、光盘存储和磁盘存储三种,其中半导体存储材料是目前应用最广泛的一类。基于无机半导体集成电路的信息存储器件,如晶体管和电容存储器,在过去的几十年间得到了突飞猛进的发展,并向着高存储容量、快响应速度、低能耗、低成本以及微型化的方向进化。然而,面对日益增加的信息存储量,以及人们对电子产品性能要求的不断提高,传统的半导体存储器件在技术、理论、生产成本上都受到了限制;解决这一系列问题需要开发和利用新材料、新原理和新的集成方法,以及具有高微缩能力和高集成密度的新型存储技术。其中存储新材料的探索和研制是发展新一代存储器件的关键。

　　有机或聚合物信息存储材料近年来得到了广泛关注,其电双稳态特性赋予了有机材料特殊的存储功能,是一种有潜力的信息存储材料[2,3]。其优点主要表现为:① 有机或聚合物分子具有多样化的分子结构,可以通过分子设计赋予其各种性能,从而实现对器件特性的有效控制;② 有机或聚合物分子可以在纳米尺寸上进行加工,通过制备纳米器件,实现大容量和高密度的信息存储;③ 有机分子基器件,尤其是聚合物基器件的制备工艺简单、能耗少、成本低,并且可以通过不同性能特点聚合物材料(如耐高温、耐腐蚀、透明、光控开关等)的使用,来满足不同使用环境的需要。

　　目前,共轭聚合物、乙烯基聚合物、聚酰亚胺、聚合物/有机分子共混物、聚合物金属杂化材料以及聚合物/金属配合物等作为聚合物存储材料已被相继报道。其中,聚酰亚胺具有优异的热稳定性、独特的电学性能、优异的机械强度、耐溶剂性和耐辐射性等优点,在聚合物存储材料中脱颖而出,被视为最适合用于存储器件的高性能材料[4]。研制具有存储功能且综合性能优异的新型聚酰亚胺材料或将成为未来有机存储材料的主要发展趋势。

　　有机信息存储器是指基于有机材料(包括聚合物材料)的电存储器件,是通过有机材料在相同的电压下具有的不同导电状态实现存储功能[5,6]。图6-2罗列了传统存储器的各种类型,其分类主要取决于存储介质、访问模式、信息的可变性和易失性四大要素[7]。根据不同的存储介质,传统存储器可分为无机半导体存储器和磁盘存储器;根据不同的访问模式可将存储器分为随机存储和顺序存储两大类;根据不同的信息可变性可将存储器分为只读存储器和可读/写存储器;而根据不同的存储状态稳定性又将存储器分为易失性存储和非易失性存储两大类。

　　存储介质是有机信息存储器区别于传统存储器的主要因素,如图6-3所示,基于聚合物材料的电存储器件主要可分为电阻式有机存储器和晶体管式存储器。

　　电阻式有机存储器的最大优势在于其器件构造简单、操作电压低、读写速度快及可微缩性高等优点,由顶电极/可变电阻活性层/底电极所构成的三明治结构赋予了这类存储器非常高的存储密度,因此被认为在下一代信息存储器件中最具竞

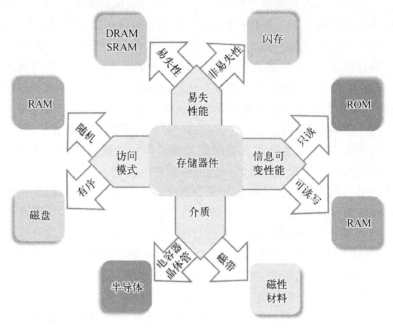

图 6-2　传统存储器的类型[7]

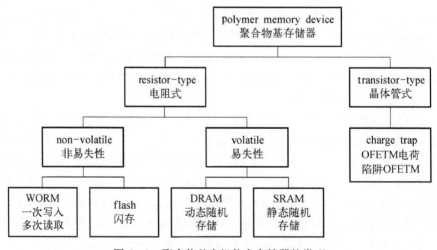

图 6-3　聚合物基有机信息存储器的类型

争力。晶体管式存储器(有机场效应晶体管内存,OFETM),是一类具有和有机场效应晶体管(OFET)相似结构的存储器,其存储功能是通过栅极介电层与半导体层中间的存储介质层来以实现的。根据存储介质层的材料不同,OFETM 可以分为浮栅型、铁电型和有机电介质型,其中以聚酰亚胺材料为存储介质的存储器属于有机电介质型 OFETM。以下将对电阻式和晶体管式存储器分别进行阐述。

6.2　电阻式有机存储器

有机活性层在外加偏压下发生电阻改变,会呈现高阻态(OFF 态)和低阻态(ON 态)。电阻式存储器以薄膜电阻可在高阻态和低阻态之间实现可逆转换为基本工作原理。其中 OFF 态和 ON 态分别定义为二进制系统中的"0"态和"1"态,从而能够实现"0"和"1"的存储。阻变存储器的特征参数是评价阻变存储器性能好坏的标准,常用的参数主要包括:

(1) 电阻比率:电阻比率是指器件高阻态电阻和低阻态电阻的比值。比值是否足够大直接影响判读数据的准确性。通常情况下,要求器件的电阻比率超过 10。

(2) 操作速度:操作速度定位为器件写入和擦除所需要的最小时间。不同类型的存储器写入/擦除时间在微秒到纳秒级不等。

(3) 操作电压:过大的操作电压一方面使器件本身的可靠性性能下降。另一方面,大的操作电压意味着更大的功耗。

(4) 耐受性:器件在每次进行高低阻态相互转换过程中都会或多或少对器件有所损伤。耐受性是指器件所能发生的高低阻态转换的周期数,与器件能够写入操作次数有关。

电阻式存储器根据存储状态的不同,可分为易失性(volatile)和非易失性(non-volatile)两大类(图 6-3),其中易失性器件又可根据 ON 态保留时间的长短,可分为动态随机存储器(DRAM)和静态随机存储器(SRAM)两种类型。根据外界刺激下存储状态的不同,非易失性器件可分为闪存(flash)存储器和一次写入多次读取(WORM)存储器。

6.2.1　器件结构

电阻式有机存储器件由底电极、中间可变电阻活性层以及顶电极三部分共同构成。这种三明治型的有机存储器,由于结构简单、高效、三维堆叠等优势,非常便于大规模加工制作,是有机存储器件中最常用的结构。根据电极的排列方式不同,三明治型有机存储器又可分为掩模式和交叉式两种。前者是以固定某一种导电材料作为底电极的器件,如 ITO/Materials/Al[图 6-4(a)],其中顶电极 Al 可以换成具有不同功函数的其他金属;后者是具有交叉矩阵结构的 Metal/Materials/Metal[图 6-4(b)]构建方式,其顶电极和底电极均可以为各种金属。交叉矩阵式的器件结构有助于实现多层堆叠的三维存储,可极大地提升器件的存储密度。

有机存储器的衬底材料一般为普通的光学玻璃或者硅片,以及近几年发展的聚对苯二甲酸乙二醇酯(PET)、聚萘二甲酸乙二醇酯(PEN)及聚酰亚胺(PI)等柔性基底材料[8]。器件的电极可呈现对称或不对称性,选用材料主要分为三大类:

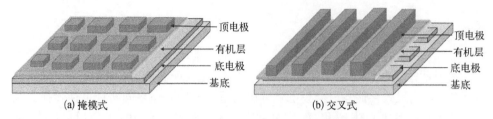

图 6-4 三明治型有机存储器器件构造示意图

① 纯金属材料,如 Al、Au、Ag、Cu、Pt、Mg,甚至是液体金属 Hg;② 金属氧化物或氮化物材料,如 ITO(氧化烟锡)、FTO 和 TiN_x 等[1];③ p 型或 n 型掺杂硅、石墨烯以及聚吡咯(PPy)导电薄膜等材料[9,10]。器件的有机活性层可以为单一的有机分子材料、金属有机络合物、聚合物材料,也可以为有机/无机半导体复合物以及其它聚合物复合材料等。

不同于传统硅基存储器件的"Top-Down"(由上而下)制备方法,有机信息存储器,尤其是基于聚合物活性层的存储器件采用"Bottom-Up"(由下而上)的制备方式,其三明治结构可以通过图 6-5 所示的三个步骤来完成。器件的中间活性层厚度一般小于 120 nm,根据材料性质的不同,可使用真空蒸发沉积法成膜,或采用静电式自组装(ESA)方法在金属电极上成膜[11,12]。但是聚合物材料需要采用选择涂膜的方法制备薄膜。此外,顶电极材料的选择是根据器件设计的不同策略来决定的,根据材料性质的不同,目前已经发展出了多种制备顶电极的方法,包括真空热蒸发沉积、磁控溅射、化学气相沉积(CVD)、物理气相沉积(PVD)以及原子层沉积(ALD)[13]。一般电极的厚度小于 100 nm 时,所制备的器件性能较为优异。

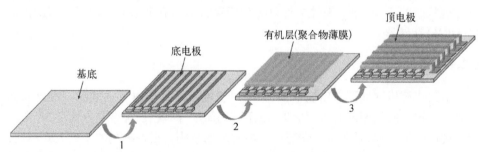

图 6-5 "Bottom-Up"(由下而上)的制备方法示意图

6.2.2 存储器的特性曲线

对于大部分的有机存储器而言,器件双稳态是通过器件的电流电压($I-V$)特性曲线来描述的,主要表现为在一个外加读取电压下,存在两种不同的电阻态以及所对应的不同电流输入。基于目前已有的文献报道,有机电存储器件的电流-电压特性曲线可以分为 N 型、O 型和 S 型(图 6-6)[14]。以 N 型为例详细说明,当施加电压达到阈电压(V_T,电流突然陡增好几个数量级的电压值)时,器件从高阻态转变为低阻态(ON 态),即为信息的写入过程(路径 1→2);如果外加电压就此减小,器件保持低阻态和高电流输出,即为信息的读取过程(路径 2→3);但当电压高于阈电压 V_T 时,$I-V$ 曲线呈现"电压控制负电阻"(voltage-controlled negative resistance,VCNR)现象,即增加电压所引起的电流减小(路径 2→4),一旦电压超出 VCNR 区域,器件又回到高阻态(OFF 态),即为信息的"擦除"过程。这种类型的存储器对外加电压的响应具有对称性,所以施加负电压时可以得到和正电压相同的效果。具体偏压下高阻-低阻态之间的转换机制将在 6.3 节介绍。

　　S 型 $I-V$ 曲线和 N 型相似,在阈电压处出现电流的陡增。这类曲线没有 VCNR 区域,取而代之的是电流随电压持续增长。S 型曲线有对称[图 6-6(c)]和不对称[图 6-6(d)]两种:对称型具有相同大小的正负阈电压,都可以使器件写入信息,即"ON"状态,如果电压归零后就可以擦除信息,即"OFF"状态,这种存储器则为易失型(随电压去除信息被擦除);如果仅需微小的反相电压擦除信息,则为非易失型。而对于不对称 S 型曲线,则需施加一个较大的反相电压才能擦除信息。

　　O 型 $I-V$ 曲线则没有引起电流突变的阈电压,而是一个简单的磁滞回线,若是在写入信息后欲删除信息则要施加负电压至 V_erase。根据器件不同,O 型曲线既可以顺时针也可以是逆时针,图 6-6(b)中所示则为外加正电压下的逆时针磁滞回线。

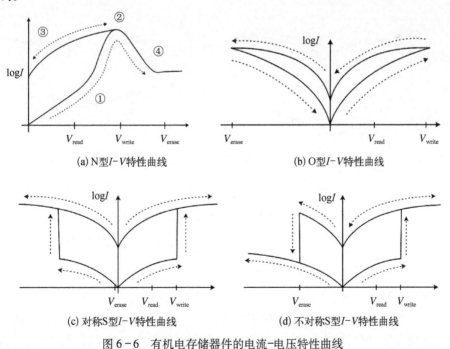

(a) N型$I-V$特性曲线　　　　　　(b) O型$I-V$特性曲线

(c) 对称S型$I-V$特性曲线　　　　(d) 不对称S型$I-V$特性曲线

图 6-6　有机电存储器件的电流-电压特性曲线

在撤除外电场后,易失性存储器件的存储状态在短时间内恢复到初始态。如果该器件需要通过间隔的电压脉冲刷新来维持存储状态,则属于动态随机存储(DRAM)器件;如果不需要进行刷新操作,只要不撤掉电源,存储状态就不会丢失,则是静态随机存储(SRAM)器件。非易失性存储器的存储状态,在撤除外电场后保存稳定存在,具有记忆特性。如果 ON 态和 OFF 态的相互转换可以通过外界刺激(如施加反向电场、电流脉冲、光或热等)得以实现,此类非易失性存储器属于闪存(flash)存储器;若在外界刺激下存储状态一直保持不变,则是一次写入多次读取(WORM)存储器,这种存储器上存储的数据不会因为各种意外而丢失或者被修改。图 6-7[15,16]列举了以聚酰亚胺作为存储材料的不同存储器件的 $I-V$ 特征曲线,以下将分别予以描述。

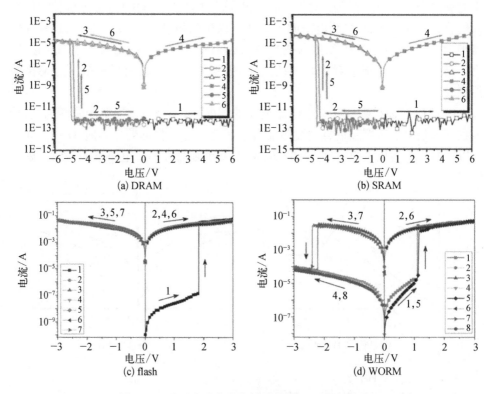

图 6-7 聚酰亚胺作基存储器件的 $I-V$ 特征曲线

(a) DRAM 特性[15];(b) SRAM 特性[15];(c) flash 特性[16];(d) WORM 特性[16]

6.2.2.1 DRAM 型存储

此类存储器件需要施加持续的电场偏压来维持存储状态,即在电场偏压下,存储器件从高阻态(OFF)转变为低阻态(ON)来"写入"信息,但该信息需要在持续电压下才能保持;如果撤掉外加电场(关闭电源),器件即恢复到 OFF 态,写入的信息随之丢失,定义为信息的"擦除"。但对该存储单元再次施加电压时,处于 OFF 态的器件可以再次开启变为 ON 态,可以重新写入信息。如图 6-7(a)所示[15],第一次扫描(正向,0→6 V)时,器件处于 OFF 态;在第二次电压扫描(负向,0→6 V)中,当扫描电压增大到-4.9 V 时,电流突然从 10^{-12} A 跳变到 10^{-5} A,器件由 OFF 态转变为 ON 态,并在本次扫描的后续过程中和随后的第三次扫描(负向,0→6 V)及第四次扫描(正向,0→6 V)中都能维持其 ON 态。当撤掉外加电压 35 s 后,对器件进行第五次扫描(负向,0→6 V)时发现,器件初始处于 OFF 态 10^{-12} A 附近;当电压增大到-4.9 V 时电流陡增到 10^{-5} A,使器件转变为 ON 态,这表明该器件具有易失性存储性能。鉴于器件在撤去外电压时对其低阻态的保留时间很短,仅为 35 s,因此该器件的存储性能属于易失性的动态随机存储型(DRMA)。

6.2.2.2 SRAM 型存储

在断开外加电压后,SRAM 型器件的存储状态的保留时间长于 DRAM 型,不会很快消失,而是在保留一段时间后恢复到最初的 OFF 态,相比于 DRAM 型存储器,该类存储器工作速度更快,更加节能[17]。从图 6-7(b)可以看出,SRAM 型存储器件的电流-电压特性曲线与 DRAM 型几乎相同,但是,撤去外加电压后器件对其 ON 态的保留可以长达 7 min(第四和第五次扫描之间)。这表明,该器件具有易失性,属于静态随机存储类型(SRAM)。

6.2.2.3 WORM 型存储

WORM 型存储器件是一种非易失性存储器件,在器件两端施加外电场,达到开关电压(阈电压)后,器件由 OFF 态转变为 ON 态;当切断电源后,ON 态也不会消失。如图 6-7(c)所示[16],在第一次扫描(正向,0→3 V)过程中,起始阶段的电流在 10^{-9} A 到 10^{-7} A 范围内缓慢增长;当达到 2 V 的阈电压时,电流突然从 10^{-7} A 增长到 10^{-2} A,表明器件从 OFF 态变为 ON 态,对应着器件中信息的"写入"。当关闭外加电源后的第二次扫描(正向,0→3 V)到第七次扫描(负向,0→3 V)中,器件仍然保持 ON 态,这说明器件不能通过施加反向电压或撤除外加电压自动回到最初的 OFF 态,即器件具有不可擦除性。因此,该器件的电流-电压特性曲线表现为非易失性的一次写入多次夺取(WORM)的存储行为。

6.2.2.4 flash 型存储

flash 型和 WORM 型类似,是一种非易失性的存储器件,我们日常生活中所用的 U 盘、硬盘、手机、数码相机等都属于此类型存储设备[18]。当外加电压达到阈电压值时,器件开启至 ON 态,撤除电场后,其存储状态能够一直保持。和 WORM 型存储不同的是,在对 flash 型存储器件施加反向电压,达到某一单压后,自动回复到最初的 OFF 态,即可擦除信息。当再次施加正向电压,器件又能开启至 ON 态,信息再次被写入。因此 flash 型存储器件能够对信息进行循环往复地写入、读取和擦除,其电流-电压特性曲线是典型的不对称 S 形曲线,如图 6-7(d)所示[16]。在第一次正向扫描(0→3 V)中,(Au 为阴极,ITO 为阳极),电流随扫描电压的增大而缓慢增加,并在阈电压值1.1V处出现跳突,器件由OFF态转变为ON态,对应着信息的"写入"过程;在随后的扫描中,器件保持稳定的低阻态(ON态),即使关闭电源后,也没有恢复到OFF态。但在施加一个反向扫描(Au为阳极,ITO为阴极),即第三次扫描(负向,0→3 V)时,在阈电压-2.2 V处,电流锐减,器件由原来的ON态转变为OFF态,对应着信息的"擦除"过程。随后的第四次负向扫描证明,器件在信息擦除之后能够稳定维持其高阻态(OFF态)。第五次到第八次的扫描测试证明,器件能够重复以上写入—读取—擦除—再写入(WRER)的存储行为,具有非易失性的闪存(flash)型存储特性。

6.2.3 存储机理

有机电阻存储器件开关现象背后的机理已经有大量的研究探讨,目前存储机制主要分为五类:场致电荷转移(charge transfer)、空间电荷陷阱(space charge trapping)、丝状传导(filamentary conduction)、氧化还原和构型转变[19],其中前三种存储机制在聚酰亚胺基电阻式存储器件中运用最为广泛[20,21]。

6.2.3.1 场致电荷转移机理

20世纪中叶科研人员提出了电荷转移(charge transfer)理论。有机信息存储中的场致电荷转移机理,是指有机物在电场下会发生内部电荷(如孤对电子和π电子)的部分迁移,表现为电荷从电子给体(electron donor, D)向电子受体(electron acceptor, A)的转移(图6-8),进而引起电导率的突跳,改变了薄膜的电阻状态,使材料表现出电双稳态的存储性能[22]。电荷转移是决定存储器特性的最初机理。一般来说,在低电压下,有机物之间不会发生或仅有少量电荷发生转移,此时器件处于OFF态;当外加电压达到阈电压时,电子给受体之间可

电荷转移态高度稳定:WORM
电荷转移态中等稳定:flash
电荷转移态不稳定:DRAM或SRAM

图6-8 场致电荷转移(CT)机理示意图

以发生电荷转移,导致有机物的电导率增大,转变为ON态。对于聚酰亚胺材料而言,其聚合物分子链中的二胺部分是电子给体,而二酐部分是电子受体;因此聚酰亚胺基存储器的存储性能可以通过调节电子给受能力来进行调整。当聚合物材料中电荷传输高度稳定时,器件容易出现WORM特性,而当此传输不太稳定时,易导致flash行为,当电荷传输的稳定性进一步降低,则容易出现DRAM和SRAM现象;换言之,四种存储行为是由电荷转移络合物在撤除外加电压后的稳定性所决定的,所对应的顺序为:WROM>flash>SRAM>DRAM。

通过深入的研究,人们发现了一些有利于维持聚酰亚胺基存储器件电荷转移低阻态的影响因素:

(1) LUMO和HOMO能级[23,24]:较低的LUMO能级和较高的HOMO能级都

能为 D-A 体系聚合物提供更有利于电荷转移的稳定性,最终使得 ON 态的保留时间变长。

(2) 分子偶极矩[24]: 有机物分子结构具有较高的偶极矩,能够使电荷转移趋于稳定,其存储器件则具有非易失性的存储性能。

(3) 主链的共轭程度[25]: 有机物分子具有高度共轭性或者电子亲和能很高,有利于电荷转移状态的稳定,其存储器件则表现为非易失性存储行为。

6.2.3.2 空间电荷陷阱机理

空间电荷陷阱(space charge trapping)机理,又被称为载流子捕获释放机理,一般发生在分子内同时含有电子给体和受体的聚合物材料中。当电极表面与聚合物活性层之间的接触处为一个极小的纯电阻(即二者之间的接触为欧姆接触),同时,聚合物中分布的电子受体可以作为载流子的捕获中心(陷阱),当施加外加电压时,载流子很容易从电极注入聚合物活性层,并在两者的界面处聚集形成空间电荷[26]。电荷相互间的静电排斥作用屏蔽了外加电场,限制了载流子的进一步注入,此时形成的电流被称为空间电荷限制电流(space-charge-limited current,SCLC)[27]。因此,在低导态时,器件最初的电流密度-电压(J-V)特性曲线符合欧姆模型。即初期注入的载流子被电荷陷阱所捕获,电流并不会迅速增大,随着电压的逐渐升高,J-V 特性曲线转变至空间电荷限制电流模型(图6-9)。随着电压的继续增大,注入活性层的载流子数目进一步增多,电荷陷阱逐步被填满。当所有的陷阱被填满后,继续注入的载流子不再受到陷阱的束缚,可以在有机活性层中自由移动,导致载流子迁移率增大,电流急剧增加,从而使器件由高阻态转变为低阻态(ON 态),如图6-9(b)所示。此时的 J-V 特性曲线符合欧姆模型,如图6-9(c)所示。当对器件施加反向电压或撤除外加电场后,已经捕获的载流子又会被释放出来,称之为"去陷",载流子迁移率降低,器件再次回到低导态(OFF 态),如图6-9(b)所示[28]。

空间电荷陷阱对于一些有机存储器件的电双稳态现象起着决定性作用。一般而言,材料中的空间电荷主要来源于: 由电极注入的载流子、界面损耗区域的电离掺杂物和电极/主动层界面处自由移动电子的堆积。陷阱存在于材料内部或者界面区域,陷阱捕获载流子从而降低了载流子的流动性。而电荷的捕获中心则来源于有机活性层中的缚氧分子[29]、分子内的给电子-吸电子结构[30]和金属纳米粒子[31]。

6.2.3.3 丝状传导机理

一般来说,以绝缘聚合物和金属氧化物为活性层的器件,其存储行为通常采用丝状传导(filament conduction)机制来解释,主要表现为当电流通过器件时,电流高度集中在活性层上某一微小区域而形成导电的"细丝"[32]。如图6-10所示,聚合物存储器件形成丝状导电的机制主要有两种:① 由聚合物薄膜的局部分解所引起的富碳类细丝形成(carbon-rich filament formation)机制[33,34];② 由金属电极自身的

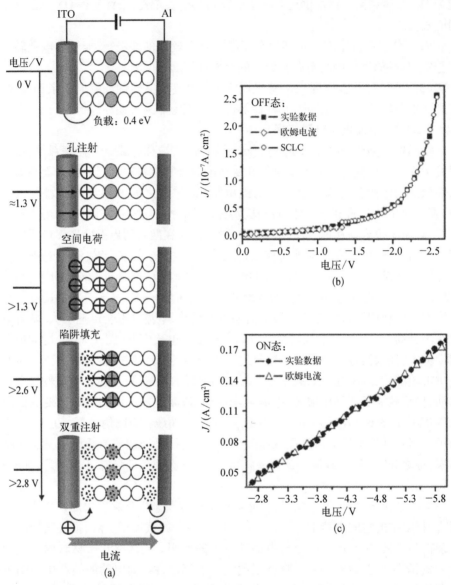

图 6-9　空间电荷陷阱机理示意图(a),及其在 OFF 态(b)和 ON 态(c)时的 J-V 曲线图

扩散、迁移甚至是沉积,从而进入聚合物薄膜中所引起的金属导电细丝形成机制(metallic filament formation)[35,36]。这两种形成机制均伴随有细丝的形成、断裂和再形成的过程。当导电细丝形成并贯穿整个聚合物活性层时,两电极之间导通,器件表现为从 OFF 态到 ON 态的转变,进入信息存储过程;随后的再次扫描中,因为导电细丝的存在,器件保持 ON 态,表现出电双稳态的行为;当撤除外加电压后,器件将根据导电细丝的稳定性不同而呈现易失或非易失的存储行为[37-40]。

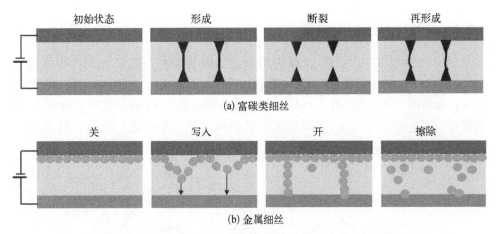

(a) 富碳类细丝

(b) 金属细丝

图 6-10　基于碳丝(a)和金属细丝(b)的丝状传导机制示意图

在聚合物信息存储器件中,丝状导电机制有以下特点:

(1) 低阻态的电流随电压升高而线性增长,电流-电压关系符合欧姆定律;

(2) 随温度升高,电流降低;

(3) 施加电压后产生的电流与导电丝的面积有关,和器件本身的面积大小无关,而导电丝的面积是随机形成的,和器件相比,其面积极小。

到目前为止,关于丝状导电机理的研究已经很多[41-44]。一般而言,金属原子/离子在聚合物中的迁移需要一定的通路,这种通路通常由 π 共轭结构或者具有强配位能量的杂原子提供,比如聚 3-乙基噻吩(P3HT)、聚苯胺(PANI)和聚吡咯等[38]。该机制已经被应用于很多聚合物存储器件中,但是该机制主要是由电阻式存储器件内部的物理缺陷所导致的。为了克服这一机制,电晶体管式存储器件应运而生。

6.2.3.4　氧化还原机制

当材料中含有能够发生氧化还原反应的活性分子时,会在外加电场下发生氧化还原反应,得失电子并发生价态变化,从而使器件的电阻状态发生改变,实现信息的记录和擦除。分子的氧化还原态越多,能够实现的存储密度就越大。目前研究的氧化还原体系主要包括卟啉及其衍生物[45],含有金属有机配合物的聚合物[46-49],以及含有离子液体的聚合物[50]。

6.2.3.5　构象转变机制

近年来,基于构象转变的电双稳态行为得到了大幅报道[51-54],该机理一般发生在分子结构中含有咔唑、稠环芳烃(如萘、蒽)等平面 π 共轭结构的体系中。π 共轭结构可以作为有机分子中电子输运的通道,而具有 π 共轭结构的平面堆叠,也同样可以作为电子运输的通道[55]。当有机分子在外加电场作用下发生构象扭转时,其中的平面 π 共轭结构会由原先的无序结构转变为面-面堆积结构,从而促进电荷在共轭平面之间的输运,导致材料宏观上电导率的跳变而产生电双稳态效应。

6.2.4 存储行为的影响因素

（1）分子结构[56]：Ueda 课题组制备了两种含有三苯胺基团的聚酰亚胺 PI-2（AAPT-6FDA）和 PI-11（APT-6FDA），其中 PI-2 含有一个苯氧基，而 PI-11 含有两个苯氧基（图 6-11）。苯氧基的引入使得 PI 分子链的柔性增大，其构型也会发生相应的改变，并最终影响其存储性能：柔性更大的 PI-11 表现为 SRAM 型存储行为，而 PI-2 则倾向于 DRAM 型存储行为。

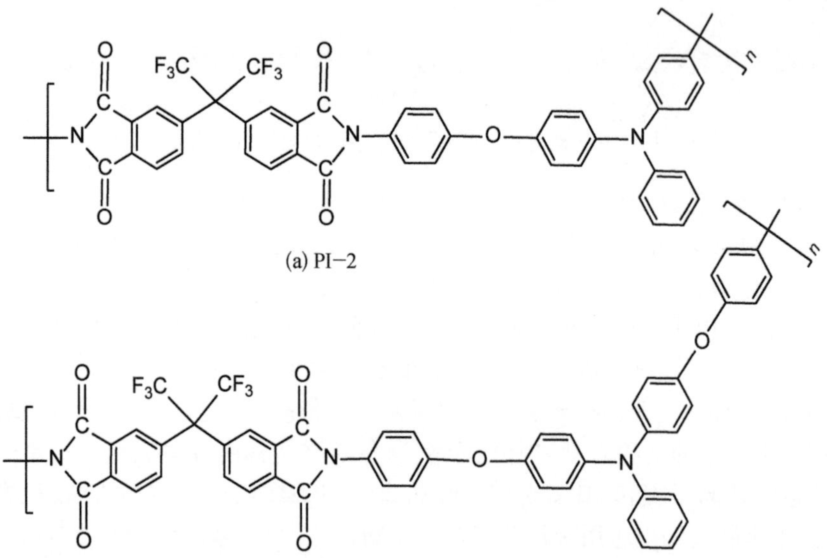

(a) PI-2

(b) PI-11

图 6-11　PI-2、PI-11 结构图

（2）薄膜厚度[57,58]：Lee 等报道了含有三苯胺取代二苯胺基团的聚酰亚胺 PI-3[图 6-12(a)]，并以其为活性层制备存储器件。随着 PI 活性层薄膜厚度的变化，相应器件的存储行为展示了从非易失性 WORM 行为到易失性 DRAM 行为。当 PI-3 的薄膜厚度为 15 nm 时器件一直处于低阻态，而厚 150 nm 时，器件则一直处于高阻态，可见太薄很容易形成导通通路，而太厚则无法形成通路。当膜厚为 34 nm 时，器件表现为 WORM 存储行为；厚 74 nm 时，器件表现为双向打开的 WORM 行为；厚度增加至 100 nm 时，器件在负向电压下表现出 DRAM 存储行为。由此可见，薄膜厚度直接影响了该体系 PI 的存储类型。而对于另外一种含有羟基三苯胺基团的聚酰亚胺 PI-34[图 6-12(b)]体系，研究者发现其存储行为并不依赖于薄膜厚度，如含有 16 nm、30 nm、54 nm、77 nm 的存储器件都表现为 WORM 类型。这和存储行为背后的存储机理不同有关，还需要更深入的研究去解释这些区别。

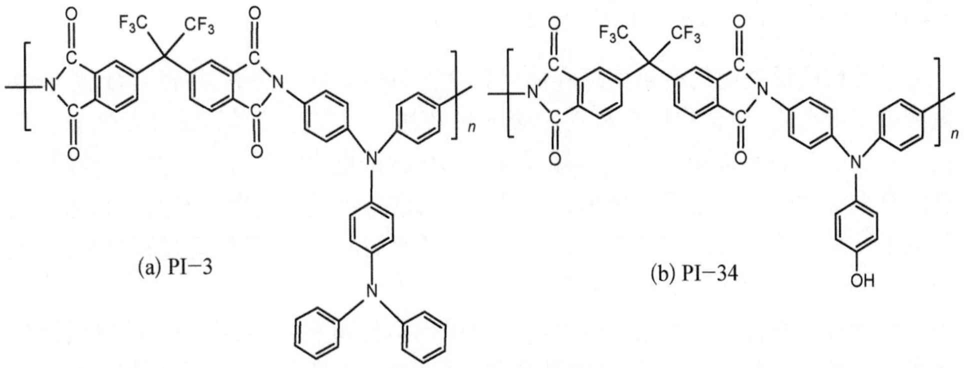

(a) PI-3　　　　　　　　(b) PI-34

图 6-12　PI-3 与 PI-34 结构

（3）金属电极[59]：据报道,不同的金属电极不但对器件的阈值电压有影响,还会改变器件的存储性能。对于含有 PI-34 活性层的三明治型存储器,活性层厚度为 54 nm,金属 Al 作为顶电极,而底电极分别为 ITO、Au 和 Al。不同底电极对阈值电压的影响显著,如当 Al、Au 和 ITO 作为底电极时,其阈值电压分别为-2 V、-2.5 V和-2.6 V。对于 PI-34 器件,当顶电极为 ITO 时,器件表现为 flash 存储性能;而采用 Al 为顶电极时,则可以通过调节限制电流实现存储器件的不同存储性能[44]。

（4）限制电流[59-64]：限制电流是为防止测试过程中器件击穿而人为设定的电流上限值,即如果在测试时将限制电流设定为 0.01 A,则不管电压如何增大,流经存储器件的电流最大值为 0.01 A。研究发现,限制电流对于以电子给体基团作为侧基的聚酰亚胺的存储行为有较大的影响。比如 PI-24(图 6-13),第一次正向扫描时,限制电流为 0.01 A,在阈值电压 2.1 V 处,器件由高阻态转变低阻态,器件表现为 WORM 存储特性;当第三次正向扫描时,限制电流增大为 0.1 A,此时随着电压的增大,电流值突然减小,器件关闭,对应着信息的擦除。

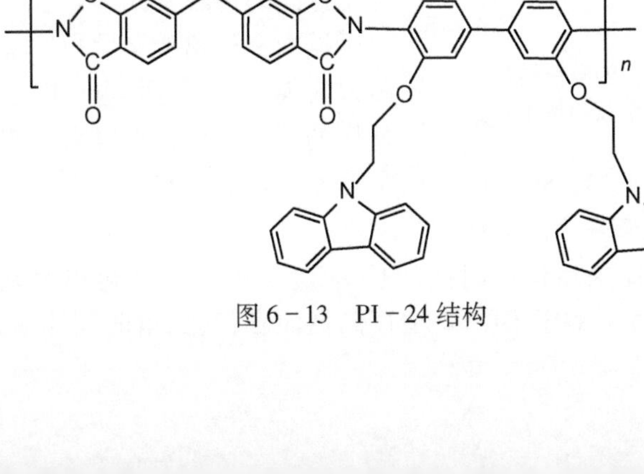

图 6-13　PI-24 结构

6.2.5 电阻式存储器中的聚酰亚胺材料

目前被广泛关注的有机信息存储材料主要包括有机小分子、共轭聚合物、非共轭侧链型聚合物、聚合物掺杂材料和聚酰亚胺材料。这些材料的设计及选择主要基于两点：① 材料需要有空穴传输或者电子传输的能力；② 材料需要对外在环境刺激有半导体响应。但无论是小分子、超分子、聚合物或是复合/杂化材料，通过调节电子给受体单元的比例来调节分子内和分子间的电荷/能量传递过程，始终是这些材料分子结构设计的重要思路。

作为有机聚合物电存储器最核心部分的电活性材料，需要在一定的电场强度下实现电阻高低态的变换，即材料具有电双稳特性，并非所有的聚合物都可作为存储器的活性材料，需要满足以下一些基本条件：

（1）在室温下即可发生电双稳态的转换；

（2）转变电压或临界电压要小于 10 V；

（3）电阻在 ON 态和 OFF 态具有明显的不同，需相差几个数量级（ON/OFF 电流比大于 10^4）；

（4）电阻态转换时间越短越好；

（5）材料具有良好的热稳定性，不易于分解；

（6）无论是在"0"态还是在"1"态，电场撤除以后状态的维持时间需要足够长；

（7）对于理想的可擦写式有机电式存储器件，抗疲劳性要强，读写循环次数要超过 10^{12}。

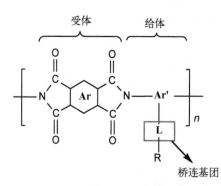

图 6-14 体系内存在的电荷转移络合作用聚酰亚胺结构示意图

聚酰亚胺能作为有机电阻存储器活性材料主要源自于 PI 分子链内和分子链之间的强烈相互作用，包括其体系内存在的电荷转移络合作用（图 6-14）。一些含有电子给体和电子受体基团的聚酰亚胺材料具有优异的电双稳态存储性质。PI 材料的存储性能一方面可以通过改变 PI 的分子结构、分子链间的桥联基团等内在因素来调节 PI 分子链中电子给受体之间的推拉电子强度得以实现；另一方面，也可以通过改变 PI 功能层的厚度等外在因素来调节 PI 的存储性能，使器件表现出 DRAM、SRAM、WORM 或者 flash 存储特性。

1. 易失性聚酰亚胺存储材料

根据外加电场撤除后保留时间的长短，易失性存储器可以表现为 DRAM 和 SRAM 两种存储特性。对于 DRAM 型存储器而言，其保留时间非常短，通常不足

1 min;而 SRAM 型存储器的保留时间则相对较长。

（1）DRAM 型

DRAM 型存储器中经常使用的 PI 材料的分子结构通式如图 6－15 所示，即以 6FDA 作为 PI 分子中的电子受体。通过改变图中分子式的电子给体（二胺单元）结构，器件的 DRAM 特性也随之变化。表 6－1 总结了近期用以制备 DRAM 型存储器件的聚酰亚胺材料的结构及其文献出处。

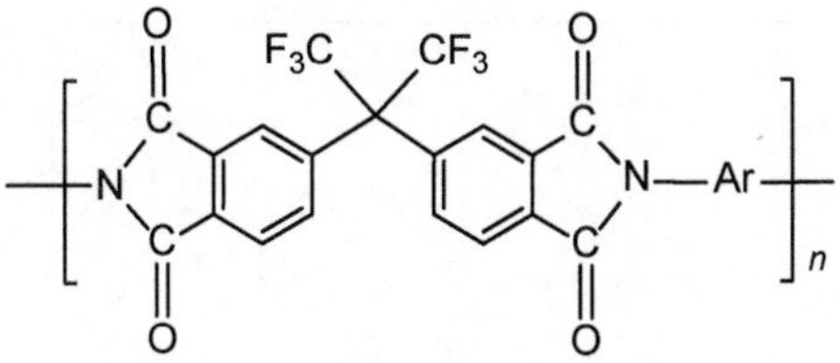

图 6－15　易失性聚酰亚胺存储材料的结构通式

表 6－1　DRAM 型聚酰亚胺存储材料的分子结构

聚酰亚胺	Ar 结构	文　献
PI－1	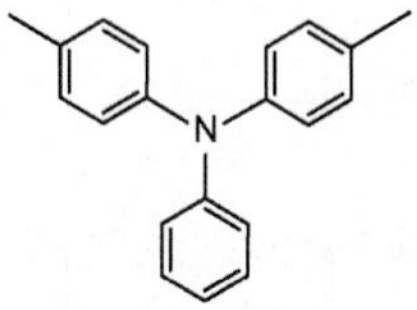	[24]
PI－2	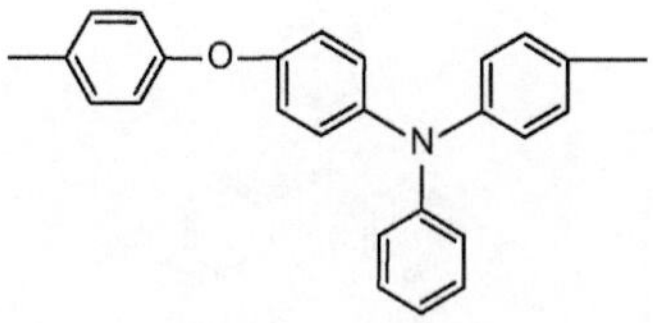	[56]
PI－3	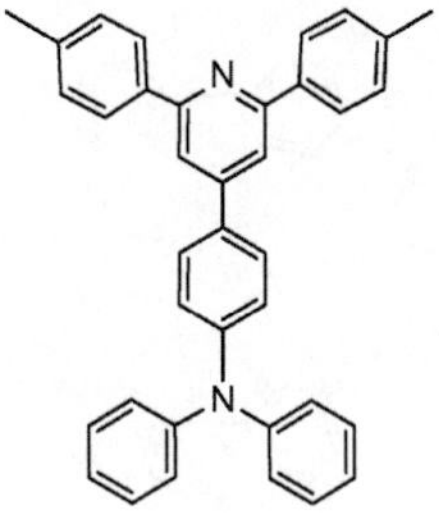	[65]
PI－4	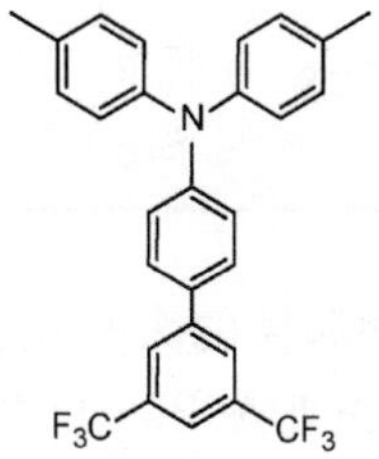	[66]

聚酰亚胺	Ar 结构	文　献
PI-5		[67]
PI-6		[23]
PI-7	 （膜厚：100 nm）	[57]
PI-8		[68]
PI-9		[69]
PI-10		[69]

　　大部分用以制备 DRAM 型存储器的聚酰亚胺分子中都含有三苯胺(TPA)或者三苯胺取代基团的二胺。在聚酰亚胺 PI-1 [24]的分子结构中,三苯胺基团为电子给体,酰亚胺环及六氟异丙基为电子受体;以 PI-1 为活性层制备的存储器件具

有易失性的 DRAM 存储性能。研究证明了 PI-1 的电双稳态存储效应源于分子间的电荷转移。Kang 课题组[56]把三苯胺基团(D)通过单键的苯氧基链节(L)与 6FDA(A)反应,制备了具有 D-L-A 结构的聚酰亚胺 PI-2[56],由 PI-2 制备的存储器表现出 DRAM 特性,作者认为其存储效应是由场诱导构象突变引起的。聚酰亚胺 PI-3[65]分子中含有二苯基吡啶基团取代的 TPA,PI-4[57]含有吸电子的双(三氟甲基)苯基取代的 TPA,以及 PI-5[67]分子链中含有 9,10 蒽醌取代的 TPA;由这些聚酰亚胺制备而成的存储器同样也显示出了 DRAM 存储特性。刘贵生课题组[23]用三苯胺衍生物(OMe)$_2$TPPA 作为二胺单体,与 6FDA 进行聚合得到了聚酰亚胺存储材料 PI-6,由于 PI-6 的 LUMO 能级较高,偶极矩较低,因而其存储器也表现为 DRAM 特性。对于 TPA 聚酰亚胺 PI-7,其薄膜厚度对存储器性能存在一定的影响[57]。当 PI 层的厚度为 100 nm 时,PI 层只能形成局部的长丝,因此器件表现出 DRAM 的存储特性。此外,其他含有推电子基团修饰的二胺结构的聚酰亚胺也表现出 DRAM 存储性能,这些取代基团包括咔唑(PI-8)[68],2,8-及 3,7-苯磺酰胺取代二苯并噻吩(PI-9 和 PI-10)[69]等。

(2) SRAM 型

用以制备 SRAM 型存储器的聚酰亚胺分子结构与 DRAM 型聚酰亚胺类似,分子链的重复单元由 6FDA 和不同类型的二胺构成,其中二胺单元以 TPA 及其衍生物为主(如表 6-2 所示)。含有三苯胺基团的芳香型聚酰亚胺 PI-11 的结构与 PI-2 类似,但 PI-11 的结构单元中有两个苯氧基链节,具有 L-D-L-A 结构,其构象较具有 D-L-A 结构的 PI-2 更加扭曲,因而其 ON 态更加稳定,表现出 SRAM 存储特性[56]。同样,聚酰亚胺 PI-12 中含有醚键和蒽醌结构的 TPA 衍生物作为电子给体,6FDA 作为电子受体,其比 PI-5 多一个醚键,因此构型更扭曲;以 PI-12 作为信息存储材料制备的器件则表现为 SRAM 特性[67]。在上述两种聚酰亚胺存储材料中,重复单元结构的作用显而易见。Chen 课题组[24]设计合成的聚酰亚胺 PI-13,具有星状 TPA 衍生物基团(9 个苯环),并合成了含有不同数量苯环取代基团的 TPA 衍生物的二胺单体,与 6FDA 聚合形成聚酰亚胺。他们指出 PI 分子链中 TPA 单元上含有的苯环数越多,其给电子能力就越强,相应存储器在 ON 态上的保留时间就越久;因此以含有 TPA 基团(3 个苯环)的 PI-1 和含有(OMe)$_2$TPPA 基团(5 个苯环)的 PI-6 表现为 DRAM 特性,而含有 9 个苯环的 PI-13 则表现为 SRAM 特性[24]。易失性的 SRAM 存储特性同样也表现在以咔唑修饰的 TPA 基团为电子给体,6FDA 为电子受体的聚酰亚胺存储材料 PI-14 上,其中咔唑修饰的 TPA 基团具有很强的推电子能力。此外,不含有 TPA 基团的 SRAM 型聚酰亚胺存储材料也有报道,如以三苯乙炔为电子给体的 PI-15[70,71]和以噁二唑为电子给体的 PI-16[72]也都表现出了 SRAM 存储特性。

表 6-2 **SRAM** 型聚酰亚胺存储材料的分子结构

聚酰亚胺	Ar 结构	文 献
PI-11		[56]
PI-12		[67]
PI-13		[24]
PI-14		[73]
PI-15	X=H, Ph	[70,71]

聚酰亚胺	Ar 结构	文 献
PI-16		[72]

2. 非易失性聚酰亚胺存储材料

非易失性存储器是一类 ON 态稳定保留的存储器,根据外加电压是否可以将存储器的 ON 态切换至 OFF 态而分为 flash 型存储器和 WORM 型存储器,后者不受外加电压影响,可以永久地保留 ON 态。具有非易失性 flash 或 WORA 存储特性的聚酰亚胺材料的储存效应大多是由电荷转移机制引起的。此类聚酰亚胺的分子结构与易失性聚酰亚胺存储材料相比,更具多样性,即其电子受体单元除了 6FDA 外也可以是其他二酐单元,尤其是 WORA 型 PI。

（1）flash 型

具有 flash 存储特性的聚酰亚胺的分子结构主要有三种类型:① 以 6FDA 为电子受体,以 TPA 及其衍生物为主的二胺单体为电子给体的芳香型聚酰亚胺(表 6-3);② 含有 2,2′-位芳基取代四羧酸基团的二酐和二胺的聚酰亚胺(表 6-4);③ 其他类型的聚酰亚胺。

表 6-3 flash 型聚酰亚胺存储材料的分子结构（第一类）

聚酰亚胺	分 子 结 构	文 献
PI-17	Ar:	[18]
PI-18	Ar:	[18]
PI-19	Ar:	[16]

聚酰亚胺	分　子　结　构	文　献
PI-20	Ar:	[74]
PI-21	Ar:	[75]
PI-22	R:	[62]
PI-23	R:	[63]
PI-24	R:	[61]
PI-25	R:	[64]

对于第一类 6FDA 基聚酰亚胺而言,其空穴传输和推电子基团,如三苯胺基团、含硫基或苯基的单元,可引入聚酰亚胺的主链或侧链中。基于这种思路,Ueda 和 Chen[18]课题组分别合成了两种聚酰亚胺——PI-17 和 PI-18。这两种聚酰亚胺的主链中都引入了含有富电子的基团,分别是 2,7-双(4-氨基苯巯基)噻吩[2,7-bis(4-aminophenylenesulganyl)thianthrene(APTT)]和 4′4′-双[4-氨基苯巯基]二苯硫醚(4,4′-thiobis[(p-phenylenesulfanyl)aniline])(3SDA)。以这两种聚酰亚胺材料为活性层的存储器表现出 flash 的存储特性。聚酰亚胺 PI-19 的主链中含有 β-取代二苯基萘胺,基于 PI-19 的存储器也表现出了 flash 特性[16]。

另一方面,改变聚合物侧链中的空穴传输基团和给电子基团,以此合成的聚酰亚胺存储材料,也经常被应用于制备重复擦写且性能卓越的存储器件。此类聚酰亚胺存储材料的侧链中或含有 TPA 基团(PI-20[74]),或带有咔唑基团(PI-21[75]和 PI-24[61]),或修饰有二苯甲酰氧基(PI-22[62])、二苯基氨基苄基赖氨酸基团(PI-23[63]),以及蒽基(PI-25[64])。这些 PI 材料所对应的存储器件都显示出 flash 特性,其中 PI-21 和 PI-23 的存储效应是由丝状传导机制所引发的。

表 6-4 中罗列第二类聚酰亚胺分子是由 Shen 课题组设计合成的,其主要方法是将含有 2,2′-位芳基取代四羧酸基团的二酐和二胺进行聚合,使聚酰亚胺骨架中的芳环高度扭转[76-80]。此类聚酰亚胺(PI-26~PI-31)具有相同的主链结构,但在电子受体二酐部分和电子给体联苯二胺部分的 2,2′-位上修饰有不同的取代基团。这些聚酰亚胺材料由于多数含有 F 单元,具有相对较好的溶解性能,其应用范围也因此而扩大。以此类聚酰亚胺材料作为活性层,制备所得的 Al/PI/ITO 存储器件都表现出 flash 型的存储特性。

表 6-4 flash 型聚酰亚胺存储材料的分子结构（第二类）

聚酰亚胺	分 子 结 构	文 献
PI-26		[80]

续 表

聚酰亚胺	分 子 结 构	文 献
PI - 27	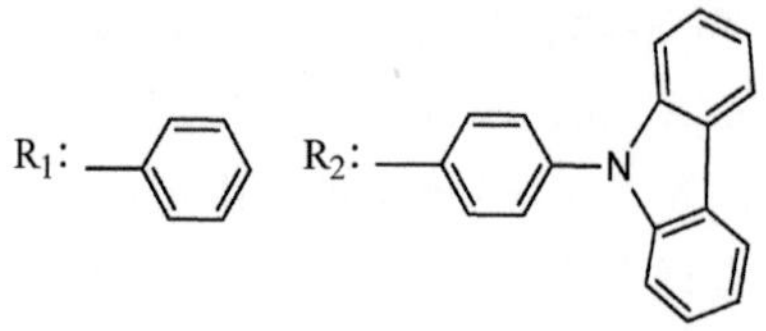 R₁: ⬡ R₂: [结构图]	[80]
PI - 28	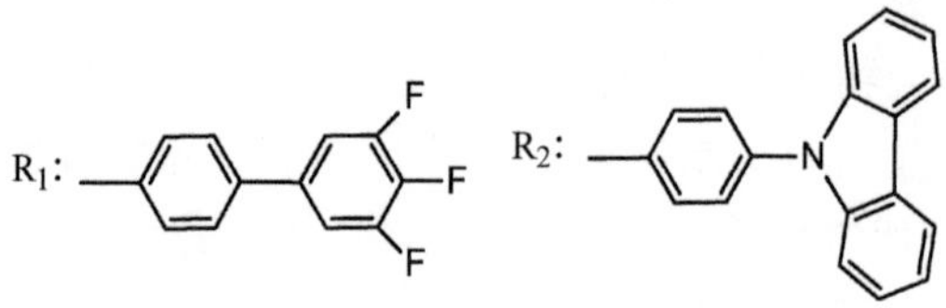 R₁: [结构图] R₂: [结构图]	[77]
PI - 29	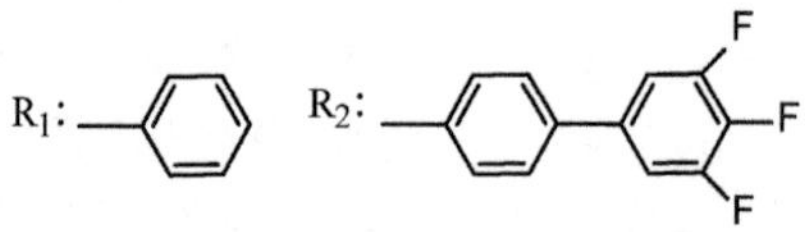 R₁: ⬡ R₂: [结构图]	[78]
PI - 30	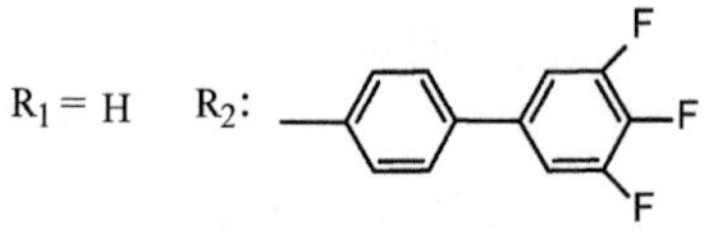 R₁ = H R₂: [结构图]	[79]
PI - 31	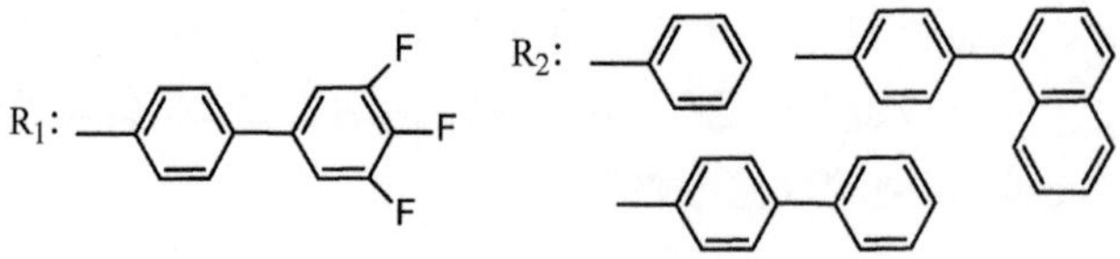 R₁: [结构图] R₂: [结构图]	[76]

　　除了第一类和第二类聚酰亚胺外,具有不同分子结构的聚酰亚胺材料 PI - 32 和 PI - 33 也同样具有非易失性的 flash 存储特性(图 6 - 16)。在 PI - 32 的分子结构中,接枝了二茂铁基团的六氟异丙基双邻苯二甲酰亚胺是电子受体[81];Tsai 等[82]报道的 PI - 33 由 1,2,3,4 -环丁烷四羧酸二酐(CBDA)和 4 -二氨基二苯基甲烷(MDA)聚合而成,其存储器件的存储性能与 PI - 33 的分子链的长度(molecular chian length)及薄膜厚度密切相关。

　　(2) WORM 型

　　根据分子式的不同,用于 WORM 型存储器的聚酰亚胺可以分为四类: ① 以 6FDA 为电子受体,以 TPA 及其衍生物为电子给体的芳香型聚酰亚胺(表 6 - 5);② 3,3′,4,4′-二苯基磺酰基四羧基酰亚胺(DSDA)为电子受体,以 TPA 及其衍生物为电子给体的芳香型聚酰亚胺(表 6 - 6);③ 含有 2,2′-位芳基取代四羧酸基团的二酐和二胺的聚酰亚胺(表 6 - 7);④ 其他类型的聚酰亚胺(表 6 - 8)。

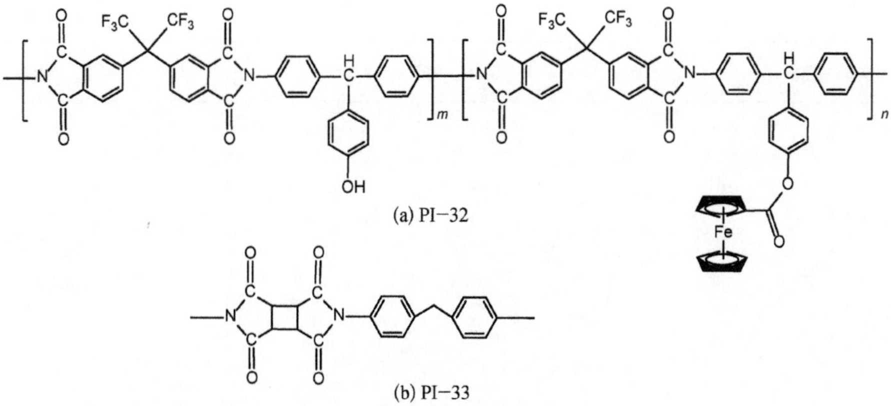

(a) PI−32

(b) PI−33

图 6 - 16 PI - 32、PI - 33 结构

表 6 - 5 **WORM 型聚酰亚胺存储材料的分子结构（第一类）**

聚酰亚胺	分 子 结 构	文 献
	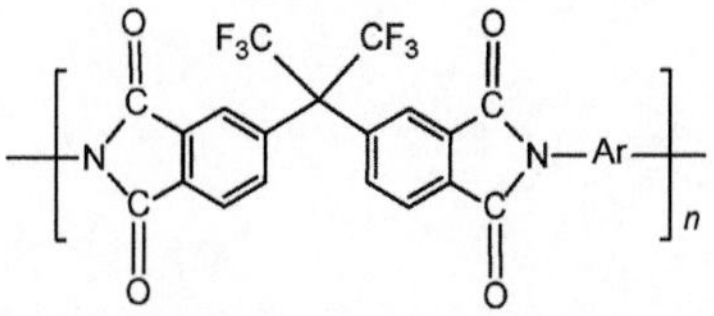	
PI - 34	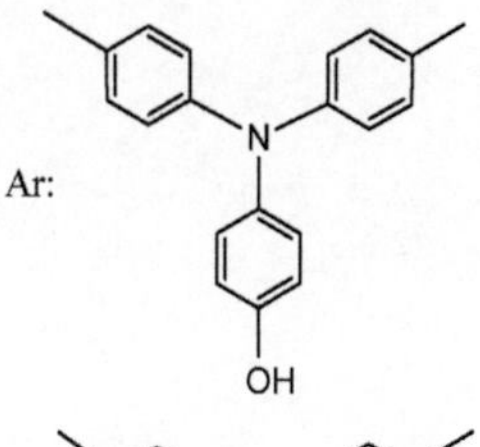	[44]
PI - 35	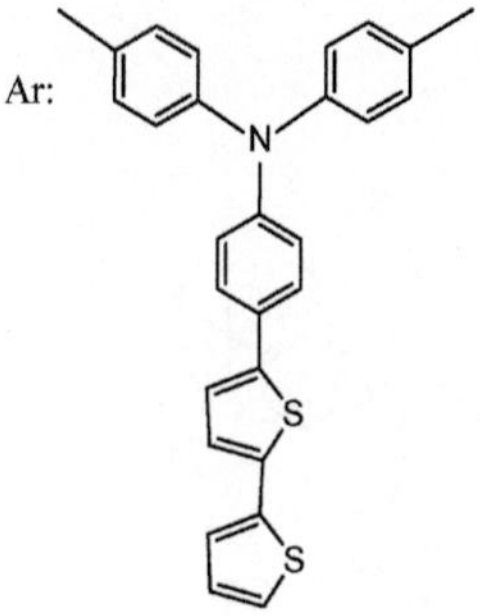	[66]
PI - 36	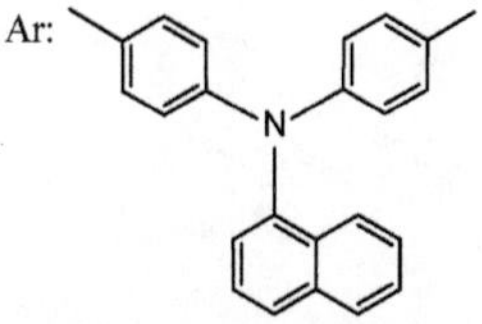	[16]

聚酰亚胺	分　子　结　构	文　献
PI－37		[83]
PI－38		[84]
PI－7	 （膜厚：34~74 nm）	[57]
PI－39		[85]

表 6-6　WORM 型聚酰亚胺存储材料的分子结构(第二类)

聚酰亚胺	分 子 结 构	文 献
PI-40	Ar: a: R = H　　b: R = CN c: R = OMe　　d: R = N(Me)$_2$	[86]
PI-41	Ar: X = H 或 OMe	[87]

表 6-7　WORM 型聚酰亚胺存储材料的分子结构（第三类）

聚酰亚胺	分 子 结 构	文 献
PI-42	R$_1$: 　　R$_2$:	[79]

聚酰亚胺	分　子　结　构	文　献
PI-43		[77]
PI-44		[78]
PI-45		[76]

　　如表6-5所示,第一类聚酰亚胺的分子结构以6FDA作为电子受体,TPA及其衍生物作为电子给体,是聚酰亚胺存储材料中最为常见的结构。此类结构的最大区别在于TPA衍生物的不同:PI-34的TPA基团修饰有羟基[44],PI-35含有推电子的联噻吩修饰基团的TPA单元[66],而PI-36的TPA衍生物中含有α-取代二苯基萘胺[16]。以这些聚酰亚胺为存储材料的存储器都显示出WORM特性。PI-37中的TPA基团通过噁二唑结构连接到聚合物主链中,以PI37为活性层的存储器表现出优异的WORM存储性能[83]。PI-38中含有TPA取代基的三氮唑芳香二胺[84],超支化聚酰亚胺PI-39中含有6FDA和TPA基团[85],这两种聚酰亚胺存储材料也具有WORM的存储性能。此外,薄膜厚度对聚酰亚胺PI-7的存储性能影响显著。如前所述,当PI-7的薄膜厚度达到100 nm时,其存储器表现为DRAM特性(表6-1);而当薄膜厚度在34~74 nm时,其存储器则表现为优异的非易失性WORM特性(表6-5)[57]。

　　第二类聚酰亚胺的分子结构与第一类相似,以DSDA取代6FDA作为电子受体。在基于DSDA的聚酰亚胺中,PI-40的分子链中带有TPA衍生物基团[86],PI-41含有双(三苯胺)基团[87]。这两种聚酰亚胺都表现出单极性的WORM存储性能。芳香型聚酰亚胺PI-42由四羧基二酐单体和2,4'-双(3',4',5'-三氟苯基)4,4'-联苯二胺聚合而成(第三类结构),在PI-42的每个重复单元上都带有含不同芳基修饰的两个酰亚胺环。存储器件Al/PI-42/ITO表现出具有不同阈值电压的WORM存储性能。此外,由2,4'-双(3',4',5'-三氟苯基)4,4'-联苯四羧酸作为二酐单元,与不同二胺单元(电子给体)聚合而成的聚酰亚胺材料PI-43~PI-45同样具有WORM存储特性。这些二胺单元包括TPA衍生物(PI-43[77])、3',4',5'-三氟联苯和苯基单元(PI-44[78])以及二甲氧基苯基单元(PI-45[76])。

　　第四类结构如表 6-8 所示,包括含有咔唑单元作为电子给体和不同的邻苯二甲酰亚胺作为电子受体的聚酰亚胺[88],或是具有两个甚至多个电子给受体系的聚酰亚胺共聚物[25,89-91]。以基于 PMDA 和 BPDA 的聚酰亚胺 PI-46 为活性层的存储器显示了优异的单极性 WORM 存储特性[88]。通过改变电子受体与给体之间的投料比可以调节无规共聚聚酰亚胺 PI-47 的存储性能,其中电子给体包括苝二酰亚胺(PDI)、萘二甲酸二酰亚胺(NTCDI)和苯并二羧基二亚胺(BTCDI)[25,89]。研究发现,加入少量此类大共轭结构的二胺单体能够使聚酰亚胺的存储性能从易失性的 DRAM 转变为非易失性的 WORM,且这些基团的共轭长度也会影响器件的存储特性。PI-48 是由含三苯胺基团的二胺和含苝基团的二胺与 6FDA 无规共聚制备而成,其存储器的存储性能也因大共轭结构单元的加入量的不同而改变:随着含量增加转变为非易失性 WORM 特性[90]。Song 等[91]合成了一种含有螺旋吡喃侧链的聚酰亚胺 PI-49;以 PI-49 为存储材料制备的光电双模式存储器也表现出 WORM 特性。这些特性开辟了以聚酰亚胺作为功能介质的多模数据存储器的研究和应用领域。

表 6-8　WORM 型聚酰亚胺存储材料的分子结构(第四类)

聚酰亚胺	分 子 结 构	文 献
PI-46		[88]
PI-47		[25,89]

聚酰亚胺	分 子 结 构	文 献
PI-48		[90]
PI-49		[91]

6.2.6 电阻式存储器中的聚酰亚胺杂化材料

无机纳米粒子或富勒烯衍生物通过纳米杂化形式可以制备聚酰亚胺复合薄膜,加入杂化材料的目的是在聚酰亚胺基体内引入物理电子跃迁。表6-9总结了此类用以制备存储器件的聚酰亚胺杂化材料。将银(I)配合物(AgTFA)加入PI-50基体中制备成包覆银纳米颗粒的PI薄膜,以此薄膜为活性层的存储器具有WORM存储特性[16]。同样,PI-TiO$_2$杂化材料是通过溶胶-凝胶反应,将丁醇钛通过羟基引入含硫基或氟基的聚酰亚胺PI-51[92]和PI-52[15]基体材料中。将杂化薄膜中的TiO$_2$浓度由0增加到50%的过程中,其相应存储器的存储性能由DRAM型转变为SRAM型,继而转变为WORM特性。另一种聚酰亚胺杂化薄膜则是在聚酰亚胺PI-53中加入了少量大共轭单体六苯并苯(摩尔百分比为3%)或与含苝二酰亚胺结构的PDI-DO(摩尔百分比为1%)共混,聚合物的存储性能由易失性的DRAM型转变为非易失性的flash型,继而增大共混比例,存储性能变为非易失性的WORM型[93]。

表6-9 电阻式存储其中聚酰亚胺杂化材料的分子结构

聚酰亚胺	分 子 结 构	文 献
		[16]

续 表

聚酰亚胺	分子结构	文献
PI-51	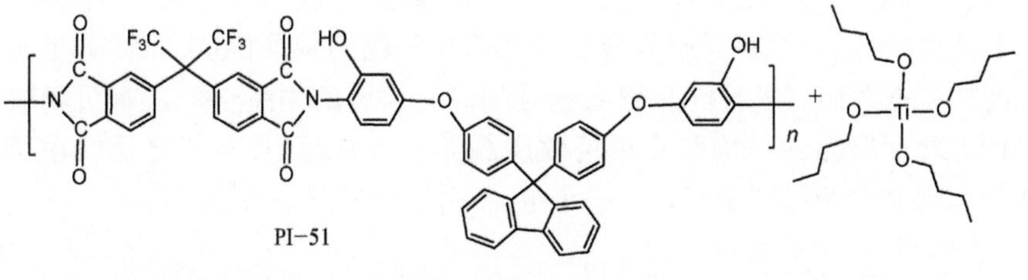 PI-51	[92]
PI-52	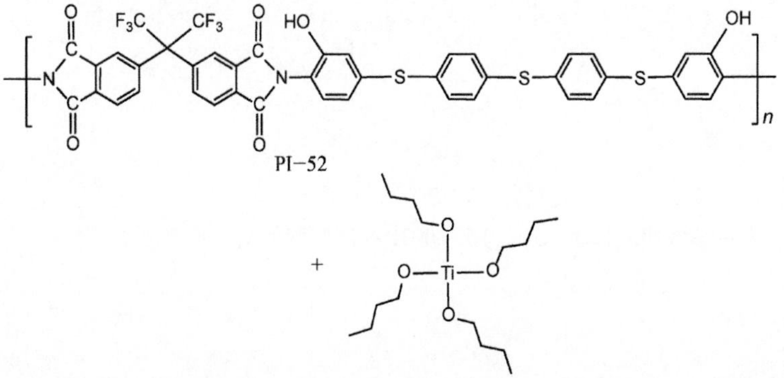 PI-52	[15]
PI-53	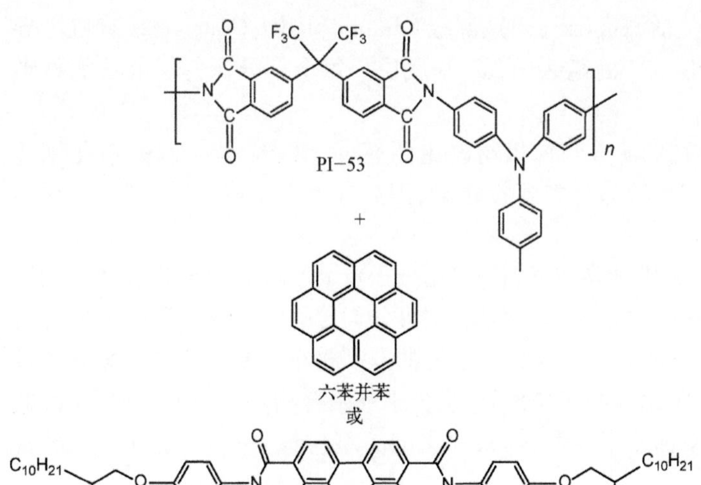 PI-53 + 六苯并苯 或 PDI-DO	[93]

6.3 有机场效应晶体管式存储器

晶体管式存储器具有单根晶体管驱动、可重复擦写、非破坏性读取、易与有机电路集成、制造成本低、与柔性衬底兼容和可大面积印刷制备等特点,能够满足高密度、高性能的数据存储需求,因此,越来越受到研究人员的关注[94-96]。有机场效应晶体管(OFET)存储器的结构和有机场效应晶体管非常相似,不同之处仅在于OFET的半导体层和栅绝缘层中间多了一个电荷存储介质层(图6-17)。

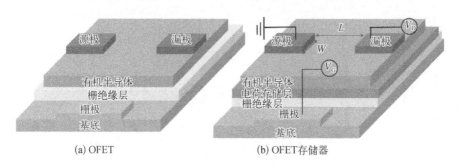

(a) OFET   (b) OFET存储器

图6-17 有机场效应晶体管(OFET)和OFET存储器器件结构示意图

6.3.1 器件结构

OFET存储器是OFET应用的深化,前者拥有与传统OFET相同的控制栅电极,只是在OFET基础上增加了一个电荷存储介质层。OFET存储器主要由以下几个部分组成: ① 电极,包括源极(source)、漏极(drain)和栅极(gate); ② 有机半导体层; ③ 电荷存储功能层; ④ 栅绝缘层; ⑤ 基底层。每个部分所使用的功能材料各不相同:

(1) 电极材料:常用的源极与漏极材料主要有金、铜、银、铝、石墨、氧化铟锡(ITO)等[97];而栅极不与半导体材料直接接触,因此导电性良好,易于制备的材料均可作为栅极材料。

(2) 传输载流子的有机半导体材料:根据分子量大小可分为小分子材料和聚合物材料两大类;而根据传输的载流子类型,则可分为传输空穴载流子的p型有机半导体和传输电子载流子的n型半导体。常见的p型材料主要包括苯并类分子及其衍生物、氮杂环类、酞菁化合物、噻吩类等小分子和聚合物[98,99];而n型半导体的空气稳定性较差,迁移率远低于p型材料,常见的n型材料主要有C_{60}和全氟酞菁铜等杂环类化合物[100]。

(3) 存储电荷的存储功能层材料:这是OFET存储器的核心材料,起到捕获电荷、存储信息的作用,一般包括介电材料和铁电材料。此类材料能够在外加电场的作用下捕获电荷或者是本身发生构象变化或极化,可对应信息的写入和擦除两种状态。

（4）阻挡载流子流失的绝缘层材料：主要有包括 Al_2O_3、SiO_2、TiO_2、ZrO_2 在内的无机绝缘材料[101]，以及包括聚苯乙烯（PS）、聚甲基丙烯酸甲酯（PMMA）、聚酰亚胺（PI）、聚乙烯醇（PVA）、聚乙烯苯酚（PVP）等分子量较大聚合物在内的有机绝缘材料[102,103]。

（5）支撑整个器件充当基底的材料：主要分为刚性和柔性材料两大类。刚性衬底材料通常是玻璃和硅片等[104,105]，柔性材料则包括聚对苯二甲酸乙二醇酯（PET）、聚酰亚胺（PI）和聚二甲基硅氧烷（PDMS）等聚合物材料[100]。

根据栅电极在器件整体结构中的不同位置，OFET 存储器可以分为底栅结构型和顶栅结构型；而根据源、漏电极与半导体层的不同位置，OFET 存储器又可以分为顶接触结构和底接触结构。因此，OFET 存储器分为底栅顶接触、底栅底接触、顶栅顶接触和顶栅底接触四种类型（图 6-18）。在实际研究中，为了简化器件制备流程，底栅顶接触[106]和顶栅底接触[105]是常用的 OFET 存储器结构类型，其各自的优势在于：① 底栅顶接触机构的源、漏电极与有机半导体层之间的接触面积更大，且有机半导体层的膜均匀性更好，有利于降低接触电阻；② 顶栅底接触器件由于绝缘层对整个器件的保护作用，使得外界环境对器件性能的影响降低。

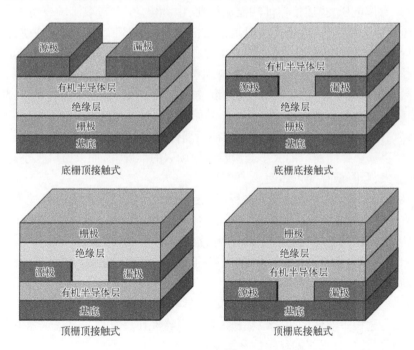

图 6-18 OFET 存储器器件结构示意图

6.3.2 性能参数

如图 6-19 所示，OFET 存储器件的源、漏电极一般为平行结构，它们之间的距离被定义为器件的沟道长度(L),而电极的长度则被定义为沟道的宽度(W);加载于源、漏电极之间的电压为源漏电压(V_{DS}),源、漏极之间的电流为源漏电流(I_{DS}),施加于栅极和源极之间的电压为栅源电压或栅压(V_{GS}),通过改变栅压的大小可以改变源漏电流的大小。OFET存储器的性能参数主要包括场效应晶体管性能特征参数(1)~(6)和存储性能参数(7)~(12)。

(1) 阈值电压(V_{TH}),用来表示有机场效应晶体管处于临界导通状态下的栅压。阈值电压越小表明器件的驱动电压越小,工作时消耗的能量越小。

(2) 载流子迁移率(μ),用来描述单位电场下载流子的平均迁移速度,其能力大小决定了器件的操作电压和开关速率,是OFET中最重要的一个参数。

(3) 开关电流比(I_{ON}/I_{OFF}),指器件处于开启状态(低阻态)与关闭状态(高阻态)下沟道电流大小的比值,其大小表明器件开和关的能力,数值越大说明开关能力越强。

(4) 夹断电压,是指器件沟道电流由线性区向饱和区转变的电压。

(5) 亚阈值漂移,是指器件由高阻态到低阻态转变快慢的程度。

(6) 接触电阻,是指源、漏电极与半导体层接触的界面电阻。

(7) 操作电压,描述使器件功能层捕获、中和电子/空穴载流子或使得材料的极化方向改变而施加的电压。一般是指在信息写入和擦除时,对栅电极所施加的偏压值;操作电压越小越好,因为较大的操作电压不仅需要消耗更多能量,而且过高的电压对器件本身也会产生很大影响,不利于存储器的存储可靠性。

(8) 操作时间,是指信息写入的速度,操作时间越短,器件响应越快,目前已经达到毫秒甚至微秒级别。

(9) 存储窗口,是指施加操作电压前后器件阈值电压改变的差值,用来描述器件的存储容量。存储窗口的大小会影响数据读取的准确性,如果窗口太小,器件读取难度加大,会降低存储可靠性。

(10) 维持时间,是指对器件进行写入或擦除后,在一定时间内通过不断读取源、漏直接电流的变化来反映功能层对信息的保持能力,通过观察维持时间的衰减程度来表征器件的稳定性,是非易失性存储器最重要的参数。

(11) 存储开关比,是指用源、漏电流的比值来衡量不同的存储状态,开关比越高,判断读取数据的存储状态越准确。

(12) 读写擦循环能力,是指通过反复的写入、读取、擦除、读取的过程,来反映在反复擦写过程中器件的耐受性和稳定性。当器件在反复擦写过程中漏电源保持不变,说明器件具有很好的稳定性和耐受性。

因此,为了设计和制造基于有机场效应晶体管的存储器,需要更大的存储窗口和存储开关比。但在实际应用中,由于有机半导体的载流子迁移率较低,使得OFET存储器的沟道载流子注入效率低,从而导致了OFET存储器的存储窗口和电流开关比并不高。

6.3.3　OFET 存储器的类型及存储机理

根据存储机理的不同,OFET 存储器可以分为三种类型:① 铁电型 OFET 存储器(ferroelectric OFET memory)[107,108];② 浮栅型 OFET 存储器(floating gate OFET memory)[109,110];③ 电介体型 OFET 存储器(polymer gate electrets OFET memory or charge trapping OFET memory)[111,112],如图 6 - 19 所示。这三种类型存储器的主要区别在于电荷捕获的材料及电荷捕获层不同结构。其中以聚酰亚胺材料为电荷存储介质的 OFET 存储器属于第三种有机电介体类型。

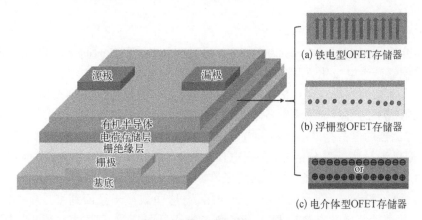

图 6 - 19　OFET 存储器的三种类型

1. 铁电型 OFET 存储器

在铁电型 OFET 存储器中,铁电材料是极化电荷的电介层。铁电晶体材料由于具有自发极化和在外加电场作用下可以改变极化方向的特性,且撤掉外加电场后,其极化现象不会自动消失,因此可以作为数据存储材料。目前,大部分铁电 OFET 存储器中都采用聚偏二氟乙烯(PVDF)以及它的共聚物 P(VDF - TrFE)[113,114](图 6 - 20)。这两种铁电材料的极化开关大且时间较短,热稳定性良好。

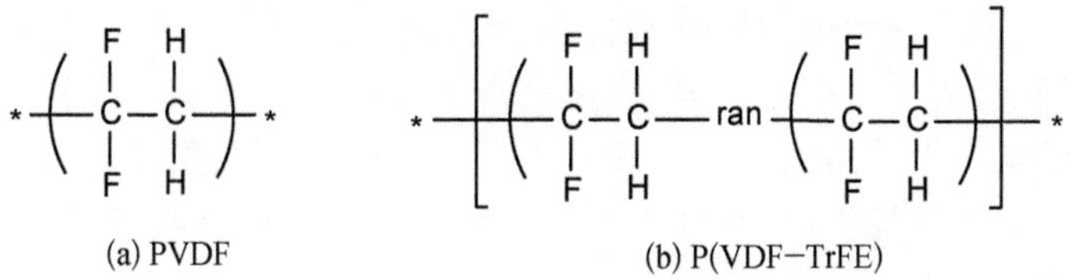

图 6 - 20　PVDF 与 P(VDF - TrFE)结构

(a) PVDF　　　　(b) P(VDF-TrFE)

2. 浮栅型 OFET 存储器

在场效应晶体管原有结构的栅绝缘层中插入一层浮栅即为浮栅型 OFET 存储器,晶体管的阈值电压的改变是基于浮栅上电荷的存储与释放,从而使得晶体管具有存储的特性[105,115]。这层浮栅的材料主要由较薄的金属层,或者 Al、Au、Cu 等纳米粒子[106,116,117],二维材料[110],量子点[104,118,119]和有机纳米粒子[120,121]等构成,因此浮栅型 OFET 存储器是应用较为广泛的一种。典型的浮栅型 OFET 存储器拥有两层绝缘层,分别是位于控制栅和浮栅之间的阻挡绝缘层(或栅极绝缘层),以及浮栅和有机半导体之间的隧穿绝缘层。在控制栅电极上施加一个较大的写入电压,电荷就会通过量子隧穿效应或热电子发射效应注入浮栅,存储器的阈值电压会因为浮栅上存储的电荷发生变化;将一个相反的擦除电压施加在控制栅电极上,释放浮栅介质中的电荷,阈值电压回到初始位置,从而实现一个数据写入擦除的存储过程[122]。

3. 电介体型 OFET 存储器

电介体(亦称驻极体,electret)是一种可以存储电荷并长时间保存的绝缘材料。电介体能够产生电极化,即在外加电场作用下产生宏观上不等于零的电偶极矩,形成宏观电荷束缚现象。聚合物电介体材料的优势在于具备优秀的成膜性,以及可以使用低成本的溶液旋涂法制备出表面质量很高的有机薄膜,因此经常被用作 OFET 存储器的电荷存储层材料。电介体型 OFET 存储器由电极、半导体层、电介体层、栅极和衬底五部分组成,在栅电压作用下,有机半导体层与介电体层会诱导两相界面产生热载流子,这些载流子在源漏电压的作用下,会注入电介体层/栅极表面储存起来。在反向源漏电压作用下,这些载流子又回到半导体/介质体表面或者直接与异性电荷中和。而在撤去电压后可以稳定存储电荷,晶体管就是利用施加阈值电压前后两个稳定态之间的可逆变化实现存储特性。

聚酰亚胺基 OFET 存储器属于电介体型存储器,其中聚酰亚胺作为有机电介体层起到存储电荷的作用。聚酰亚胺的电荷存储能力很大程度上取决于其分子结构;此外,诸如封端基团、催化剂残留、浓度、工艺助剂或添加剂的种类、工艺条件和加温历史都对 PI 电介体的性能有一定程度的影响。

6.3.4 晶体管式存储材料

有机场效应晶体管存储器结构中介于有机半导体层和栅绝缘层之间的聚酰亚胺介电体层,也被称为聚酰亚胺驻极体,它可通过静电捕获(同质电荷驻极体)或宏观取向偶极子(异质电荷驻极体)引起准永久电场(图 6-21)。有机场效应晶体管存储器件的电学性质是由半导体和介电层之间的界面性质决定的。因此,为了获得高度稳定的存储器件,具有准永久性电荷和固定型电偶极子的聚酰亚胺介电材料能被用在 n 型 OFET 存储器中。

一些早期关于基于 PI 及聚醚亚胺(PEI)OFET 存储器的研究工作已在 Erhard 等发表的综述中进行了总结[123],本节将对近期工作进行总结与归纳。聚酰亚胺驻极体的电荷存储能力很大程度上取决于聚酰亚胺的分子结构。表 6-10 列举了聚酰亚胺材料的分子结构。

图 6-21　静电捕获(同质电荷驻极体)(上)和宏观取向偶极子
(异质电荷驻极体)(下)发生电荷传动时的示意图

2012 年,Chou 等[124]报道了第一例以电子给受体(D-A)型聚酰亚胺驻极体材料 PI-54 为电荷存储层,N,N'-双(2-苯基乙基)-亚乙基-3,4,9,10-四羧酸二酰亚胺(BPE-PTCDI)为有机半导体层的 n 型 OFET 存储器。这种 PI 驻极体由吸电子单元 6FDA 和给电子单元 2,5-双(4-氨基苯基硫醚基)硒酚(APSP)(PI54a)或 2,5-双(4-氨基苯基硫醚基)噻吩(APST)(PI-54b)聚合而成。研究发现,在这些聚酰亚胺材料的分子间电荷转移的带隙大小为 APSP > APST > ODA,因此以 PI-54a 为驻极体材料的 OFET 存储器表现出了最高场效应迁移率和最大存储窗[124]。

以具有高介电常数的三苯胺基聚酰亚胺材料为驻极体时,OFET 存储器的电荷存储能力会有所增强[125]。PI 驻极体 PI-55 和 PI-40b 均含有推电子的 TPA-CN 基团,和包括 BTDA、6FDA、DSDA 等二酐在内的吸电子基团。在这些相应的 OFET 存储器中,含有 6FDA 基团的聚酰亚胺驻极体 PI-55b 具有最高的场效应迁移率和最大存储窗,这是由于 PI-55b 的分子结构具有最大的偶极矩和二面角,因此形成了一个稳定的电荷转移化合物,能够更好地捕获电荷。此存储器具有高 ON/OFF 比,并且 ON 或 OFF 状态可以保留在 10^4 s 以上;写—读—擦除—读(WRER)周期可达 100 个周期以上[125]。

Dong 等[126]报告了五种新的聚酰亚胺作为 OFET 存储器的驻极体材料。它们的电子受体基团具有不同程度的共轭性,即 PI[1,3-二氨基丙烷(DAP)-BPDA](PI-56)、PI[DAP-ODPA](PI-57)、PI[DAP-PMDA](PI-58a)。为了研究给电子基团的链长影响,研究人员还合成了与 PI-58a 结构类似的另外两种聚酰亚胺,PI[1,6-二氨基己烷(DAH)-PMDA](PI-58b)和 PI[1,12-二氨基十二烷(DAD)-PMDA](PI-58c)[127]。实验证明,半共轭 PI 驻极体的受体结构和链长可以显著改变 OFET 存储器件的特性。以 PI-58a-c 为驻极体材料时,随着电子给体基团碳链长度的增加,其相应存储器件的存储特性从 flash 变为 WORM 行为;而存储窗口却随着碳链长度的增加而减少。

Yu 等[127]以不同的给电子单体与吸电子单体 6FDA 聚合,制备了几种多环芳烃基 D-A 型聚酰亚胺驻极体材料,其中给电子单元分别为 4'-二'-二氨基-4'-甲基三苯胺(AMTPA,PI-40a)、N,N-二(4-氨基苯基)氨基萘(APAN,PI-36)和 N,N-双(4-氨基苯基)氨基芘(APAP,PI-59)。用 PI-59 制备的 OFET 存储

表 6-10 用于 OFET 存储器的聚酰亚胺驻极体的分子结构

聚酰亚胺	分 子 结 构	文 献
PI-54		[124]
PI-55		[125]
PI-56		[126]

续 表

聚酰亚胺	分　子　结　构	文　献
PI-57	PI(ODPA-DAP)	[126]
PI-58	a: $x=3$　PI(PMDA-DAP) b: $x=6$　PI(PMDA-DAH) c: $x=12$　PI(PMDA-DAD)	[126]
PI-59		[127]

续表

聚酰亚胺	分子结构	文献
PI-60		[128]
PI-61	Ar: a, b	[128]
PI-62	Ar: a, b, c	[129]
PI-63		[130]

续 表

聚酰亚胺	分 子 结 构	文　献
PI - 64		[130]
PI - 65		[131]
PI - 66		[131]

器具有最大的存储窗口(40.63 V)和最好的电荷保留能力,并在 WRER 试验中表现良好,超过 100 个读写周期。

为了测试电荷转移(CT)能力对 BPE - PTCDI -型 OFET 存储器存储特性的影响,Yu 等[127]又合成了一系列新型聚酰亚胺、聚亚硫醚[4′,4′-(二氨基二苯硫醚)双马来酰亚胺-2,5-双(巯基甲基)-1,4-二硫烷](PI-60)、聚[双(4-氨基苯基)硫氧邻苯二甲酰亚胺](PI-61a)和聚[双(4-氨基苯基)-磺基苯并二酰亚胺](PI-61b)。研究表明,以含有强推电子基团的 PI-60 作为驻极体材料时,其存储器表现出永久的 WORM 特性;而以 PI-61a 和 PI-61b 为驻极体时,其存储器表现出可编程的 flash 型存储特性。以上结果说明了,通过控制驻极体的 CT 特性,可以调节存储器的存储性能。

Dong 等[129]也报道了类似工作,旨在研究 D-A 型聚酰亚胺驻极体中的受体结构对并五苯系 OFET 存储器件的存储性能的影响。他们用推电子的二胺单体 9, 9-双(4-氨基苯基)芴(BAPF)与吸电子的二酐单体 6FDA、ODPA,以及中性的 1, 2,4-5-环己烷二羧酸二亚胺(HPMDA),分别合成了聚酰亚胺驻极体材料 PI-62a、PI-62b 和 PI-62c。以含有 6FDA 基团的 PI-62a 制备而成的存储器显示出最大的存储窗口,这是由于 PI-62a 电荷分离效应的增强,促进了稳定的 CF 络合物,并深深地捕获住电荷。

Wang 等[130]通过 CBDA 和甲基二苯基二胺(MDA)的聚合反应制备了 PI-63;又制备了含有双电荷(电子和空穴)提取能力的 PI-64,其分子链中含有不同比重的极性哌嗪基和胆固醇侧链;后又将不同比例的 PI-64 与 PI-63 混合,制备成聚酰亚胺复合驻极体材料,并用以制备 OFET 存储器件和光电存储器件。研究发现复合驻极体材料中 PI-64 分子的增重率不仅提高了 PI 驻极体的热性能,而且增强了 OFET 存储器的电场特性,如场效应迁移率和通/断电流比。因此,具有极性侧链的 PI-64 提高了 OFET 的稳定性。

Chou 等[131]设计合成了两种具有羟基基团的有机可溶性 D-A 聚酰亚胺,含共轭芴基聚酰亚胺 PI-65 和含硫醚聚酰亚胺 PI-66,以及相应的 PI/TiO$_2$ 杂化材料作为存储器的驻极体。与 PI-66 驻极体相比,以含有共轭芴基的 PI-65 为驻极体的 BPE - PTCDI -基 OFET 存储器表现出更大的存储窗口。当以具有更高介电常数的 PI/TiO$_2$ 杂化材料(20% TiO$_2$)为驻极体时,其存储器显示出更低的工作电压,表明 TiO$_2$ 的电荷转移能力在 OFET 存储器件的电荷转移和存储中起到重要的作用。

由以上工作可以得出,聚酰亚胺驻极体的电荷转移能力可以通过吸电子基团[127,130]和推电子基团[128,129]进行调控,并且对存储器的存储性能具有显著的影响。此外,聚酰亚胺分子中引入三苯胺(TPA)基团[126],或在 PI 基体材料中掺杂 TiO$_2$ 纳米粒子[132],都可以使 PI 驻极体材料具有高介电常数,使其电荷转移能力增强,并提升其相应存储器件的存储性能。

参 考 文 献

[1] Chang T C, Chang K C, Tsai T M, et al. Resistance random access memory. Materials Today, 2016, 19(5): 254 - 264.

[2] Scott J C, Bozano L D. Nonvolatile memory elements based on organic materials. Advanced Materials (Weinheim, Germany), 2007, 19(11): 1452 - 1463.

[3] Ling Q D, Liaw D J, Zhu C, et al. Polymer electronic memories: Materials, devices and mechanisms. Polymer Science, 2008, 33(10): 917 - 978.

[4] Lu Q H, Zheng F. Chapter 5 polyimides for electronic applications//Yang S Y. Advanced Polyimide Materials.Amsterdam: Elsevier, 2018: 195 - 255.

[5] Tsai C L, Lee T M, Liou G S. Novel solution-processable functional polyimide/ZrO₂ hybrids with tunable digital memory behaviors. Polymer Chemistry, 2016, 7(30): 4873 - 4880.

[6] Yen H J, Chen C J, Wu J H, et al. High performance polymers and their PCBM hybrids for memory device application. Polymer Chemistry, 2015, 6(42): 7464 - 7469.

[7] Zhou L, Mao J, Ren Y, et al. Recent advances of flexible data storage devices based on organic nanoscaled materials. Small, 2018, 14(10): n/a.

[8] Jeong H Y, Kim J Y, Kim J W, et al. Graphene oxide thin films for flexible nonvolatile memory applications. Nano Letters, 2010, 10(11): 4381 - 4386.

[9] Kim Y N, Lee N H, Yun D Y, et al. Multilevel characteristics and operating mechanisms of nonvolatile memory devices based on a floating gate of graphene oxide sheets sandwiched between two polystyrene layers. Organic Electronics, 2015, 25: 165 - 169.

[10] Lee S Y, Duong D L, Vu Q A, et al. Chemically modulated band gap in bilayer graphene memory transistors with high ON/OFF ratio. ACS Nano, 2015, 9(9): 9034 - 9042.

[11] Bao Z, Lovinger A J, Dodabalapur A. Organic field-effect transistors with high mobility based on copper phthalocyanine. Applied Physics Letters, 1996, 69(20): 3066 - 3068.

[12] Peisert H, Knupfer M, Schwieger T, et al. Strong chemical interaction between indium tin oxide and phthalocyanines. Applied Physics Letters, 2002, 80(16): 2916 - 2918.

[13] Al-Haddad A, Wang C, Qi H, et al. Highly-ordered 3D vertical resistive switching memory arrays with ultralow power consumption and ultrahigh density. ACS Applied Materials & Interfaces, 2016, 8(35): 23348 - 23355.

[14] Prime D P, Paul S. Overview of organic memory devices. Philosophical Transactions of the Royal Society A, 2009, 367(1905): 4141 - 4157.

[15] Tsai W L, Huang B T, Wang K Y, et al. Functionalized carbon nanotube thin films as the pH sensing membranes of extended-gate field-effect transistors on the flexible substrates. IEEE Transactions On Nanotechnology, 2014, 13(4): 760 - 766.

[16] Shi L, Ye H, Liu W, et al. Tuning the electrical memory characteristics from WORM to flash by α - and β - substitution of the electron-donating naphthylamine moieties in functional polyimides.Journal of Materials Chemistry C, 2013, 1(44): 7387 - 7399.

[17] Liu H, Bo R, Liu H, et al. Study of the influences of molecular planarity and aluminum evaporation rate on the performances of electrical memory devices. Journal of Materials Chemistry C, 2014, 2(28): 5709 - 5716.

[18] You N H, Chueh C C, Liu C L, et al. Synthesis and memory device characteristics of new

sulfur donor containing polyimides. Macromolecules , 2009, 42(13): 4456 - 4463.

[19] Heremans P, Gelinck G H, Muller R, et al. Polymer and organic nonvolatile memory devices. Chemistry of Materials, 2011, 23(3): 341 - 358.

[20] Yen H J, Wu J H, Liou G S. Chapter 4: High performance polyimides for resistive switching memory devices. RSC Polymer Chemistry Series, 2016, 1: 136 - 166.

[21] Yen H J, Liou G S. Solution-processable triarylamine-based high-performance polymers for resistive switching memory devices. Polymer Journal, 2016, 48(2): 117 - 138.

[22] Chu C W, Ouyang J, Tseng J H, et al. Organic donor-acceptor system exhibiting electrical bistability for use in memory devices. Advanced Materials (Weinheim, Germany), 2005, 17(11): 1440 - 1443.

[23] Chen C J, Yen H J, Chen W C, et al. Resistive switching non-volatile and volatile memory behavior of aromatic polyimides with various electron-withdrawing moieties. Journal of Materials Chemistry, 2012, 22(28): 14085 - 14093.

[24] Chen C J, Yen H J, Hu Y C, et al. Novel programmable functional polyimides: preparation, mechanism of CT induced memory, and ambipolar electrochromic behavior. Journal of Materials Chemistry(C), 2013, 1(45): 7623 - 7634.

[25] Kurosawa T, Lai Y C, Higashihara T, et al. Tuning the electrical memory characteristics from volatile to nonvolatile by perylene imide composition in random copolyimides. Macromolecules, 2012, 45(11): 4556 - 4563.

[26] Ling Q D, Song Y, Lim S L, et al. A dynamic random access memory based on a conjugated copolymer containing electron-donor and -acceptor moieties. Angewandte Chemie International Edition, 2006, 45(18): 2947 - 2951.

[27] Cho B, Song S, Ji Y, et al. Organic resistive memory devices. Performance enhancement, integration, and advanced architectures. Advanced Functional Materials, 2011, 21 (15): 2806 - 2829.

[28] Ouisse T, Stephan O. Electrical bistability of polyfluorene devices. Organic Electronics, 2004, 5(5): 251 - 256.

[29] Sadaoka Y, Sakai Y. Switching in poly (N - vinylcarbazole) thin films. Journal of the Chemical Society, Faraday Transactions 2, 1976, 72(10): 1911 - 1915.

[30] Li L, Ling Q D, Lim S L, et al. A flexible polymer memory device. Organic Electronics, 2007, 8(4): 401 - 406.

[31] Bozano L D, Kean B W, Beinhoff M, et al. Organic materials and thin-film structures for cross-point memory cells based on trapping in metallic nanoparticles. Advanced Functional Materials, 2005, 15(12): 1933 - 1939.

[32] Wu H C, Liu C L, Chen W C. Donor-acceptor conjugated polymers of arylene vinylene with pendent phenanthro[9, 10 - d] imidazole for high-performance flexible resistor-type memory applications. Polymer Chemistry, 2013, 4(20): 5261 - 5269.

[33] Potember R S, Poehler T O, Cowan D O. Electrical switching and memory phenomena in copper-TCNQ thin films. Applied Physics Letters, 1979, 34(6): 405 - 407.

[34] Erlbacher T, Jank M P M, Ryssel H, et al. Self-aligned growth of organometallic layers for nonvolatile memories: Comparison of liquid-phase and vapor-phase deposition. Journal of the Electrochemical Society, 2008, 155(9): H693 - H697.

[35] Xue Z Q, Ouyang M, Wang K Z, et al. Electrical switching and memory phenomena in the Ag-BDCP thin film. Thin Solid Films, 1996, 288(1-2): 296-299.

[36] Zhang Q, Kong L, Zhang Q, et al. The effect of heat treatment on bistable Ag-TCNQ thin films. Solid State Commun., 2004, 130(12): 799-802.

[37] Coelle M, Buechel M, De Leeuw D M. Switching and filamentary conduction in non-volatile organic memories. Organic Electronics, 2006, 7(5): 305-312.

[38] Joo W J, Choi T L, Lee J, et al. Metal filament growth in electrically conductive polymers for nonvolatile memory application. The Journal of Chemical Physics (B), 2006, 110(47): 23812-23816.

[39] Joo W J, Choi T L, Lee K H, et al. Study on threshold behavior of operation voltage in metal filament-based polymer memory. The Journal of Chemical Physics (B), 2007, 111(27): 7756-7760.

[40] Kim T W, Choi H, Oh S H, et al. Resistive switching characteristics of polymer non-volatile memory devices in a scalable via-hole structure. Nanotechnology, 2009, 20(2): 025201/025201-025201/025205.

[41] Raeis-Hosseini N, Lee J S. Controlling the resistive switching behavior in starch-based flexible biomemristors. ACS Applied Materials & Interfaces, 2016, 8(11): 7326-7332.

[42] Lee B H, Bae H, Seong H, et al. Direct observation of a carbon filament in water-resistant organic memory. ACS Nano, 2015, 9(7): 7306-7313.

[43] Busby Y, Crespo-Monteiro N, Girleanu M, et al. 3D imaging of filaments in organic resistive memory devices. Organic Electronics, 2015, 16: 40-45.

[44] Kim D M, Park S, Lee T J, et al. Programmable permanent data storage characteristics of nanoscale thin films of a thermally stable aromatic polyimide. Langmuir, 2009, 25(19): 11713-11719.

[45] 姜桂元,温永强,吴惠萌,等.超高密度电学信息存储研究进展.物理,2006,(9): 773-778.

[46] Ling Q, Song Y, Ding S J, et al. Non-volatile polymer memory device based on a novel copolymer of N-vinylcarbazole and Eu-complexed vinylbenzoate. Advanced Materials (Weinheim, Germany), 2005, 17(4): 455-459.

[47] Ling Q D, Wang W, Song Y, et al. Bistable electrical switching and memory effects in a thin film of copolymer containing electron donor-acceptor moieties and europium complexes. The Journal of Chemical Physics (B), 2006, 110(47): 23995-24001.

[48] Song Y, Ling Q D, Zhu C, et al. Memory performance of a thin-film device based on a conjugated copolymer containing fluorene and chelated europium complex. IEEE Electron Device Letters, 2006, 27(3): 154-156.

[49] Ling Q D, Song Y, Teo E Y H, et al. WORM-type memory device based on a conjugated copolymer containing europium complex in the main chain. Electrochemical and Solid-State Letters, 2006, 9(8): G268-G271.

[50] Suga T, Aoki K, Nishide H. Ionic liquid-triggered redox molecule placement in block copolymer nanotemplates toward an organic resistive memory. ACS Macro Letters, 2015, 4(9): 892-896.

[51] Ma D, Aguiar M, Freire J A, et al. Organic reversible switching devices for memory applications. Advanced Materials (Weinheim, Germany), 2000, 12(14): 1063-1066.

［52］ Mello R M Q, Azevedo E C, Meneguzzi A, et al. Naphthalene containing poly(urethane-urea) for volatile memory device applications. Macromolecular Materials and Engineering, 2002, 287(7): 466-469.

［53］ Jiang Y, Wan X, Guo F, et al. A new polymer thin film with electrical bistable states. Physica Status Solidi (A), 2005, 202(9): 1804-1807.

［54］ Teo E Y H, Ling Q D, Song Y, et al. Non-volatile WORM memory device based on an acrylate polymer with electron donating carbazole pendant groups. Organic Electronics, 2006, 7(3): 173-180.

［55］ Xie L H, Ling Q D, Hou X Y, et al. An effective Friedel-Crafts postfunctionization of poly(n-vinylcarbazole) to tune carrier transportation of supramolecular organic semiconductors based on π-stacked polymers for nonvolatile flash memory cell. Journal of the American Chemical Society, 2008, 130(7): 2120-2121.

［56］ Kuorosawa T, Chueh C C, Liu C L, et al. High performance volatile polymeric memory devices based on novel triphenylamine-based polyimides containing mono- or dual-mediated phenoxy linkages. Macromolecules, 2010, 43(3): 1236-1244.

［57］ Lee T J, Chang C W, Hahm S G, et al. Programmable digital memory devices based on nanoscale thin films of a thermally dimensionally stable polyimide. Nanotechnology, 2009, 20(13): 135204/135201-135204/135207.

［58］ Lee S W, Kim S I, Lee B, et al. Photoreactions and photoinduced molecular orientations of films of a photoreactive polyimide and their alignment of liquid crystals. Macromolecules, 2003, 36(17): 6527-6536.

［59］ Liu Q, Jiang K, Wang L, et al. Distinct electronic switching behaviors of triphenylamine-containing polyimide memories with different bottom electrodes. Applied Physics Letters, 2010, 96(21): 213305/213301-213305/213303.

［60］ Shin T J, Ree M. Thermal imidization and structural evolution of thin films of poly(4, 4'-oxydiphenylene p-pyromellitamic diethyl ester). The Journal of Chemical Physics (B), 2007, 111(50): 13894-13900.

［61］ Hahm S G, Choi S, Hong S H, et al. Novel rewritable, non-volatile memory devices based on thermally and dimensionally stable polyimide thin films. Advanced Functional Materials, 2008, 18(20): 3276-3282.

［62］ Hahm S G, Choi S, Hong S H, et al. Electrically bistable nonvolatile switching devices fabricated with a high performance polyimide bearing diphenylcarbamyl moieties. Journal of Materials Chemistry, 2009, 19(15): 2207-2214.

［63］ Kim K, Park S, Hahm S G, et al. Nonvolatile unipolar and bipolar bistable memory characteristics of a high temperature polyimide bearing diphenylaminobenzylidenylimine moieties. The Journal of Chemical Physics (B), 2009, 113(27): 9143-9150.

［64］ Park S, Kim K, Kim D M, et al. High Temperature polyimide containing anthracene moiety and its structure, interface, and nonvolatile memory behavior. ACS Applied Materials & Interfaces, 2011, 3(3): 765-773.

［65］ Liu Y L, Ling Q D, Kang E T, et al. Volatile electrical switching in a functional polyimide containing electron-donor and -acceptor moieties. Journal of Applied Physics, 2009, 105(4): 044501/044501-044501/044509.

[66] Kim D M, Ko Y G, Choi J K, et al. Digital memory behaviors of aromatic polyimides bearing bis (trifluoromethyl)- and bithiophenyl-triphenylamine units. Polymer, 2012, 53 (8): 1703 − 1710.

[67] Hu Y C, Chen C J, Yen H J, et al. Novel triphenylamine-containing ambipolar polyimides with pendant anthraquinone moiety for polymeric memory device, electrochromic and gas separation applications. Journal of Materials Chemistry, 2012, 22(38): 20394 − 20402.

[68] Tian G, Wu D, Qi S, et al. Dynamic Random access memory effect and memory device derived from a functional polyimide containing electron donor-acceptor pairs in the main chain. Macromolecular Rapid Communications, 2011, 32(4): 384 − 389.

[69] Liu C L, Kurosawa T, Yu A D, et al. New dibenzothiophene-containing donor-acceptor polyimides for high-performance memory device applications. The Journal of Chemical Physics (C), 2011, 115(13): 5930 − 5939.

[70] Liu Y, Zhang Y, Lan Q, et al. High-performance functional polyimides containing rigid nonplanar conjugated triphenylethylene moieties. Chemistry of Materials, 2012, 24 (6): 1212 − 1222.

[71] Liu Y, Zhang Y, Lan Q, et al. Synthesis and properties of high-performance functional polyimides containing rigid nonplanar conjugated tetraphenylethylene moieties. Journal of Polymer Science, Part A: Polymer Chemistry, 2013, 51(6): 1302 − 1314.

[72] Liu Y L, Wang K L, Huang G S, et al. Volatile electrical switching and static random access memory effect in a functional polyimide containing oxadiazole moieties. Chemistry of Materials, 2009, 21(14): 3391 − 3399.

[73] Liou G S, Hsiao S H, Chen H W. Novel high-T_g poly (amine-imide) s bearing pendent N − phenylcarbazole units: synthesis and photophysical, electrochemical and electrochromic properties. Journal of Materials Chemistry, 2006, 16(19): 1831 − 1842.

[74] Kurosawa T, Yu A D, Higashihara T, et al. Inducing a high twisted conformation in the polyimide structure by bulky donor moieties for the development of non-volatile memory. European Polymer Journal, 2013, 49(10): 3377 − 3386.

[75] Hu B, Zhuge F, Zhu X, et al. Nonvolatile bistable resistive switching in a new polyimide bearing 9 − phenyl − 9H-carbazole pendant. Journal of Materials Chemistry, 2012, 22(2): 520 − 526.

[76] Li Y, Chu Y, Fang R, et al. Synthesis and memory characteristics of polyimides containing noncoplanar aryl pendant groups. Polymer, 2012, 53(1): 229 − 240.

[77] Li Y Q, Fang R C, Zheng A M, et al. Nonvolatile memory devices based on polyimides bearing noncoplanar twisted biphenyl units containing carbazole and triphenylamine side-chain groups. Journal of Materials Chemistry, 2011, 21(39): 15643 − 15654.

[78] Li Y, Xu H, Tao X, et al. Synthesis and memory characteristics of highly organo-soluble polyimides bearing a noncoplanar twisted biphenyl unit containing aromatic side-chain groups. Journal of Materials Chemistry, 2011, 21(6): 1810 − 1821.

[79] Li Y, Xu H, Tao X, et al. Resistive switching characteristics of polyimides derived from 2, 2′− aryl substituents tetracarboxylic dianhydrides. Polymer International, 2011, 60 (12): 1679 − 1687.

[80] Li Y, Fang R, Ding S, et al. Rewritable and non-volatile memory effects based on polyimides

containing pendant carbazole and triphenylamine groups. Macromolecular Chemistry and Physics, 2011, 212(21): 2360 − 2370.

[81] Tian G, Qi S, Chen F, et al. Nonvolatile memory effect of a functional polyimide containing ferrocene as the electroactive moiety. Applied Physics Letters, 2011, 98(20): 203302/203301 − 203302/203303.

[82] Liu S H, Yang W L, Wu C C, et al. High-performance polyimide-based ReRAM for nonvolatile memory application. IEEE Electron Device Letters, 2013, 34(1): 123 − 125.

[83] Wang K L, Liu Y L, Lee J W, et al. Nonvolatile electrical switching and write-once read-many-times memory effects in functional polyimides containing triphenylamine and 1, 3, 4 − oxadiazole moieties. Macromolecules, 2010, 43(17): 7159 − 7164.

[84] Wang K L, Liu Y L, Shih I H, et al. Synthesis of polyimides containing triphenylamine-substituted triazole moieties for polymer memory applications. Journal of Polymer Science, Part A: Polymer Chemistry, 2010, 48(24): 5790 − 5800.

[85] Chen F, Tian G, Shi L, et al. Nonvolatile write-once read-many-times memory device based on an aromatic hyperbranched polyimide bearing triphenylamine moieties. RSC Advances, 2012, 2(33): 12879 − 12885.

[86] Ko Y G, Kwon W, Yen H J, et al. Various digital memory behaviors of functional aromatic polyimides based on electron donor and acceptor substituted triphenylamines. Macromolecules, 2012, 45(9): 3749 − 3758.

[87] Kim K, Yen H J, Ko Y G, et al. Electrically bistable digital memory behaviors of thin films of polyimides based on conjugated bis(triphenylamine) derivatives. Polymer, 2012, 53(19): 4135 − 4144.

[88] Park S, Kim K, Kim J C, et al. Synthesis and nonvolatile memory characteristics of thermally, dimensionally and chemically stable polyimides. Polymer, 2011, 52(10): 2170 − 2179.

[89] Kurosawa T, Lai Y C, Yu A D, et al. Effects of the acceptor conjugation length and composition on the electrical memory characteristics of random copolyimides. Journal of Polymer Science, Part A: Polymer Chemistry, 2013, 51(6): 1348 − 1358.

[90] Yu A D, Kurosawa T, Lai Y C, et al. Flexible polymer memory devices derived from triphenylamine-pyrene containing donor-acceptor polyimides. Journal of Materials Chemistry, 2012, 22(38): 20754 − 20763.

[91] Liu Q, Jiang K, Wen Y, et al. High-performance optoelectrical dual-mode memory based on spiropyran-containing polyimide. Applied Physics Letters, 2010, 97(25): 253304/253301 − 253304/253303.

[92] Tsai C L, Chen C J, Wang P H, et al. Novel solution-processable fluorene-based polyimide/TiO$_2$ hybrids with tunable memory properties. Polymer Chemistry, 2013, 4(17): 4570 − 4573.

[93] Yu A D, Kurosawa T, Chou Y H, et al. Tunable electrical memory characteristics using polyimide: Polycyclic aromatic compound blends on flexible substrates. ACS Applied Materials & Interfaces, 2013, 5(11): 4921 − 4929.

[94] Baeg K J, Noh Y Y, Ghim J, et al. Organic non-volatile memory based on pentacene field-effect transistors using a polymeric gate electret. Advanced Materials (Weinheim, Germany), 2006, 18(23): 3179 − 3183.

［95］ Sekitani T, Yokota T, Zschieschang U, et al. Organic nonvolatile memory transistors for flexible sensor arrays. Science, 2009, 326(5959): 1516–1519.

［96］ Guo Y, Di C A, Ye S, et al. Multibit storage of organic thin-film field-effect transistors. Advanced Materials (Weinheim, Germany), 2009, 21(19): 1954–1959.

［97］ Dimitrakopoulos C D, Brown A R, Pomp A. Molecular beam deposited thin films of pentacene for organic field effect transistor applications. Journal of Applied Physics, 1996, 80(4): 2501–2508.

［98］ Chen C M, Liu C M, Wei K H, et al. Non-volatile organic field-effect transistor memory comprising sequestered metal nanoparticles in a diblock copolymer film. Journal of Materials Chemistry, 2012, 22(2): 454–461.

［99］ Wu W, Zhang H, Wang Y, et al. High-performance organic transistor memory elements with steep flanks of hysteresis. Advanced Functional Materials, 2008, 18(17): 2593–2601.

［100］ Zhou Y, Han S T, Yan Y, et al. Solution processed molecular floating gate for flexible flash memories. Scientific Reports, 2013, 3: 3093.

［101］ Han S T, Zhou Y, Xu Z X, et al. Microcontact printing of ultrahigh density gold nanoparticle monolayer for flexible flash memories. Advanced Materials (Weinheim, Germany), 2012, 24(26): 3556–3561, S3556/3551–S3556/3558.

［102］ Nakahara R, Uno M, Uemura T, et al. Flexible 3–dimensional organic field-effect transistors fabricated by an imprinting technique. Advanced Materials (Weinheim, Germany), 2012, 24 (38): 5212–5216, S5212/5211–S5212/5214.

［103］ Zhou Y, Han S T, Xu Z X, et al. Low voltage flexible nonvolatile memory with gold nanoparticles embedded in poly(methyl methacrylate). Nanotechnology, 2012, 23(34): 344014/344011–344014/344017.

［104］ Shin I S, Kim J M, Jeun J H, et al. Nonvolatile floating gate organic memory device based on pentacene/CdSe quantum dot heterojunction. Applied Physics Letters, 2012, 100(18): 183307/183301–183307/183304.

［105］ Baeg K J, Noh Y Y, Sirringhaus H, et al. Controllable shifts in threshold voltage of top-gate polymer field-effect transistors for applications in organic nano floating gate memory. Advanced Functional Materials, 2010, 20(2): 224–230.

［106］ She X J, Liu C H, Sun Q J, et al. Morphology control of tunneling dielectric towards high-performance organic field-effect transistor nonvolatile memory. Organic Electronics, 2012, 13 (10): 1908–1915.

［107］ Kam B, Li X, Cristoferi C, et al. Origin of multiple memory states in organic ferroelectric field-effect transistors. Applied Physics Letters, 2012, 101 (3): 033304/033301–033304/033305.

［108］ Ng T N, Russo B, Krusor B, et al. Organic inkjet-patterned memory array based on ferroelectric field-effect transistors. Organic Electronics, 2011, 12(12): 2012–2018.

［109］ Aimi J, Lo C T, Wu H C, et al. Phthalocyanine-cored star-shaped polystyrene for nano floating gate in nonvolatile organic transistor memory device. Advanced Electronic Materials, 2016, 2(2): n/a.

［110］ Kang M, Kim Y A, Yun J M, et al. Stable charge storing in two-dimensional MoS_2 nanoflake floating gates for multilevel organic flash memory. Nanoscale, 2014, 6(21): 12315–12323.

［111］ Wang Y F, Tsai M R, Lin Y S, et al. High-response organic thin-film memory transistors based on dipole-functional polymer electret layers. Organic Electronics, 2015, 26: 359 − 364.

［112］ Dao T T, Matsushima T, Friedlein R, et al. Controllable threshold voltage of a pentacene field-effect transistor based on a double-dielectric structure. Organic Electronics, 2013, 14(8): 2007 − 2013.

［113］ Thuau D, Abbas M, Wantz G, et al. Mechanical strain induced changes in electrical characteristics of flexible, non-volatile ferroelectric OFET based memory. Organic Electronics, 2017, 40: 30 − 35.

［114］ Nguyen C A, Mhaisalkar S G, Ma J, et al. Enhanced organic ferroelectric field effect transistor characteristics with strained poly (vinylidene fluoride-trifluoroethylene) dielectric. Organic Electronics, 2008, 9(6): 1087 − 1092.

［115］ Chang M F, Lee P T, McAlister S P, et al. A flexible organic pentacene nonvolatile memory based on high-κ dielectric layers. Applied Physics Letters, 2008, 93(23): 233302/233301 − 233302/233303.

［116］ Han S T, Zhou Y, Xu Z X, et al. Nanoparticle size dependent threshold voltage shifts in organic memory transistors. Journal of Materials Chemistry, 2011, 21(38): 14575 − 14580.

［117］ Kang M, Baeg K J, Khim D, et al. Printed, flexible, organic nano-floating-gate memory: Effects of metal nanoparticles and blocking dielectrics on memory characteristics. Advanced Functional Materials, 2013, 23(28): 3503 − 3512.

［118］ Che Y, Zhang Y, Cao X, et al. Ambipolar nonvolatile memory based on a quantum-dot transistor with a nanoscale floating gate. Applied Physics Letters, 2016, 109(1): 013106/013101 − 013106/013105.

［119］ Ji Y, Kim J, Cha A N, et al. Graphene quantum dots as a highly efficient solution-processed charge trapping medium for organic nano-floating gate memory. Nanotechnology, 2016, 27(14): 145204/145201 − 145204/145207.

［120］ Kim B J, Ko Y, Cho J H, et al. Organic field-effect transistor memory devices using discrete ferritin nanoparticle-based gate dielectrics. Small, 2013, 9(22): 3784 − 3791.

［121］ Shih C C, Chiu Y C, Lee W Y, et al. Conjugated polymer nanoparticles as nano floating gate electrets for high performance nonvolatile organic transistor memory devices. Advanced Functional Materials, 2015, 25(10): 1511 − 1519.

［122］ Wang H, Peng Y, Ji Z, et al. Nonvolatile memory devices based on organic field-effect transistors. Chinese Science Bulletin, 2011, 56(13): 1325 − 1332.

［123］ Erhard D P, Lovera D, von Salis-Soglio C, et al. Recent advances in the improvement of polymer electret films//Müller A H E, Schmidt H W. Complex Macromolecular Systems II. Berlin, Heidelberg: Springer , 2010: 155 − 207.

［124］ Chou Y H, You N H, Kurosawa T, et al. Thiophene and selenophene donor − acceptor polyimides as polymer electrets for nonvolatile transistor memory devices. Macromolecules, 2012, 45(17): 6946 − 6956.

［125］ Chou Y H, Yen H J, Tsai C L, et al. Nonvolatile transistor memory devices using high dielectric constant polyimide electrets. Journal of Materials Chemistry (C), 2013, 1(19): 3235 − 3243.

[126] Dong L, Chiu Y C, Chueh C C, et al. Semi-conjugated acceptor-based polyimides as electrets for nonvolatile transistor memory devices. Polymer Chemistry, 2014, 5(23): 6834 – 6846.

[127] Yu A D, Kurosawa T, Ueda M, et al. Polycyclic arene-based D – A polyimide electrets for high-performance n-type organic field effect transistor memory devices. Journal of Polymer Science, Part A: Polymer Chemistry, 2014, 52(1): 139 – 147.

[128] Yu A D, Tung W Y, Chiu Y C, et al. Multilevel nonvolatile flexible organic field-effect transistor memories employing polyimide electrets with different charge-transfer effects. Macromolecular Rapid Communications, 2014, 35(11): 1039 – 1045.

[129] Dong L, Sun H S, Wang J T, et al. Fluorene based donor-acceptor polymer electrets for nonvolatile organic transistor memory device applications. Journal of Polymer Science, Part A: Polymer Chemistry, 2015, 53(4): 602 – 614.

[130] Wang Y F, Tsai M R, Wang P Y, et al. Controlling carrier trapping and relaxation with a dipole field in an organic field-effect device. RSC Advances, 2016, 6(81): 77735 – 77744.

[131] Chou Y H, Tsai C L, Chen W C, et al. Nonvolatile transistor memory devices based on high-κ electrets of polyimide/TiO$_2$ hybrids. Polymer Chemistry, 2014, 5(23): 6718 – 6727.

第**7**章

聚酰亚胺传感材料及其器件

7.1 引言

  传感器的历史可以追溯到很久以前,最典型的例子有我国四大发明之一的指南针、始创于埃及王朝并沿用至今的天平以及我国东汉时期科学家张衡发明的地动仪(图7-1)。传感器是人类感觉器官的延伸、补充和替代,人们运用各领域的知识开发出各种用途的传感器,旨在更深层次地认识自然和了解自然。

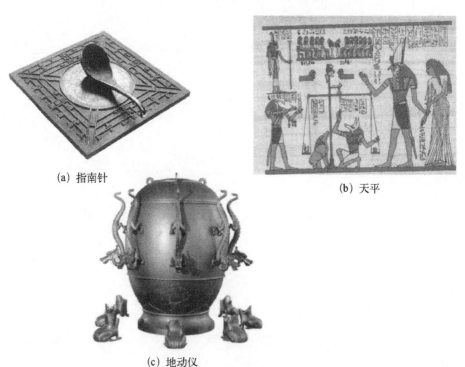

(a) 指南针

(b) 天平

(c) 地动仪

图 7-1   历史上的传感器

　　近代电磁学基础的建立为各类传感器的发展提供了理论依据。根据国家标准
GB/T 7665-2005,传感器是指"能感受被测量并按照一定的规律转换成可用输出
信号的器件或装置,通常由敏感元件和转换元件组成(图7-2)"。由于电信号具
有便于传输、处理、显示等优势,现在的传感器多以电量作为输出,但是输出信号一
般比较微弱,因此需要使用信号调节转换电路对其进行放大和运算调制,因此还需
要辅助传感器工作的电源。

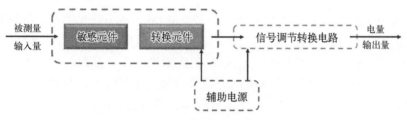

图 7-2　传感器示意图

　　目前,传感器早已渗透到包括工业生产、环境保护、海洋探测、生物工程、资源
调查、健康管理、文物保护,甚至宇宙开发在内的各种领域。针对不同的应用场合,
传感器的功能和类型各不相同。根据传感器的工作原理可将其分为压电式传感
器、电参数传感器(包括电阻式、电容式和电感式传感器)、热电式传感器、光电式
传感器(包括一般光电式、激光式、光纤式和红外式传感器等)、波式和辐射式传感
器以及半导体式传感器等。根据传感器所使用的敏感材料,又可将其分为半导体
传感器、光纤传感器、陶瓷传感器、高分子材料传感器、复合材料传感器等。由于传
感器种类繁多,各种分类都很难完全覆盖,所以传感器根据不同用途又可分为很多
小类,例如温度传感器、pH 传感器、湿度传感器、位移传感器、压力传感器、应变传
感器、盐度传感器、触觉传感器、生物传感器、能耗传感器等[2]。

　　近年来,随着柔性电子器件的发展,将半导体器件与集成技术融为一体的智能
传感器也朝着柔性方向发展。这些柔性传感器在发生弯曲、拉伸、压缩、扭曲等形
变的同时,需要面对更多的挑战,需要保持良好的功能、可靠性和器件集成度。而
柔性传感器的方案设计、材料选择和组装技术均对提高柔性器件的灵敏性和可靠
性起到至关重要的作用。

　　在材料方面,由于聚合物材料具有制备工艺简单、化学稳定性好、形状可控等
优势,近年来以聚合物为基材的传感器得到快速发展。柔性传感器使用的材料包
括活性层、半导体层和柔性基板。常用的聚合物包括聚酰亚胺(PI)、聚二甲基硅氧
烷(PDMS)、聚醚醚酮(PEEK)、聚醚砜(PES)、聚碳酸酯(PC)、聚萘二甲酸乙二醇
(PEN)和聚酯纤维(PET)等[3]。在这些聚合物材料中,聚酰亚胺材料因其具有优
异的热稳定性、良好的化学稳定性、低介电常数、优异的机械强度等综合性能而备
受瞩目。基于聚酰亚胺的传感器,尤其是柔性传感器的设计和使用也层出不

穷[4-8]。本章以聚酰亚胺材料在各种传感器中的不同应用为主,对基于聚酰亚胺材料的各类传感器进行简要概述。

7.2 聚酰亚胺在传感器中的应用

7.2.1 柔性基板材料

柔性电子传感器因其轻质、柔软和可折叠的特性,成为近年来电子领域的研究热点,柔性发光二极管、柔性太阳能电池、柔性集成电路等的研究和应用已取得了初步进展[9],诸如电子皮肤、医疗植入设备、穿戴设备等一系列多功能消费电子产品应运而生。这些柔性电子设备的发展在很大程度上依赖于新材料的使用和新加工制造方法的提出。表 7-1[7] 列出了常用柔性基板材料的性能。其中,聚酰亚胺具有更高的耐热性、耐化学腐蚀性和机械强度,并能与传统半导体制造工艺相匹配,因此是最为广泛使用的柔性基板。

表 7-1 聚合物柔性基板材料的特性[7,8]

材　　料	特　　征	热稳定性/℃
聚酰亚胺(PI)	橙色,CTE 可调,耐化学性良好,价格贵,吸湿性较高	<450
聚醚醚酮(PEEK)	琥珀色,耐化学性好,价格贵,吸湿性低	<250
聚醚砜(PES)	淡黄色,尺寸稳定性好,耐化学性差,价格贵,吸湿性适中	<230
聚碳酸酯(PC)	透明,CTE 差,价格低,吸湿性适中	<155
聚酯纤维(PET)	透明,CTE 适中,耐化学性良好,价格低,吸湿性适中	<120
聚(萘二甲酸乙二醇)(PEN)	透明,CTE 适中,耐化学性良好,价格低,吸湿性适中	<180
聚二甲基硅氧烷(PDMS)	透明,CTE 适中,耐化学性适中,价格低,吸湿性适中	<100

常用的 PI 多为商业化产品,包括日本 UBE 的 PI Upilex 和 PI Upilex-s 系列,HD Microsystem 公司的 PI 2611 和光敏聚酰亚胺 PI 2731,美国 DuPont 公司生产的 Kapton HN PI、Pyralux AP7412 PI 和 PI 5878G,以及国内 POME Scitech 公司生产的 ZKPI 系列,其中使用率最高的是 Kapton 聚酰亚胺,而 ZKPI 型聚酰亚胺是目前国内科研项目中应用较广的一种聚酰亚胺[10]。

以聚酰亚胺为基板材料的柔性传感器种类繁多,根据其使用功能,大致可以分为电子皮肤、可穿戴/可与皮肤连接的传感器、可植入传感器。最近,又新发展起了具有透明性、自供能以及自修复等附加功能的高级传感器。由于这方面的工作已有综述文献报道[4-8]，以下仅给出最近报道的几个代表性的聚酰亚胺基柔性传感器例子。

1. 电子皮肤

2004 年，基于场效应晶体管（FET）的柔性压力传感器首次被报道，并命名为"电子皮肤"（E-skins）。顾名思义，电子皮肤的名称源于其与人体皮肤的相似性，可以用其柔软的基质感测外部刺激的空间分布。对电子皮肤的设计和制造工艺的研究主要以提高其灵活性和灵敏度为目标，以适应各种不同的用途。Someya 等[11,12]提出了早期版本的人造电子皮肤，主要由柔性有机晶体管组成。该装置是在 PEN 基板上旋涂 PI 电介质层栅极，可以检测高达 $64\ cm^2$ 的大面积上的压力分布。此外，Javey 等人[13]制备了 Ge/Si NW 电路的人造电子皮肤。他们通过化学气相沉积制备 Nano wall（NW），并使用接触印刷实现了对齐良好的 NW 陈列的集成，其中 PI 和压敏橡胶分别用作为柔性基板和传感元件。

Wang 等[14]报道了一个可高度伸缩且舒适性良好的矩阵网络（SCMN）多感官电子皮肤，能够检测温度、面内应变、相对湿度（RH）、紫外（UV）光、磁场和压力，且能够近乎同时实现多刺激感测（图 7-3）。其中聚酰亚胺网络可以沿所需方向轻松拉伸和扩展，实现感应区域的增加、定义感觉节点的位置，并与物体的复杂形状保持一致。这些特性证明了 SCMN 具有可调节的感应范围和大面积的可扩展性，以及可适用于高密度三维的集成。同时，研究人员采用同样的方法构建了一个用于触摸/温度感应的个性化智能假肢手，不仅可以感知手指轮廓的压力分布，还可以同时感知抓取物体的温度。

You 等[15]制备了一种简单的电子皮肤压力传感器矩阵（图 7-4），其中每个像素在几何上是彼此分开的，并在外加压力下可改变二极管的电流。因此，每个像素本身就是一个压力传感器。这种传感器是使用位置寄存的导电微粒（MP）来实现单选择器的器件结构。由于 MP 压力传感器矩阵具有高度的灵敏性，可以精确感知外部压力的分布，且传感器的每个像素都可以独立感应压力，因此该矩阵传感器可以用于高灵敏电子秤或人工指尖来读取盲文。遗憾的是，导电微粒在大面积组装中难以精确定位。因此，尽管 MP 的应用历史已有三十余年，但其在集成电子设备中的应用并未见报道。

2. 可穿戴传感器

可穿戴或可附着在皮肤上的传感装置可以用于实时跟踪人体的生理信号，检测复杂的人体运动，以及在人体皮肤上进行体外检测。这些信号与身体状况密切相关。在过去的几年中，包括压阻式传感器、压电式传感器、电容式传感器和基于场效应晶体管的传感器在内的多种柔性传感器件已经被证明具有高灵敏度，可用于监测人体的心率、手腕脉搏和血/眼压等人体生理信号[16-22]。这些设备可以分析所获得的信息，并与标准临床参考数据进行比较，将异常信号发送给医生以示警报和进一步诊断。因此可穿戴或可附着的健康监测智能系统有望成为新一代远程医疗的个人便携式设备，为疾病诊断和健康评估提供非接触式的医疗方式。

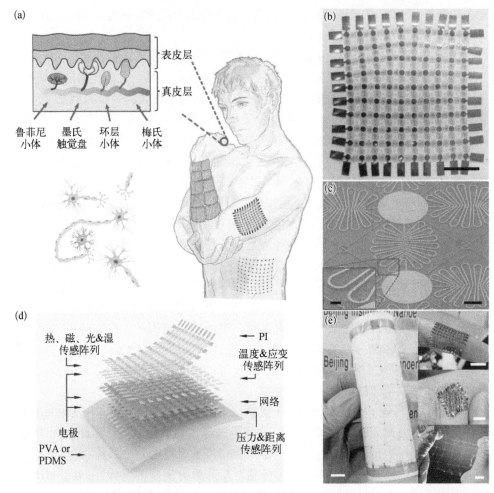

图 7-3 基于聚酰亚胺矩阵网络(SCMN)的电子皮肤。(a) 适用于人体表面的 SCMN 扩展网络(扩展:200%)(右),神经元的树枝状连接(左下),无毛皮肤的感觉受体(左上);(b) 聚酰亚胺网络的光学图像(10×10 阵列,比例尺:5 mm);(c) 聚酰亚胺网络的 SEM 图像(比例尺:500 μm);(d) SCMN 的结构示意图;(e) 附着在纸张上的 SCMN(左),可用于人类手指的 SCMN(右上),通过压缩附着于人体皮肤的 SCMN(右中),通过人手伸展的 SCMN(右下),比例尺:1 cm[14]

可穿戴系统囊括了不同种类的传感器,包括应变、压力、气体、温度、生物、电化学等传感器,图 7-5 和表 7-2 列举了一些基于 PI 基本材料的可穿戴传感器的最新案例。上海大学[23]制备了一种基于 MXene 棉织物的柔性压阻式压力传感器[图 7-5(a)]。该传感器封装于聚酰亚胺薄膜中,具有高度的灵敏度(在 29~40 kPa 范围为 12.095 kPa^{-1},小于 29 kPa 为 3.844 kPa^{-1})、快速的响应时间(26 ms)和优异的循环稳定性(5 600 次循环),可以实现对人体生理信号(如手腕脉搏、语音检测和手指运动)的实时监测。Shinn 等[24]提出了一种可用于测量放射治疗后

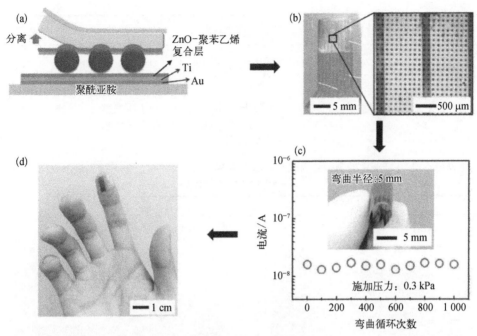

图 7-4 (a) 将具有 Au 电极的导电微颗粒(MP)放置在由 ZnO-PS 复合物和 Ti/Au 电极组成的多层结构上;(b) 在将组装的 MP 转移到超薄电极层上,之后拍摄数字和光学显微镜(OM)图像;(c) 在弯曲半径为 5 mm 的重复弯曲过程中测试传感器灵敏性;(d) 柔性触觉阵列传感器的数字图像,其作为人造指尖附着到食指的尖端[15]

头颈癌患者的吞咽活动的可穿戴压阻式传感器[图 7-5(b)]。他们使用不锈钢掩模的热蒸镀技术,将钯纳米颗粒沉积到单层石墨烯上,形成狗骨形状的钯纳米岛,再通过水转移法将它转移到聚酰亚胺胶带上,这种传感器可以容易地检测到吞咽过程中的机械应变。Chen 等[21]通过共蒸镀技术在柔性聚酰亚胺基板上制备了大面积(10 cm×10 cm)且均匀的二维 SnSe₂ 纳米板阵列[图 7-5(c)],此阵列作为可穿戴气体传感器能用于甲烷检测,且具有高灵敏度、快速响应和恢复以及良好的均匀性。

表 7-2 基于 PI 基板材料的可穿戴传感器的最新案例

传感器类型	应　用	传感材料	优　势	文献
压力传感器	如手腕脉搏、语音检测和手指运动等生理信号的实时监测	基于 MXene 棉织物	高灵敏度和快速响应	[23]
应变传感器	吞咽活动	单层石墨烯上的钯纳米岛	机械应变敏感度高	[24]

续　表

传感器类型	应　用	传感材料	优　势	文献
气体传感器	甲烷气体	单晶 $SnSe_2$ 纳米板	具有可靠的电阻响应和良好的可重复性	[21]
温度传感器	运动监测	太阳能剥离的还原氧化石墨烯（SrGO）或石墨烯薄片	对人手发射的红外辐射非常敏感	[25]
生物传感器	汗液中的葡萄糖测试	氧化石墨烯上的金/铂金纳米复合电极	响应时间短,线性度高	[26]

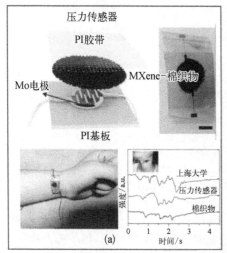

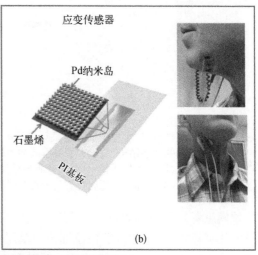

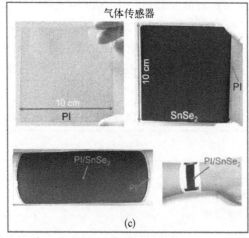

图 7-5　（a）基于 MXene-织物的压力传感器[23]；（b）基于钯纳米岛的
应变传感器[24]；（c）基于 $SnSe_2$ 纳米阵列板的气体传感器[21]

Sahatiya 等[25]报道了一种可穿戴温度传感器和红外光电探测器[图 7-6 (a)]。这种传感器用太阳能剥离的还原氧化石墨烯(SrGO)和石墨烯薄片作为传感材料,用 PI 作为基本材料,其中 PI 除了具有柔性和与微制造工艺兼容外,其介电性能也有助于降低石墨烯的光生电子的迁移和重组,因此也能进行红外检测。Park 等[26]采用微图案化工艺在柔性 PI 基板上制备还原氧化石墨烯(rGO)纳米结构的复合工作电极,再将金和铂合金纳米颗粒沉积到 rGO 表面,并将壳聚糖-葡糖氧化酶复合物整合到工作电极的表面,制作了可检测人体汗液中葡萄糖的可穿戴生物传感器[图 7-6(b)]。该传感器在 0~2.4 mmol/L 的检测范围内对葡萄糖的安培响应(覆盖汗液中的葡萄糖范围)表现出色,灵敏度高[48 μA/(mmol/L·cm^2)]、响应时间短(20 s)、线性度好(0.99),对葡萄糖的检测限度为 5 μm。

3. 可植入传感器

目前,临床医疗已开始使用植入式检测设备跟踪生理和生物信号,但多采用刚性器件,如多电极传感器。这种电子装置存在空间密度不足、自身刚性对邻近软组织造成损害等缺陷。因此,微创和非穿透性的、具有大面积覆盖功能的、能提供高性能和足够空间分辨率的可用于体内监测、诊断和治疗的柔性电子设备成为了新的临床需求。为此,研制能与内部器官直接连接的可植入传感器件,用于监测来自身体内部的电信号,如脑电图和心电图信号等[27-29],成为了前沿和热点研究领域。Rogers 等[28]把具有低弯曲刚度的超薄无机电极阵列置于网状 PI 基板上制备了一种可植入传感器[图 7-7(a)],并证明其在猫的大脑上具备形成共形接触(conformal contact)的能力。该装置使用可吸收的丝素蛋白基质层作为牺牲层,可以在 1 h 内溶解在生物流体中,随后就可以在高低不平的脑表面上形成无间隙附着。该传感器由机械视觉刺激诱发,产生具有空间分布的生理信号的实时映射[图 7-7(b)];他们制备了具有多路有源晶体管阵列的更高集成度的系统,以维持脑信号映射的高空间分辨率。

Renaud 等[30]开发了一种基于聚酰亚胺 MEMS 的应变传感装置,用于监测膝关节植入物的荷载,并将这种具有 PI-金属-PI 的夹层结构的传感装置[图 7-8(a)(b)(c)]嵌入到人工膝关节组件(UHMWPE)中。在慢速和快速的动态加载下,作者研究了 UHMWPE 黏弹性行为对测量的影响。发现在慢速动态加载下,可以在测量中观察到非线性(蠕变)的信号输出[图 7-8(d)],而对快速动态加载时传感器表现出良好响应性[图 7-8(e)],因此该传感器可用于在行走期间膝关节的受力的监测。

4. 可印刷传感器

可印刷电子器件是通过各种印刷工艺把半导体器件制备在柔性基板上,可印刷传感器就是其中的重要应用之一。Wang 等[31]在 PI 基板上通过打印的方式制备了一种多晶 Zn_2GeO_4(pZGO)线的柔性气体传感器,用于氨气的检测。该柔性传感器的打印流程如图 7-9 所示,先将 pZGO 前体油墨装入 10 mL 直径为 50 mm 的注射器中,并通过近场静电纺丝喷雾形成微纤维,通过打印方式将 pZGO 微纤维直接印刷到柔性聚酰亚胺衬底上,并形成与银电极对准的 3D 导电通道阵列。

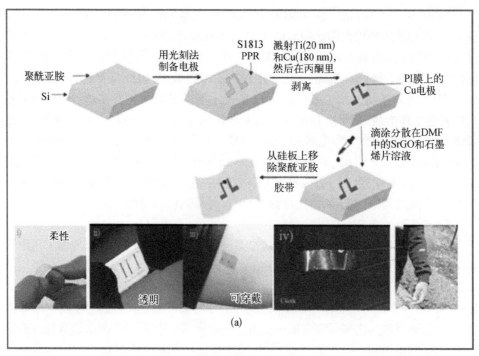

(a)

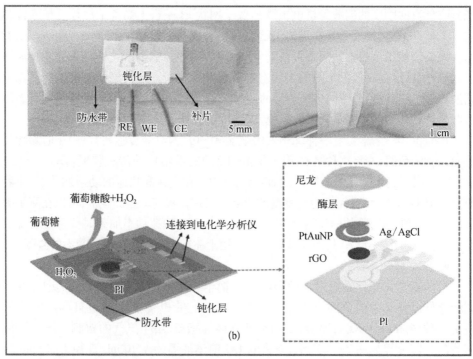

(b)

图 7-6 （a）基于还原氧化石墨烯（SrGO）或石墨烯薄片的温度传感器[25]；
（b）基于氧化石墨烯的葡萄糖生物传感器[26]

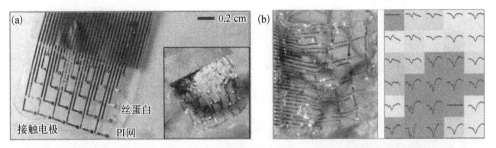

图 7-7　用于生物集成电子器件的可溶解膜,具有(a) 丝网 PI 基板上的电极图像和脑模型上的层压(插图)和(b) 网状物大脑上的电极阵列和来自猫脑的测量信号[28]

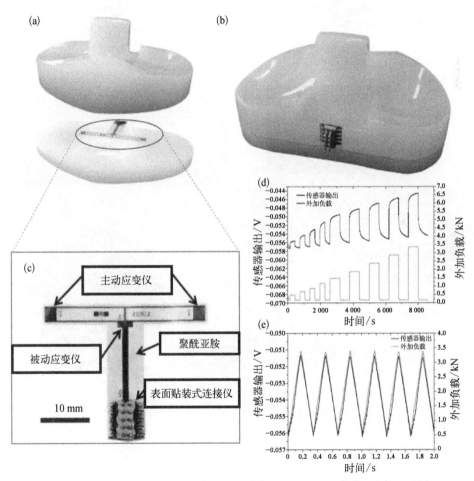

图 7-8　(a) 带有应变传感器的 UHMWPE 组件的横截面;(b) 使用生物相容性环氧树脂连接和封装后的器件;(c) 基于聚酰亚胺-金属-聚酰亚胺结构的应变传感器;(d) 慢速和(e) 快速动态加载下传感器的信号输出[30]

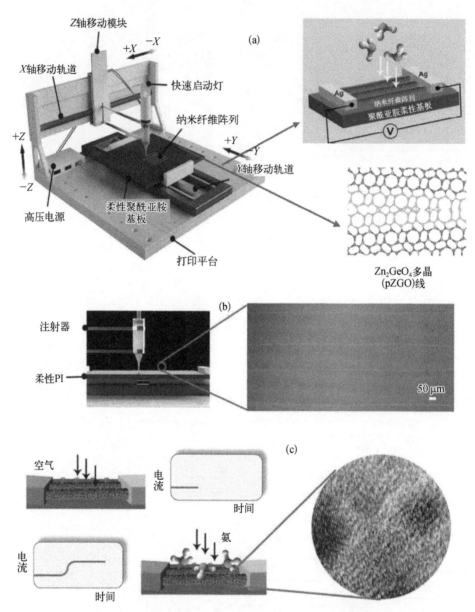

图 7-9　(a) 打印装置示意图；(b) 在 PI 柔性基板上的 pZGO 光学示意
图；(c) 具有纳米级多晶域 pZGO 的 HRTEM 图[31]

7.2.2　传感层材料

在传感器的敏感元件中，聚酰亚胺也常常被作为传感功能层材料应用。图
7-10展示了聚酰亚胺作为传感器的各种应用案例。如，因其化学惰性可将其作为
酶的固定膜和聚酰亚胺基柔性电极，应用于生物传感器中[32,33]；因其具有分子选

择透过性,聚酰亚胺材料也被作为分子透过膜,应用于气体传感器中[34,35];由于其在湿热环境中具有很好的化学稳定性和长期使用稳定性,且对湿气比较敏感,聚酰亚胺材料又被作为湿敏材料,应用于湿度传感器中[36~38]等,在此我们将分别举例说明。

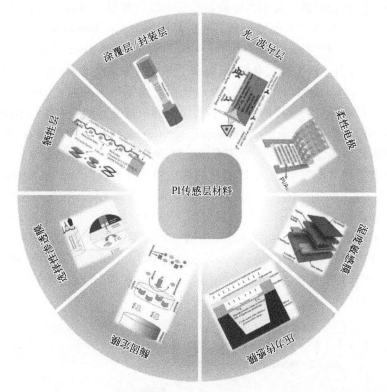

图 7 - 10 聚酰亚胺作为传感层材料在传感器中的应用

1. 湿度敏感膜

湿度敏感器的核心是湿敏材料,就其所使用的材料类型而言,主要分为:多孔硅/铝[39]、纳米材料[40~43]和高分子化合物[44~46]等;常用的高分子材料有聚苯乙烯、醋酸纤维素和聚酰亚胺等。其中,聚酰亚胺湿敏材料具有很好的线性度和滞回特性,与 CMOS 工艺相兼容,比多孔硅类成本低,且不需要高温加工和加热清洁,对湿度的感应具有本体效应且不易受污染。当相对湿度从 0% 变到 100% 时,PI 的介电常数会从 2.9 变化到 3.7,从而会引起敏感电容的相应变化。聚酰亚胺的感湿中心是其高分子链中尚未反应的羧基(—COOH),即其前驱体聚酰胺酸对的不完全亚胺化。在不同的亚胺化程度下,即聚酰胺酸的加热温度和加热时间不同,聚酰亚胺链上的羧基数量不同,所表现出的感湿灵敏度也不同,亚胺化程度低,吸水较多,聚酰亚胺膜具有较大的电容值,灵敏度高;反之,亚胺化程度很高时,PI 膜的电容值几乎不再发生变化。因此,为了保证聚酰亚胺基电容式湿度传感器的灵敏度,亚胺化温度需要控制在适当范围之内。

由于聚酰亚胺材料在电容式湿度传感器中的应用最为广泛,会在 7.3.1 中详细讲述,本小结中不再赘述。

2. 压力敏感膜

采用聚酰亚胺材料作为压力传感器的压力敏感薄膜可提高工艺兼容性,同时 PI 薄膜较大的可变形性可使传感器具有更高的灵敏度。Mastronardi 等[47]将厚度为 800 nm 的氮化铝(Aluminum Nitride, AiN)和厚度为 25 μm 的 Kapton 聚酰亚胺膜相结合,制备出一种柔性压电膜,并制备了相应的触觉传感器,传感器最终的半径为 250 μm、275 μm 和 300 μm。这类传感器的传感行为类似于因残余应力(约 −48.1±0.5 MPa)释放后获得的三维结构所引起的机械夹紧的均质盘状谐振器。对于电容式压差传感器(capacitive differential pressure sensor, CDPS)而言,其测量的是由隔膜偏转引起的压力变化,由于施加压力,隔膜偏转产生了电容变化。当压力作用于这些传感器隔膜层时,隔膜层从底部电极向外偏转。Han 和 Shannon[48]在 2009 年就报道了使用聚酰亚胺材料作为隔膜层能提高 CDPS 传感器的偏转灵敏度。Parthasarathy 和 Malarvizhi[49]在最近的工作中也报道了一种用于飞机高度表的高灵敏 CDPS 传感器,其中的隔膜层为圆形和方形的三明治结构的聚酰亚胺薄膜。聚酰亚胺隔膜层选用 10 μm 厚的 Kapton 薄膜,为 CDPS 结构的第三层(图 7-11)。其主要作用有两个:一是作为传感器的压力敏感膜;二是它用 10^{13} mbar 大气压密封住腔体。

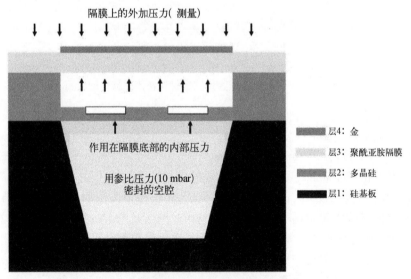

图 7-11 基于聚酰亚胺隔膜层的压力传感器结构示意图[49]

3. 酶固定膜

Pasahan 等[33]使用 4,4-二氨基二苯乙烷和 3,3′,4,4′-二苯并四甲酸二酐(BTDA)合成了一种可溶性的聚酰亚胺 PPBI(图 7-12),然后将葡萄糖氧化酶固

定在 PI 上,结果显示这种 PI 材料对酶的固定和稳定效果良好,可以用来制备高度
稳定的生物相容性传感器。根据 Kou 等[32] 的报道,聚酰亚胺膜对血红素(Hb)也
有良好的固定效果。他们采用高导电性的羧基功能化多壁碳纳米管(COOH -
MWCNTs)与非导电性的聚酰亚胺相结合,制备了 PI/COOH - MWCNTs 固定膜,该
膜对血红素的固定有显著的加强作用,这种 Hb/PI/COOH - MWCNTs 生物传感器
能有效地监测亚硝酸盐。

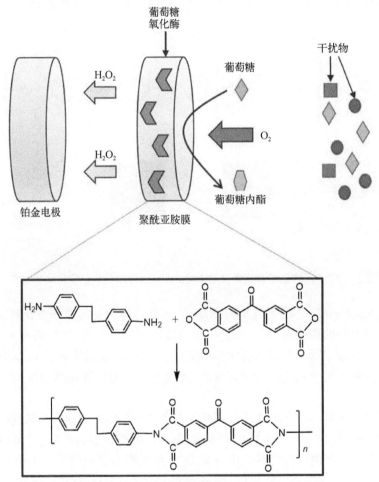

图 7 - 12　以聚酰亚胺材料作为葡萄糖氧化酶固定膜的传感器示意图[33]

4. 选择性渗透膜

聚酰亚胺作为传感器的选择性渗透膜,除了具有选择膜最重要的特性(透光率
和选择性)外,还考虑到了聚酰亚胺卓越的热性能、机械性能、耐污染性能、制备工
艺的重现性等因素[50,51]。Wang 等[34]制备了一种含有气致变色和光谱变色的锌卟
啉化合物的聚酰亚胺(ZPCPI,图 7 - 13),并基于 ZPCPI 的纳米纤维膜对吡啶具有

选择性吸收的特点制备了气体传感器,用以测量微量的吡啶蒸气。用这种传感器测量吡啶可以在裸眼下通过颜色变化进行判断,也可使用紫外-可见分光光度计或者荧光光度计,吡啶气体的测量极限可以达到 0.041 ppm。Xu 等[52]将卟啉的比色性和荧光敏感性与聚酰亚胺的高热稳定性相结合,合成了含有卟啉基团的聚酰亚胺(PPI)纳米纤维膜(图 7-14),并制备了一种可以快速检测痕量 HCl 气体的比色荧光传感器。实验结果显示,这种 PPI 纳米纤维膜对 HCl 气体具有极高的灵敏度,通过表面等离子体共振分析,结合强度常数可达到$(1.05\pm0.23)\times10^4$ L/mol。

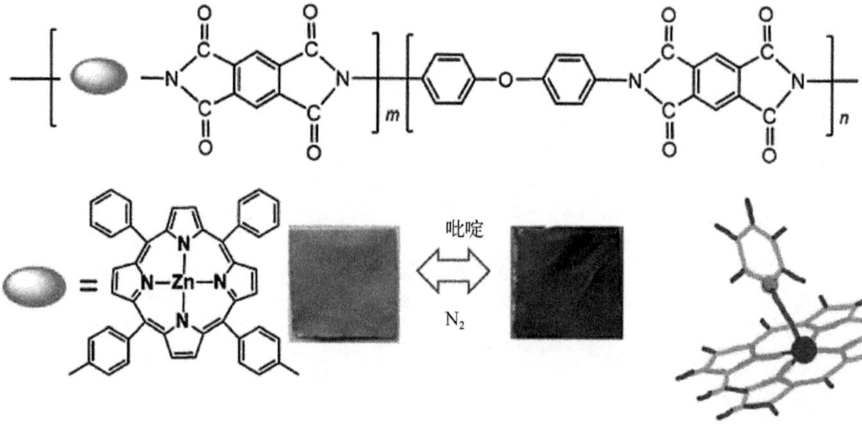

图 7-13　ZPCPI 的结构式以及用于检测吡啶气体时的颜色变化示意图[34]

Papadopoulou 等[35]将聚酰亚胺(PMDA-ODA)作为氨气选择性吸附膜制备了一种纯聚酰亚胺的传感器,用以测定氨水溶液的氨蒸气。当 PI 暴露在氨水中时,氨气在聚酰亚胺中既有扩散又有化学反应(图 7-15),从而实现了 PI 对氨气的监测。这种传感器对于氨气的响应非常快,被测氨水溶液的体积摩尔浓度可以低至 3.5 mmol/L。

2006 年,Seckin 等[53]测试了由 PMDA 与 2,2'-二甲基-4,4'-二氨基联苯所合成的聚酰亚胺膜[图 7-16(a)]对双氧水(H_2O_2)的透过性,发现这种聚酰亚胺膜可以在电活性或非电活性的界面作为 H_2O_2 选择性渗透膜来使用。2016 年,Seckin 等[54]又用 4,4'-二氨基二环己基甲烷分别和 PMDA、BTDA、ODPA 和 BPDA 反应,制备了一系列聚酰亚胺,并测试了这些 PI 膜是否可以作为多巴胺的选择膜(图 7-17),结果显示,含有 OPDA 的 PI 效果最佳。随后,他们又用 4,4'-二氨基二环己基甲烷和 3,3',4,4'-二苯甲酮四羧酸二酐(BTDA)制备聚酰亚胺[图 7-16(b)],然后与氮化硼(BN)形成复合材料,并将纯 PI 膜和 PI-BN 复合膜制作多巴胺选择性传感器。结果显示,含有 5%BN 的 PI 膜对多巴胺的测试具有最佳的灵敏性、选择性和可逆性。

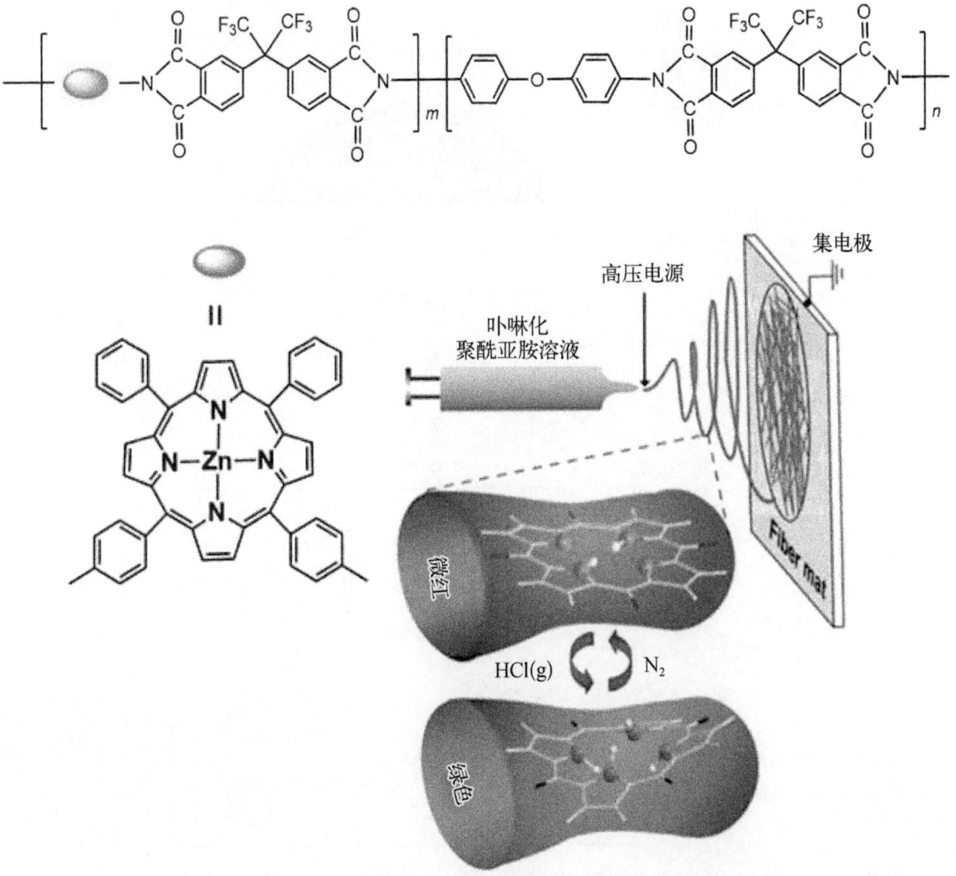

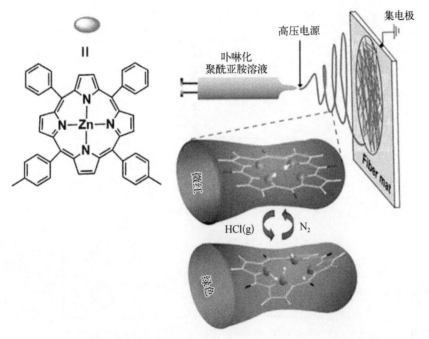

图 7-14　PPI 的结构式及用于检测 HCl 气体时的颜色变化[52]

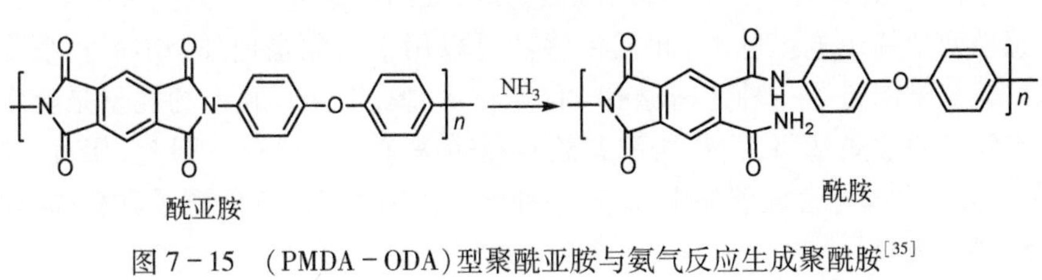

图 7-15　（PMDA-ODA）型聚酰亚胺与氨气反应生成聚酰胺[35]

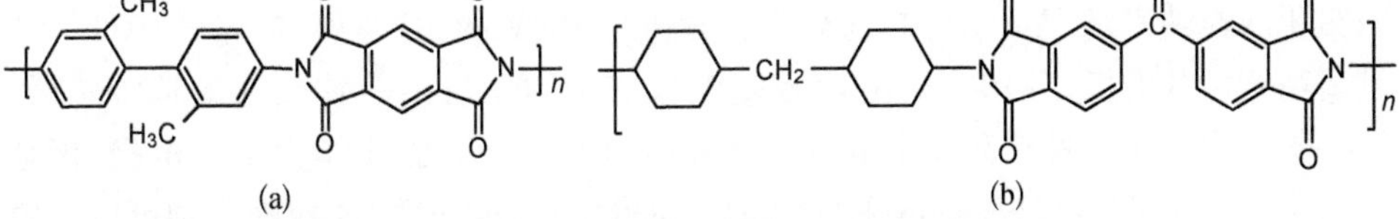

酰亚胺　　　　　　　酰胺

(a)　　　　　　　　　　(b)

图 7-16　用于选择性渗透膜的聚酰亚胺分子结构式

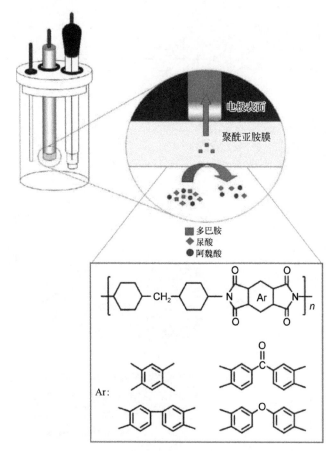

图 7-17 基于聚酰亚胺膜的化学传感器及 PI 分子结构式[54]

在生物传感器中,带有纳米微孔的选择膜受到广泛关注。微孔传感器最常用的传感模型是基于电阻脉冲,此类传感器可以用来监测蛋白质、DNA 和小分子。Martin 等[55-57]制备了一种人造微孔 PI(Kapton)膜,Kapton 膜中的孔壁是疏水的,但具有固定的羧酸基团,这些羧酸基给孔壁带来了净负电荷。因此,相对于阴离子、中性分子和疏水性较弱的阳离子,这种微孔传感器对疏水阳离子具有选择性。

5. 柔性电极

柔性传感器的电极一般选择聚酰亚胺或聚对苯二甲酸乙二醇酯(PET)等作为薄膜衬底,通过溅射或旋涂金属导体在其上形成导体层来制备。Kim 等[58]将已经图案化的银纳米线(AgNWs)转移到无色聚酰亚胺(Kapton)表面,制备成一种柔性且高稳定性的电极,并用此聚酰亚胺基电极成功地制备出一款柔性触觉传感器。Lee 等[59]报道了一种超薄化学电容传感器,使用金属化的 PI 作为柔性电极,聚合物双苯并环丁烯[bis(benzo cyclobutene),BCB]作为电介质,这种聚合物可以吸收湿气或其他气体而改变其介电常数,从而引起器件电容的变化,因此可以作为一种检测气体的气敏传感器。

Yang 等[60]通过组合 PDMS/Ag 微结构和粗糙聚酰亚胺/Au 叉指电极,提出并演示了高性能压力传感器(图 7-18)。与具有平底电极或平顶 PDMS 的装置相比,所提出配置的灵敏度显著增强。他们还系统地研究了顶部接触面积和 Ag 膜厚度对器件性能的影响,优化后得到的压力传感器具有高的灵敏度(259.32 kPa^{-1},在 0~2.5 kPa 范围)、宽的工作范围(0~54 kPa),快的响应速度(约 200 μs)和低的检测限(0.36 Pa)。同时,制作的压力传感器可以附着在人体皮肤上,实时监测脉搏的波动。此外,压力传感器也可以集成到智能机器人的手中,以检测轻型乒乓球的弱运动,显示了其在软机器人领域的应用潜力。

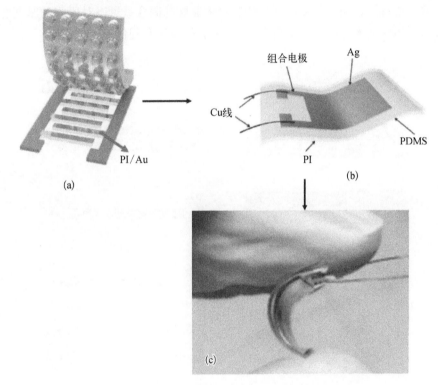

图 7-18　(a) 电镀 PI/Au 叉指电极;(b) 柔性压力传感器;
(c) 柔性压力传感器的光学照片[60]

7.2.3　牺牲层

传感器的牺牲层(sacrificial layer)材料选取也是需要考虑的重要因素之一。通常情况下以氧化物层作为电极与多晶硅紧密相连[61-63],但有时也不可避免地会使用到某些金属做电极,如铝、锡,由于这些金属对 HF 蚀刻的选择性较差很难直接制作电极。在这种情况下,使用聚酰亚胺作为牺牲层[64,65]可使背板和隔膜的电极层自由地安置到铝或锡电极上。与传统的氧化牺牲层相比,聚酰亚胺的氧灰化的蚀刻选择性更加优越。

　　Lee 等[66]报道了一种基于聚酰亚胺牺牲层的凹模 TiN/PECVD－Si$_3$N$_4$－TiN 薄膜的微电子机械系统(MEMS)声学传感器。因为简单的氧气灰化释放牺牲层聚酰亚胺,避免了传统器件制造中额外的铝垫工艺,简化了光刻过程(图 7－19)。结果表明,该传感器具有良好的声学特性,如开路灵敏度高和频率响应性宽。作者还特别指出之所以选择聚酰亚胺,首先是因其具有高度的平面性,与 CMOS 相容性好,且被作为牺牲层成功地应用于射频 MEMS 滤波器等结构中[67];其次它在高温下的化学稳定性、对电子和中子辐射的阻隔性以及低气体放出对于避免电离气体的干扰至关重要;最后,通过使用稀释剂调节聚酰亚胺的固含量可以对薄膜的厚度在几十微米到 200 纳米之间大范围自由调节,为器件设计和制作提供了方便。

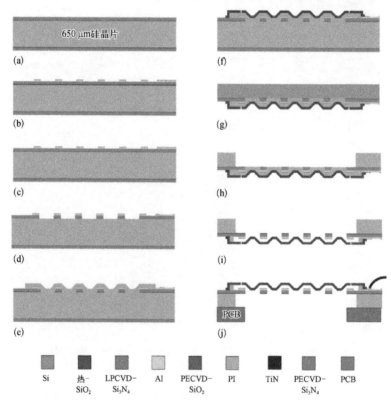

图 7－19　基于聚酰亚胺牺牲层的具有凹面图案的顶部放置 TiN/PECVD－Si$_3$N$_4$/TiN 膜的 MEMS 声学传感器的制造工艺[66]。(a) 0.1 μm 热－SiO$_2$ 和 2.0 μm LPCVD－Si$_3$N$_4$ 的沉积层;(b) 0.5 μm 溅射－Al 和 0.05 μm PECVD－SiO$_2$ 的沉积;(c) 0.5 μm 溅射－Al 和 0.05 μm PECVD－SiO$_2$ 的图案化;(d) 0.1 μm 热－SiO$_2$ 和 2.0 μm LPCVD－Si$_3$N$_4$ 的蚀刻;(e) 1.6 μm聚酰亚胺和图案化;(f) 100/400/100 nm 的 TiN/PECVD－Si$_3$N$_4$/TiN 的沉积和图案化;(g) 厚度为 400 μm 的晶片背面 CMP 工艺;(h) 用于形成声室的 DRIE 工艺;(i) 通过 O$_2$灰化释放牺牲层;(j) 在 PCB 上粘接并与 ROIC 进行引线键合

在 Ionescu 等[68]设计的悬吊门(suspended-gate)MOSFET(SG－MOSFET)压力传感器中,聚酰亚胺材料也被作为牺牲层使用,主要用于图案化,然后放入 Al 电极,最后被去除。Francis 等[69]提出了一种以聚酰亚胺为牺牲层的微制造工艺,以实现一种新型的集成微型电离传感器的制作。该传感器由两个平面金属电极组成,其间隙由牺牲层聚酰亚胺经过蚀刻后形成。其间隙中的空气在受控温度、湿度和压力(21℃,湿度 40% 和 1 atm)下的电离特性可用来非破坏性的电性能的表征。另外,他们发现在 6 μm 间隙内击穿电压为 350 V。

7.2.4 光波导层

光波导(optical waveguide)是引导光波在其中传播的介质装置,也叫介质光波导。光波导分为两种:一类称之为集成光波导,包括薄膜介质光波导和条形介质光波导,它们通常都是光电集成器件中的一部分,所以叫作集成光波导;另一类是圆柱形光波导,通常称为光纤。可用于导波光学的材料主要包括基于硅或砷化镓的半导体、电光晶体、无机玻璃和透明聚合物。透明聚合物作为光波导材料在很多应用领域受到极大的关注[70]。Bruck 等[71]和 Melnik 等[72]先后制备了基于聚酰亚胺波导层的 Mach－Zehnder 干涉式生物传感器(图 7－20)。前者重点在改进制备工艺,提出了这种高效益低成本的基于聚酰亚胺波导层的光学传感器的设计思路和规模生产技术,如使用注塑和旋涂工艺;而后者将传感器应用于检测人体血清基质中的免疫球蛋白 G(IgG),其最低检测浓度可至100 pmol/L。

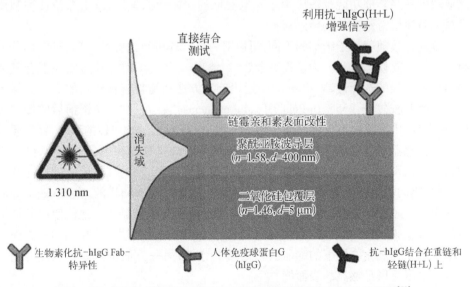

图 7－20　基于聚酰亚胺波导层的光子传感器(测量 hIgG 用)示意图[72]

Branch 和 Brozik[73]采用 36°YX LiTaO₃ 型 Love 波检测仪在水环境中进行病原孢子检测的实验研究。试验环境对使用的导波层提出以下要求：① 与基板相比具有低的剪切速度；② 低密度；③ 工作频率下低声波损失；④ 水环境下的化学稳定；⑤ 允许与抗体或受体的生物结合。他们对比了聚酰亚胺和聚苯乙烯作为传感器导波层的特点，发现使用聚苯乙烯波导层时能达到的最低质量检测值（DL）为 2.0 ng/cm²，而聚酰亚胺的 DL 值更低，为 1~2 ng/cm²。另外，聚酰亚胺在水环境下具有更佳的化学稳定性。Lammerhofer 等[74]也报道了一种基于聚酰亚胺波导层的消逝波光子生物传感器，以及该传感器在 DNA 杂交中的应用。作者指出消逝波传感器的波导层材料需要符合以下要求：在所需波长下具有透明性，高折射率和高化学稳定性，以及厚度小于 1 μm；而聚酰亚胺能符合所有要求。因此他们采用表面功能化（包括硅烷化、生物吸附和链霉素亲和键作用）后的聚酰亚胺薄膜作为该传感器的波导层，取得了预期的效果。Wood 等[75]也报道了一种以聚酰亚胺作为波导层的 Love 波液体密度传感器，这种传感器适用于食品和饮料行业。他们指出使用聚酰亚胺做波导层不仅制造简单、价格低廉、耐化学腐蚀，而且聚酰亚胺的低剪切模量使得导波层具有很高的灵敏度。

7.2.5 涂覆层/封装层

聚酰亚胺在半导体芯片和分离器件领域被广泛地用作的封装材料，主要是由于聚酰亚胺具有很好的化学稳定性、射线和离子的阻挡性以及加工工艺的匹配性。另外，聚酰亚胺也可以用于其他光学器件和传感器的封装。除了保护阻隔之外，聚酰亚胺的一些其他功能也被应用于光电器件的功能性涂覆层，以下介绍几种利用聚酰亚胺涂层特殊功能的传感器。

聚酰亚胺随着分子结构的不同，可以对一些气体进行选择性分离，是气体分离膜的一类主要候选材料。为了提高金属-绝缘层-半导体（MIS）传感器在混合气体中对检测氢气的选择性，Medlin 等[76]运用旋涂方法在钯氢气传感器的表面涂覆了一层聚酰亚胺（PI-2555, DuPont HD Microsystems），在对比 PI 涂覆前后的传感效应时，发现 PI 涂覆层不仅可以减少污染气体和 CO 对传感响应性的影响，而且还可以保持传感器对氢气的选择性。聚酰亚胺膜可以纯化氢气和小分子气体，已经得到人们的认可[77,78]，将 PI 膜涂覆氢气传感器是利用 PI 膜的气体渗透选择性和金属-聚合物的界面改性等有效机制提高对氢气的选择性。同样的，在 Brugger 等的工作中[79]，聚酰亚胺膜也被作为涂覆层应用到钯氢气传感器上。他们使用非连续性的钯金属膜（钯纳米团簇）作为传感材料，采用 PI 做涂覆层的主要目的一方面为钯纳米团簇在氢化作用下的膨胀提供足够的弹性，另一方面是为薄膜和接触电极的良好黏附提供足够高的表面能。

在光纤光栅传感器中聚酰亚胺涂覆层也被广泛应用，以达到不同的检测目的[80,81]。如,对于涂覆 PI 的盐度传感器而言,盐度变化会刺激和改变水在聚酰亚胺薄膜中的运动,从而引起聚酰亚胺涂覆层的收缩,而且 PI 涂覆层的厚度与传感器对盐度的灵敏度直接相关[82]。Wu 等[83]制备了一种基于聚酰亚胺涂层的双光子晶体光纤干涉仪的盐度传感器,对盐度的灵敏度为 0.742 nm/(mol/L)。Luo 等[84]用化学刻蚀的方法制备了一种刻蚀光纤 Bragg 光栅(EFBG)传感器(图 7-21),聚酰亚胺层涂覆在 EFBG 表面作为传感头用以检测折射率(refractive index,RI)和温度的变化。实验结果显示:该传感器在基波共振波长(fundamental mode resonance wavelengths,FMRW)和包层模式共振波长(cladding mode resonance wavelengths)下,RI 的检测灵敏度分别为 15.407 和 125.92 nm/RIU;对于温度的灵敏度分别为 0.0321 nm/℃ 和 0.0435 nm/℃,因此该传感器可以同时监测盐度和温度。

图 7-21　在蚀刻 FBG 表面的聚酰亚胺涂覆层[84]

Rogers 等[85]开发了一种用于监测甲床组织热传输特性的毫米级传感器。如图 7-22(a)所示,这种指甲传感器采用多层结构,中间层的金属传感器域由光刻蚀的 10 μm 窄的金线组成,一个半径为 0.5 mm,另一个为 1.5 mm,每个区域同时作为温度传感器和热制动器;3 μm 厚的聚酰亚胺层分别从上面和下面把金属传感器封装起来,作为生物流体和水的保护屏障,同时也增强了导电部件的弯曲性。

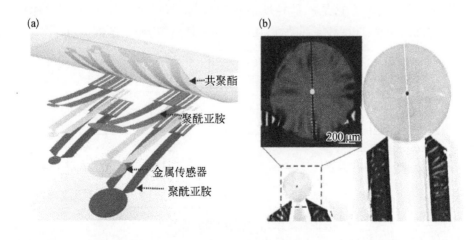

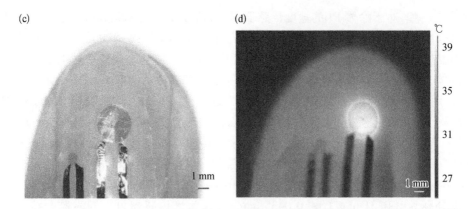

图 7 - 22 层压在指甲表面上的薄而柔韧的热传感器能够测量甲床组织的热传输特性[85]。
(a) 包括小(半径 ≈ 0.5 mm)和大(半径 ≈ 1.5 mm)传感器的代表性装置的分解
示意图;(b) 设备的光学图像,插图提供了小型传感器的放大视图;(c) 层压在指
甲上的传感器平台的光学图像;(d) 操作期间的相应红外图像

7.3　基于聚酰亚胺材料的湿度传感器

　　湿度传感器是将空气中的水蒸气的量转换成可以测量的电子或其他信号,它
被广泛地应用在图书和档案管理、气候监测、精密仪器的使用和保护、物品储藏和
工业生产等领域。它主要由电极材料和湿度敏感材料组成。湿度敏感材料,简称
为湿敏材料,是湿度传感器的核心,主要有电解质材料、半导体陶瓷材料和高分子
材料三大类。其中,高分子材料具有诸多优越性能,因此成为最具有前途的湿敏材
料。使用高分子材料制备的高分子型湿度传感器,按照不同的感湿原理可以分为:
电学量变化型、膨胀变化型和质量变化型(如图 7 - 23 所示)。其中聚酰亚胺作为
湿敏材料在电容式湿度传感器中的应用最为广泛。聚酰亚胺之所以成为一种很好
的湿度传感材料,是由于它是一种轻度亲水的材料,可以吸收其干重 3% 的湿
度[86],且具有很好的线性度和滞回特性,还具有与导体(CMOS)工艺的兼容[87-90]。

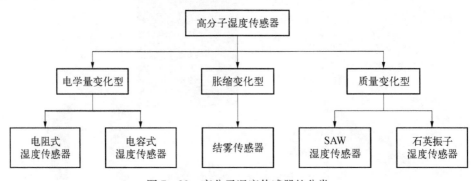

图 7 - 23　高分子湿度传感器的分类

7.3.1 电容式湿度传感器

电容式湿度传感器是利用了平行板电容器的电容值与其介质的介电常数等有关特性,采用湿敏材料做介质层。因此电容湿度传感器的特性主要取决于材料的吸湿性和电极的几何形状。醋酸纤维素及其衍生物、聚砜、聚苯乙炔和聚酰亚胺等材料是电容式湿度传感器中常用的高分子湿敏材料。电容式聚酰亚胺湿度传感器[91-93],是基于聚酰亚胺膜可逆的吸收和放出水分子使其介电常数改变的工作原理而设计的。聚酰亚胺自身的介电常数较小(约 2.93),当相对湿度从 0%变到 100%时,其介电常数会从 2.9 变化到 3.7。当聚酰亚胺吸收水分子后,引入了强极性分子,在外电场作用下,容易发生极化,导致感湿膜的偶极矩增加。在外电场不变的情况下,环境湿度越大,感湿膜的吸水越多,导致其内部水分子的偶极矩越多,宏观上表现出介电常数的增大。

目前普遍采用 Looyenga 半经验公式[94]来估算复合物的介电常数:

$$\varepsilon = \left[V(\varepsilon_2^{\frac{1}{3}} - \varepsilon_1^{\frac{1}{3}}) - \varepsilon_1^{\frac{1}{3}} \right]^3 \tag{7-1}$$

式中,ε、ε_1 和 ε_2 分别为复合物、PI 和水的介电常数;V 为 PI 吸水的体积百分数。

按照结构的不同,电容式湿度传感器可以分为叉指型和三明治型两种形式(图 7-24)。在制备叉指型湿度传感器时,先在硅基底上生长一层 SiO_2 氧化层,然后溅射金属电极并对其进行光刻和腐蚀,形成金属叉指电极,最后在电极上涂覆聚酰亚胺感湿材料,并亚胺化。而三明治结构的湿度传感器也采用生长着氧化层的硅基底,溅射金属层作为下电极,然后在其上涂覆聚酰亚胺并亚胺化,最后在 PI 层上再溅射金属层作为上电极;感湿介质层夹在上下电极中间,下电极为大面积平铺电极,上电极为栅状结构以便于水分子的出入。这两种结构的湿度传感器各有利弊,叉指型的化学稳定性好,响应快,但电容模型复杂,滞回效应比较明显,容易受寄生效应的影响。而三明治型响应时间长,但电容模型简单,灵敏度高。因此,在设计湿度传感器时应综合考虑。

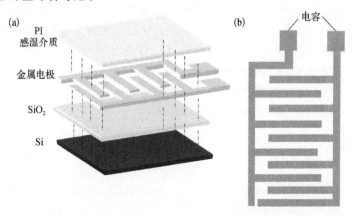

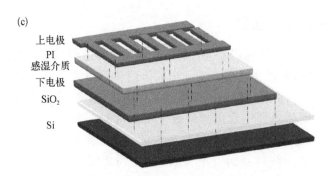

图 7 - 24　（a）以聚酰亚胺为感湿介质的叉指结构电容型湿度传感器
结构示意图；（b）叉指型电极组成的电容；（c）以 PI 为感湿
介质的三明治结构电容型湿度传感器器件结构示意图

　　骆如枋[95]和章佩娴等[96]分别报道了采用聚酰亚胺为湿敏材料的湿度传感
器，其湿滞分别小于 3%* 和 0.1%*，响应时间分别为 25 s 和 4 s。Huang[97]制备出
一种带有一定比例 SO₃H 和 COOH 侧基的含氟聚酰亚胺，并以此为湿敏材料制备
传感器，发现该材料具有湿滞小、高湿稳定性好等优点。Matsuguch 等[98]发现，把
聚酰亚胺氟化交联后所制备的传感器，湿滞可达到 1%* 以下，温度系数小于
0.2%*，且湿敏材料的使用寿命长，漂移小，耐溶剂性也增强。

　　电容式湿度传感器也有其固有的缺陷，如湿滞较大、长期稳定性及抗污染性差
等。因此为了提高这种传感器的性能，需要从寻找新的湿敏材料、改善制备工艺和
聚合物改性等方面入手。在聚酰亚胺中添加其他吸湿材料形成复合材料是改善聚
酰亚胺性能的重要尝试，如 Halper 等[99]通过在聚酰亚胺中添加氯化钴(Ⅱ)制备出
一种既能目光感知又能吸收水分的改性聚酰亚胺。在聚酰亚胺复合膜制备中，经
过氯化钴盐与聚酰胺酸的混合，并在氮气气氛中高温下固化，氯化钴(Ⅱ)被成功地
结合到聚酰亚胺中[图 7 - 25(a)]，实验表明添加物没有抑制聚酰亚胺的亚胺化或
引起明显的热降解。此外，当材料暴露在潮湿环境下时，颜色发生了明显的变化，
随后干燥时又恢复到原来的颜色[图 7 - 25(b)]。湿度传感实验结果显示，吸湿量
与相对湿度成正比，改性聚合物的吸湿量是未改性聚合物的 3 倍，显示了优异的吸
湿能力。吸湿和解吸过程可以重复多次，是一种优秀的可重复使用的材料。

　　随着纳米技术的发展，人们以一些纳米材料作为填料来制备聚酰亚胺基纳米
复合材料，以实现聚酰亚胺性能的提升。其中碳纳米管(CNT)[100,101]由于具有高
纵横比，优异的热、电和机械性能，以及耐化学品等优异性能，且本身对湿度也具有
响应性[102,103]，而成为最具吸引力的纳米填料之一。

　　除了选择高吸湿材料之外，改变湿度传感器的电极材料也可提高其响应速度。
目前，大多数商用电容式传感器使用多孔金、铂或铬薄膜作为电极材料。然而，它

────────────

＊ 为相对湿度。

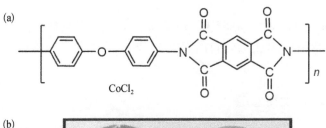

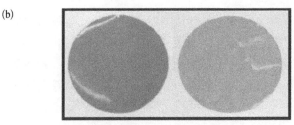

图 7-25　(a) PI-CoCl₂分子结构式;(b) PI-CoCl₂薄膜
在水中浸泡前(左)后(右)的图像[135]

们的低孔隙率不太适合于高速传感设备。碳纳米管由于具有比表面积大、导电性好、容易形成高孔隙率结构而且密度可控,因而成为一种有前途的顶电极材料。在聚酰亚胺层上喷射沉积的碳纳米管网络,制备出金属电极难以获得的高孔隙率多孔导电电极,使所有的聚酰亚胺表面都能接触到从纳米碳管网络电极中进来的水分子。因此,碳纳米管电极可显著地缩短电容式湿度传感器的响应时间,提高其反应灵敏度。Hong 等[104]报道了利用等离子体活化多壁碳纳米管(MWCNT)电极的电容式湿度传感器。通过氧等离子表面处理,碳纳米管表面引入了含氧官能团,增加了纳米碳管的亲水性,有利于水分子通过 MWCNT 网络电极,因此该聚酰亚胺湿度传感器具有非常快的响应时间(吸附 1.5 s,解吸 2 s)和更高的灵敏度(0.75 pF/% RH)。

随着传感器在新兴医疗技术中应用的发展,提出了响应时间在亚秒范围内的快速湿度传感器的需求[105-107],如做呼吸传感器。对于电容式湿度传感器来说,电极顶部接触角的增加是一个重要的考虑因素,特别是对于传感器的测量恢复时间。在采用碳纳米管为顶部电极的聚酰亚胺传感器中,电容变化与相对湿度几乎成正比,而与环境温度无关。响应时间与聚酰亚胺电介质层的厚度的平方成正比,而灵敏度则与聚酰亚胺电介质层的厚度的平方成反比。Itoh 等[108]利用直接打印的工艺制备了一种 CNT 电容式湿度传感器,其顶电极采用了疏水多孔多壁碳纳米管(MWCNT)网络,磺化聚酰亚胺作为湿度传感材料,成功地实现了亚微米厚传感器的响应时间减少到远小于 1 s。每单位面积的灵敏度值(12.1pF/%RHcm⁻²)高于传统的聚合物的湿度传感器(响应时间在 5~60 s)。在 0.6 μm 厚的 FPI 和透气性 MWCNT 顶部电极的装置中,室温下得到 0.15 s 的响应,该值适用于高速湿度传感,可实现实时湿度和呼吸感应测量系统。

电容湿度传感器的优点是:① 可以检知从相对湿度 0% 开始的低湿;② 电容

值比较接近线性,不需要对数变化;③ 温度特性低(0.05~0.1%/℃),一般不需要做温度补偿;④ 响应速度相对较快。但是缺点是:① 引线延长会变化电容值,引线改变位置比较困难,因此设计自由度较小;② 电容变化量比较小,会导致较大的误差。

7.3.2 电阻式湿度传感器

电阻式湿度传感器由湿敏材料基片上制作一对金属电极而构成,具有成本低、结构简单、设计自由度大(不受引线的影响)的优势,但是缺点是:① 温度特性较大(0.5%/℃),需要温度补偿;② 特性是对数变化,需要对数转换等处理;③ 低湿范围由于电阻较高而难以检出(20%左右为下限)。因此需要根据实际使用情况选择不同类型的湿度传感器。基于聚酰亚胺电阻式湿度传感器也有众多的研究报道。Packirisamy 等[37]报告了一种基于聚酰亚胺的电阻湿度传感器,该传感器显示了在工作湿度范围内电阻的变化幅度高达 4 到 6 个数量级。Ueda 等[109]利用磺化聚酰亚胺开发了表面电阻湿度传感器。聚酰亚胺使传感器具有对水、热、高温和高湿度具有极好的耐久性。然而,由于器件结构固有的缺陷,与其他电阻型传感器一样[110-113],需要复杂的电子处理电路以及在广泛范围的数据校准,因此,限制了其检测灵敏度和测试范围。这种聚酰亚胺电阻式湿度传感器在相对湿度为 30%~42%左右时才具有较高的检测限。

为了提升聚酰亚胺电阻式湿度传感器的灵敏度,聚酰亚胺基复合碳纳米管材料被相继报道。Yoo 等[114]研制了一种新型的基于等离子体处理的多壁碳纳米管/聚酰亚胺(p-MWCNT/PI)复合薄膜电阻式相对湿度传感器。在宽湿度范围内具有良好的线性电阻,灵敏度达到 0.004 7/%。通过吸附水分子与 p-MWCNTs 的电荷转移,阐述了 p-MWCNT/PI 复合膜的湿度传感机理。Tang 等[115]制备了快速响应电阻型聚酰亚胺/多壁碳纳米管(PI/MWNT)复合薄膜(图 7-26),并研究了相应传感器的传感性能。结果表明,掺杂 3%重量比的 PI/MWNTs 复合材料具有很好

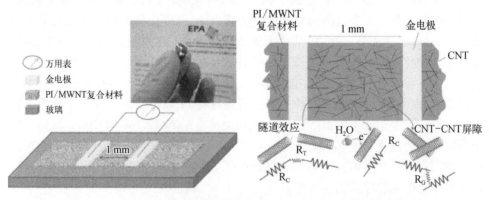

图 7-26　柔性 PI/MWNT 安装示意图及 PI/MWNT 薄膜的导电机理[115]

的线性响应,线性相关系数为 0.991 57,灵敏度为 0.001 46/%。这种电阻湿度传感器适用于监测微电子模块封装或集成到微流体系统或生物芯片等需要湿度信息的领域,以及用于长期精密电子封装监测的微型湿度传感器。

7.3.3　光纤湿度传感器

光纤湿度传感器的工作原理是:当不同湿度的空气与湿敏薄膜接触后,湿敏薄膜的光学参数会发生变化。通过测量湿敏薄膜的光学参数的变化即可获得相应的湿度[116-118]。其传感元件可以通过在光纤的某一部分上用湿度敏感材料替换原有的包层材料来制备。光强调制是基于包层材料暴露在水蒸气中时光学性质的变化来实现的。采用包层改性方法的光纤传感器具有动态范围大、灵敏度高、与其它结构集成性能好等优点[119-121]。

Li 等[122]探讨了聚酰亚胺作为湿敏材料制备光纤湿度传感器的可行性。图 7-27(a)是其湿度传感器的核心部件,他们采用红外光谱技术测量了不同湿度条件下聚酰亚胺材料的透光强度的变化。结果表明:在波长 2.9 μm、带宽 0.4 μm 的水吸收峰带处,光的透射强度随相对湿度呈线性变化[图 7-27(b)(c)]。在此基础上,他们研制了一种基于聚酰亚胺湿敏材料的光纤湿度传感器。

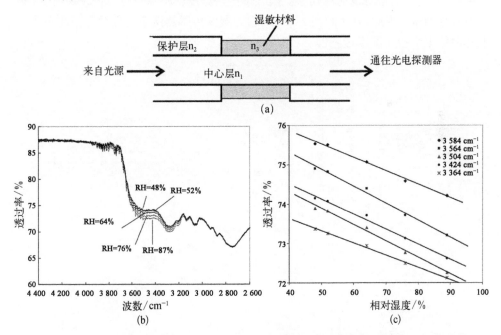

图 7-27　(a) 光纤湿度传感器传感部分结构;(b) 聚酰亚胺薄膜在玻璃基板上不同湿度条件下的红外光谱;(c) 不同波数下聚酰亚胺薄膜的红外吸收与湿度的关系[122]

在上一节介绍关于传感器涂覆和封装用聚酰亚胺时曾提到光纤布拉格光栅(FBGs),由于该结构具有可多路复用、传感网络构建方便、能抵抗激光光源的不稳定、且易嵌入材料内部等优点[123]，在传感领域受到了广泛的关注。人们采用不同的敏感聚合物材料对多种化学目标值进行测量，如氢气、盐浓度、碳氢化合物、pH、相对湿度、土壤水分和两相湿蒸汽湿度等[124-128]。这些传感原理和设计方法是相似的，即依靠膨胀传感材料的伸缩导致 FBGs 布拉格波长的偏移，由此可计算出温度和湿度的变化值。自 2001 年，Limberger 等[129]首次报道基于湿敏材料的 FBGs 相对湿度传感器以来，该领域引起了人们广泛的关注。Huang 等[128]提出采用热塑性聚酰亚胺溶液涂覆光纤布拉格光栅，在其上形成湿敏涂层，湿敏层响应周围环境湿度的变化，通过吸水和解吸引起体积膨胀和收缩，导致 FBGs 布拉格波长的偏移。再采用粗波分复用（CWDM）技术，将波长信号转换为光强信号，对布拉格波长进行检测。实验结果表明，这种低成本热塑性聚酰亚胺光纤光栅传感器对相对湿度在 11%～98% 范围内具有良好的线性、重现性和可逆响应。传感器的灵敏度为 $-0.000\,266\ \text{V}/\%$，响应时间约为 5 s。

Bai 等[130]提出了一种聚酰亚胺包覆的超弱光纤布拉格光栅（FBGs）相对湿度传感器（图 7-28），并采用半导体光放大器（SOA）和时分复用模式（TDM）相结合的方法构筑了大量相对湿度传感器串行的传感器网络。根据超弱 FBGs 的复用能力报告，复用的数量可以达到几千。用五个相对湿度传感器进行验证，FBG 的反射率约为 0.04%。因此，基于超弱 FBGs 的相对湿度传感器网络的方案有望在单光纤中复用数千个相对湿度传感器。

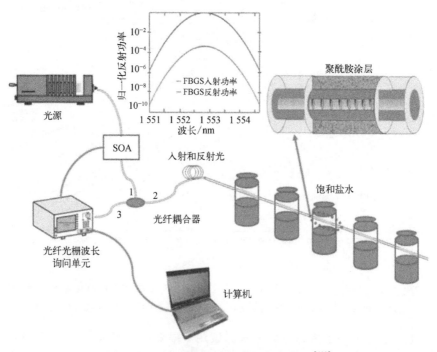

图 7-28　相对湿度测量系统的实验装置[130]

　　Yuan 等[131]报道了一种基于聚酰亚胺湿敏材料的光波导的相对湿度传感,其光学结构如图 7-29 所示。样品池中水分子向聚酰亚胺薄的扩散,导致其厚度和折射率一起发生变化。由于超高阶导模的高灵敏度,水分子与聚酰亚胺的相互作用会引起反射光强的剧烈变化。理论分析表明,超高阶导膜的相位匹配条件可以通过聚酰亚胺薄膜的吸湿膨胀效应和折射率的变化而改变,而反射率线性地响应环境中的相对湿度。因此,该光学相对湿度传感器具有良好的线性度,且响应时间短、长期稳定性好和滞后相对小,在环境监测中具有潜在的应用前景。

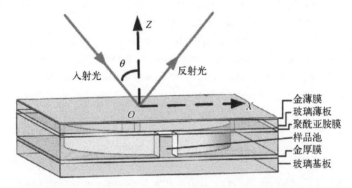

图 7-29　聚酰亚胺包覆对称金属包覆波导的原理图[129]

　　总之,光纤湿度传感器具有防污染、抗电磁干扰、本质安全,以及传感器探头可在狭小空间使用的优势,在国防科研、石油化工、电力、纺织等易燃、易爆和强磁场干扰环境中进行湿度测量和控制具有明显优势。

参 考 文 献

[1] Lanzara G, Salowitz N, Guo Z, et al. A spider-web-like highly expandable sensor network for multifunctional materials. Advanced Materials, 2010, 22(41): 4643-4648.

[2] 栾桂冬,张金铎,金欢阳.传感器及其应用.西安:西安电子科技大学出版社,2002.

[3] Fortunato G, Pecora A, Maiolo L. Polysilicon thin-film transistors on polymer substrates. Materials Science In Semiconductor Processing, 2012, 15(6): 627-641.

[4] Han S T, Peng H, Sun Q, et al. An overview of the development of flexible sensors. Advanced Materials (Weinheim, Germany), 2017, 29(33): 1700375.

[5] Lou Z, Li L, Shen G, et al. Recent progress of self-powered sensing systems for wearable electronics. Small, 2017, 13(45): 201701791.

[6] Pang C, Lee C, Suh K Y. Recent advances in flexible sensors for wearable and implantable devices. Journal of Applied Polymer Science, 2013, 130(3): 1429-1441.

[7] Rim Y S, Bae S H, Chen H, et al. Recent progress in materials and devices toward printable and flexible sensors. Advanced Materials, 2016, 28(22): 4415-4440.

[8] Wang X, Liu Z, Zhang T. Flexible sensing electronics for wearable/attachable health monitoring. Small, 2017, 13(25): 1602790.

[9] Campbell S A. The science and engineering of microelectronic fabrication. Oxford: Oxford

University Press, 2001.

[10] 邓俊泳,冯勇建.聚酰亚胺在 MEMS 中的特性研究及应用.微纳电子技术,2003,(4): 30-33.

[11] Someya T, Sekitani T, Iba S, et al. A large-area, flexible pressure sensor matrix with organic field-effect transistors for artificial skin applications. Proceedings of the National Academy of Sciences of the United States of America, 2004, 101(27): 9966-9970.

[12] Someya T, Kato Y, Sekitani T, et al. Conformable, flexible, large-area networks of pressure and thermal sensors with organic transistor active matrixes. Proceedings of the National Academy of Sciences of the United States of America, 2005, 102(35): 12321-12325.

[13] Wang C, Hwang D, Yu Z, et al. User-interactive electronic skin for instantaneous pressure visualization. Nature Materials, 2013, 12(10): 899-904.

[14] Hua Q, Sun J, Liu H, et al. Skin-inspired highly stretchable and conformable matrix networks for multifunctional sensing. Nature Communications, 2018, 9(1): 1-11.

[15] You I, Choi S E, Hwang H, et al. E-skin tactile sensor matrix pixelated by position-registered conductive microparticles creating pressure-sensitive selectors. Advanced Functional Materials, 2018, 28(31): n/a.

[16] Wang X, Gu Y, Xiong Z, et al. Silk-molded flexible, ultrasensitive, and highly stable electronic skin for monitoring human physiological signals. Advanced Materials, 2014, 26(9): 1336-1342.

[17] Pang C, Koo J H, Nguyen A, et al. Highly skin-conformal microhairy sensor for pulse signal amplification. Advanced Materials, 2015, 27(4): 634-640.

[18] Algieri L, Todaro M T, Guido F, et al. Flexible piezoelectric energy-harvesting exploiting biocompatible AlN thin films grown onto spin-coated polyimide layers. ACS Applied Energy Materials, 2018, 1(10): 5203-5210.

[19] Annapureddy V, Kim Y, Hwang G T, et al. Room-temperature solid-state grown $WO_{3-\delta}$ film on plastic substrate for extremely sensitive flexible NO_2 gas sensors. Advanced Materials Interfaces, 2018, 5(1): n/a.

[20] Cai L, Zhang S, Zhang Y, et al. Direct printing for additive patterning of silver nanowires for stretchable sensor and display applications. Advanced Materials Technologies (Weinheim, German), 2018, 3(2): n/a.

[21] Chen M, Li Z, Li W, et al. Large-scale synthesis of single-crystalline self-standing $SnSe_2$ nanoplate arrays for wearable gas sensors. Nanotechnology, 2018, 29(45): 455501.

[22] Choi S J, Yu H, Jeong H S, et al. Nitrogen-doped single graphene fiber with platinum water dissociation catalyst for wearable humidity sensor. Small, 2018, 14(13): e1703934.

[23] Li T, Chen L, Yang X, et al. A flexible pressure sensor based on an MXene-textile network structure. Journal of Materials Chemistry (C), 2019, 7(4): 1022-1027.

[24] Ramirez J, Rodriquez D, Qiao F, et al. Metallic nanoislands on graphene for monitoring swallowing activity in head and neck cancer patients. ACS Nano, 2018, 12(6): 5913-5922.

[25] Sahatiya P, Puttapati S K, Srikanth V V S S, et al. Graphene-based wearable temperature sensor and infrared photodetector on a flexible polyimide substrate. Flexible and Printed Electronics, 2016, 1(2): 025006/025001-025006/025009.

[26] Xuan X, Yoon H S, Park J Y. A wearable electrochemical glucose sensor based on simple and low-cost fabrication supported micro-patterned reduced graphene oxide nanocomposite electrode

on flexible substrate. Biosens Bioelectron, 2018, 109: 75-82.

[27] Viventi J, Kim D H, Moss J D, et al. A conformal, bio-interfaced class of silicon electronics for mapping cardiac electrophysiology. Science Translational Medicine, 2010, 2(24): 24ra22.

[28] Kim D H, Viventi J, Amsden J J, et al. Dissolvable films of silk fibroin for ultrathin conformal bio-integrated electronics. Nature Materials, 2010, 9: 511.

[29] Kim D H, Ahn J H, Choi W M, et al. Stretchable and foldable silicon integrated circuits. Science, 2008, 320(5875): 507-511.

[30] Hasenkamp W, Thevenaz N, Villard J, et al. Design and test of a MEMS strain-sensing device for monitoring artificial knee implants. Biomedical Microdevices, 2013, 15(5): 831-839.

[31] Wang L, Chen S, Li W, et al. Grain-boundary-induced drastic sensing performance enhancement of polycrystalline-microwire printed gas sensors. Advanced Materials, 2019, 31(4): 1804583.

[32] Kou H, Jia L, Wang C, et al. A nitrite biosensor based on the direct electron transfer of hemoglobin immobilized on carboxyl-functionalized multiwalled carbon nanotubes/polyimide composite. Electroanalysis, 2012, 24(9): 1799-1803.

[33] Pasahan A, Koytepe S, Ekinci E. Synthesis, characterization of a new organosoluble polyimide and its application in development of glucose biosensor. Polymer-Plastics Technology and Engineering, 2011, 50(12): 1239-1246.

[34] Lv Y, Zhang Y, Du Y, et al. A novel porphyrin-containing polyimide nanofibrous membrane for colorimetric and fluorometric detection of pyridine vapor. Sensors, 2013, 13(11): 15758-15769.

[35] Papadopoulou E L, Morselli D, Prato M, et al. An efficient pure polyimide ammonia sensor. Journal of Materials Chemistry (C), 2016, 4(33): 7790-7797.

[36] Tseng I H, Li J J, Chang P Y. Mimosa pudica leaf-like rapid movement and actuation of organosoluble polyimide blending with sulfonated polyaniline. Advanced Materials Interfaces, 2017, 4(3): 1600901.

[37] Packirisamy M, Stiharu I, Li X, et al. A polyimide based resistive humidity sensor. Sensor Review, 2005, 25(4): 271-276.

[38] Yang T, Yu Y Z, Zhu L S, et al. Fabrication of silver interdigitated electrodes on polyimide films via surface modification and ion-exchange technique and its flexible humidity sensor application. Sensors & Actuators B: Chemical, 2015, 208: 327-333.

[39] Connolly E J, O'Halloran G M, Pham H T M, et al. Comparison of porous silicon, porous polysilicon and porous silicon carbide as materials for humidity sensing applications. Sensors and Actuators (A), 2002, 99(1-2): 25-30.

[40] Arena A, Donato N, Saitta G. Capacitive humidity sensors based on MWCNTs/polyelectrolyte interfaces deposited on flexible substrates. Microelectronics Journal, 2009, 40(6): 887-890.

[41] Kim Y, Jung B, Lee H, et al. Capacitive humidity sensor design based on anodic aluminum oxide. Sensors and Actuators (B), 2009, 141(2): 441-446.

[42] Li L Y, Dong Y F, Jiang W F, et al. High-performance capacitive humidity sensor based on silicon nanoporous pillar array. Thin Solid Films, 2008, 517(2): 948-951.

[43] Tao B, Zhang J, Miao F, et al. Capacitive humidity sensors based on Ni/SiNWs nanocomposites. Sensors and Actuators (B), 2009, 136(1): 144-150.

[44] Tsigara A, Mountrichas G, Gatsouli K, et al. Hybrid polymer/cobalt chloride humidity sensors based on optical diffraction. Sensors and Actuators (B), 2007, 120(2): 481 – 486.

[45] Zeng F W, Liu X X, Diamond D, et al. Humidity sensors based on polyaniline nanofibres. Sensors and Actuators (B), 2010, 143(2): 530 – 534.

[46] Ducere V, Bernes A, Lacabanne C. A capacitive humidity sensor using cross-linked cellulose acetate butyrate. Sensors and Actuators (B), 2005, 106(1): 331 – 334.

[47] Mastronardi V M, Guido F, Amato M, et al. Piezoelectric ultrasonic transducer based on flexible AlN. Microelectronic Engineering, 2014, 121: 59 – 63.

[48] Han J A, Shannon M. Smooth contact capacitive pressure sensors in touch- and peeling-mode operation. IEEE Sensors Journal, 2009, 9(3): 199 — 206.

[49] Parthasarathy E, Malarvizhi S. Modeling and analysis of MEMS capacitive differential pressure sensor structure for altimeter application. Microsystem Technologies, 2017, 23(5): 1343 – 1349.

[50] Baby T T, Aravind S S J, Arockiadoss T, et al. Metal decorated graphene nanosheets as immobilization matrix for amperometric glucose biosensor. Sensors and Actuators (B), 2010, 145(1): 71 – 77.

[51] Pasahan A, Koytepe S, Ekinci E. Poly[tris((p-aminophenoxy)phosphineoxide) – 3, 3′, 4, 4′–benzophenonetetracarbo xylicdiimide] as a new polymeric membrane for the fabrication of an amperometric glucose sensor. International Journal of Polymeric Materials, 2011, 60(13): 1079 – 1090.

[52] Lv Y Y, Wu J, Xu Z K. Colorimetric and fluorescent sensor constructing from the nanofibrous membrane of porphyrinated polyimide for the detection of hydrogen chloride gas. Sensors and Actuators (B), 2010, 148(1): 233 – 239.

[53] Aksoy B, Gungor O, Koytepe S, et al. Preparation of novel sensors based on polyimide membrane for sensitive and selective determination of dopamine. Polymer-Plastics Technology and Engineering, 2016, 55(2): 119 – 128.

[54] Aksoy B, Pasahan A, Gungor O, et al. A novel electrochemical biosensor based on polyimide-boron nitride composite membranes. International Journal of Polymeric Materials and Polymeric Biomaterials, 2017, 66(4): 203 – 212.

[55] Harrell C C, Choi Y, Horne L P, et al. Resistive-pulse DNA detection with a conical nanopore sensor. Langmuir, 2006, 22(25): 10837 – 10843.

[56] Heins E A, Siwy Z S, Baker L A, et al. Detecting single porphyrin molecules in a conically shaped synthetic nanopore. Nano Letters, 2005, 5(9): 1824 – 1829.

[57] Sexton L T, Horne L P, Sherrill S A, et al. Resistive-pulse studies of proteins and protein/antibody complexes using a conical nanotube sensor. Journal of the American Chemical Society, 2007, 129(43): 13144 – 13152.

[58] Kim Y, Song C H, Kwak M G, et al. Flexible touch sensor with finely patterned Ag nanowires buried at the surface of a colorless polyimide film. RSC Advances, 2015, 5(53): 42500 – 42505.

[59] Lee C Y, Wu G W, Hsieh W J. Fabrication of micro sensors on a flexible substrate. Sensors and Actuators (A), 2008, 147(1): 173 – 176.

[60] Chen M, Li K, Cheng G, et al. Touchpoint-tailored ultrasensitive piezoresistive pressure sensors with a broad dynamic response range and low detection limit. ACS Applied Materials &

Interfaces, 2019, 11(2): 2551 − 2558.

[61] Zou Q, Li Z, Liu L. Design and fabrication of silicon condenser microphone using corrugated diaphragm technique. Journal of Microelectromechanical Systems, 1996, 5(3): 197 − 204.

[62] Hsu P C, Mastrangelo C H, Wise K D. A high sensitivity polysilicon diaphragm condenser microphone. Institute of Electrical and Electronics Engineers, 1998: 580 − 585.

[63] Torkkeli A, Rusanen O, Saarilahti J, et al. Capacitive microphone with low-stress polysilicon membrane and high-stress polysilicon backplate. Sensors and Actuators (A), 2000, 85(1 − 3): 116 − 123.

[64] Lee J, Je C H, Yang W S, et al. Thin MEMS microphone based on package-integrated fabrication process.Electronics Letters, 2012, 48(14): 866 − 867.

[65] Je C H, Lee J, Yang W S, et al. A surface-micromachined capacitive microphone with improved sensitivity. Journal of Micromechanics and Microengineering, 2013, 23 (5): 055018/055011 − 055018/055017.

[66] Lee J, Jeon J H, Je C H, et al. A concave-patterned TiN/PECVD-Si₃N₄/TiN diaphragm MEMS acoustic sensor based on a polyimide sacrificial layer. Journal of Micromechanics and Microengineering, 2015, 25(12): 125022/125021 − 125022/125013.

[67] Wilson W C, Atkinson G M. Review of polyimides used in the manufacturing of micro systems. Langley Research Center, 2007: i − iii, 1 − 10.

[68] Fernandez-Bolanos M, Abele N, Pott V, et al. Polyimide sacrificial layer for SOI SG-MOSFET pressure sensor. Microelectronic Engineering, 2006, 83(4 − 9): 1185 − 1188.

[69] Walewyns T, Scheen G, Tooten E, et al. Fabrication of a miniaturized ionization gas sensor with polyimide spacer. Proc. SPIE, 2011, 8066(Smart Sensors, Actuators, and MEMS V): 80661 − 80668.

[70] Tung K K, Wong W H, Pun E Y B. Polymeric optical waveguides using direct ultraviolet photolithography process. Applied Physics (A), 2005, 80(3): 621 − 626.

[71] Bruck R, Melnik E, Muellner P, et al. Integrated polymer-based Mach-Zehnder interferometer label-free streptavidin biosensor compatible with injection molding. Biosensors & Bioelectronics, 2011, 26(9): 3832 − 3837.

[72] Melnik E, Bruck R, Mueellner P, et al. Human IgG detection in serum on polymer based Mach-Zehnder interferometric biosensors. Journal of Biophotonics, 2016, 9(3): 218 − 223.

[73] Branch D W, Brozik S M. Low-level detection of a Bacillus anthracis simulant using Love-wave biosensors on 36°YX LiTaO₃. Biosensors & Bioelectronics, 2004, 19(8): 849 − 859.

[74] Melnik E, Bruck R, Hainberger R, et al. Multi-step surface functionalization of polyimide based evanescent wave photonic biosensors and application for DNA hybridization by Mach-Zehnder interferometer. Analytica Chimica Acta, 2011, 699(2): 206 − 215.

[75] Turton A, Bhattacharyya D, Wood D. Liquid density analysis of sucrose and alcoholic beverages using polyimide guided Love-mode acoustic wave sensors. Measurement Science and Technology, 2006, 17(2): 257 − 263.

[76] Li D, McDaniel A H, Bastasz R, et al. Effects of a polyimide coating on the hydrogen selectivity of MIS sensors. Sensors and Actuators (B), 2006, 115(1): 86 − 92.

[77] Baker R. Membrane technology and applications. New York: McGraw-Hill, 2000.

[78] Ghosh M K, Mittal K L. Polyimides, fundamentals and applications. New York: Marcel

Dekker Inc., 1996.

［79］ Kiefer T, Villaneueva L G, Fargier F, et al. Fast and robust hydrogen sensors based on discontinuous palladium films on polyimide, fabricated on a wafer scale. Nanotechnology, 2010, 21(50): 505501 – 505505.

［80］ Rajan G, Noor Y M, Liu B, et al. A fast response intrinsic humidity sensor based on an etched single mode polymer fiber Bragg grating. Sensors and Actuators (A), 2013, 203: 107 – 111.

［81］ Sun H, Hu M, Rong Q, et al. High sensitivity optical fiber temperature sensor based on the temperature cross-sensitivity feature of RI-sensitive device. Optics Communications, 2014, 323: 28 – 31.

［82］ Liu X, Zhang X, Cong J, et al. Demonstration of etched cladding fiber Bragg grating-based sensors with hydrogel coating. Sensors and Actuators (B), 2003, 96(1 – 2): 468 – 472.

［83］ Wu C, Guan B O, Lu C, et al. Salinity sensor based on polyimide-coated photonic crystal fiber. Optics Express, 2011, 19(21): 20003 – 20008.

［84］ Luo D, Ma J, Ibrahim Z, et al. Etched FBG coated with polyimide for simultaneous detection the salinity and temperature. Optics Express, 2017, 392: 218 – 222.

［85］ Li Y, Ma Y, Wei C, et al. Thin, millimeter scale fingernail sensors for thermal characterization of nail bed tissue. Advanced Functional Materials, 2018, 28(30): n/a.

［86］ Melcher J, Yang D, Arlt G. Dielectric effects of moisture in polyimide. IEEE Trans Dielectr Electr Insul, 1989, 24(1): 31 – 38.

［87］ Harsÿnyi G. Polymer films in sensor applications. Journal of Electroanalytical Chemistry, 1995, 433(1): 228 – 229.

［88］ Shibata H, Ito M, Asakursa M, et al. A digital hygrometer using a polyimide film relative humidity sensor. IEEE Transactions on Instrumentation & Measurement, 2002, 45(2): 564 – 569.

［89］ Chen Z, Lu C. Humidity sensors: A review of materials and mechanisms. Sensor Letters, 2005, 3(4): 274 – 295(222).

［90］ Boudaden J, Steinmaßl M, Endres H E, et al. Polyimide-based capacitive humidity sensor. Sensors, 2018, 18(5): 1220 – 1223.

［91］ Dokmeci M, Najafi K. A high-sensitivity polyimide capacitive relative humidity sensor for monitoring anodically bonded hermetic micropackages. Journal of Microelectromechanical Systems, 2001, 10(2): 197 – 204.

［92］ Matsuguch M, Kuroiwa T, Miyagishi T, et al. Stability and reliability of capacitive-type relative humidity sensors using crosslinked polyimide films. Sensors & Actuators B: Chemical, 1998, 52(1): 53 – 57.

［93］ Ralston A R K, Klein C F, Thoma P E, et al. A model for the relative environmental stability of a series of polyimide capacitance humidity sensors. Sensors & Actuators B: Chemical, 1996, 34(1 – 3): 343 – 348.

［94］ Schubert P J, Nevin J H. A polyimide-based capacitive humidity sensor. IEEE Transactions on Electron Devices, 1985, ED – 32(7): 1220 – 1223.

［95］ 骆如枋.湿度和湿度传感器.化学传感器,1985,(4): 8 – 18.

［96］ 章佩娴,梁斌,何启泽,等.新型高分子湿敏电容的研制及特性研究.中山大学学报(自然科学版),1996,(S2): 166 – 168.

[97] Huang P H. Halogenated polymeric humidity sensors. Sensors and Actuators, 1988, 13(4): 329 - 337.

[98] Matsuguch M, Kuroiwa T, Miyagishi T, et al. Stability and reliability of capacitive-type relative humidity sensors using crosslinked polyimide films. Sensors and Actuators (B), 1998, 52(1 - 2): 53 - 57.

[99] Halper S R, Villahermosa R M. Cobalt-containing polyimides for moisture sensing and absorption. Acs Appl Mater Interfaces, 2009, 1(5): 1041 - 1044.

[100] Baughman R H, Zakhidov A A, de Heer W A. Carbon nanotubes: the route toward applications. Science, 2002, 297(5582): 787 - 792.

[101] Ajayan P M. Nanotubes from Carbon. Chemical Reviews, 1999, 99(7): 1787 - 1800.

[102] Varghese O K, Kichambre P D, Gong D, et al. Gas sensing characteristics of multi-wall carbon nanotubes. Sensors & Actuators B: Chemical, 2001, 81(1): 32 - 41.

[103] Li J, Lu Y J, Ye Q, et al. Carbon nanotube sensors for gas and organic vapor detection. Nano Letters, 2003, 3(7): 929 - 933.

[104] Hong H P, Jung K H, Kim J H, et al. Percolated pore networks of oxygen plasma-activated multi-walled carbon nanotubes for fast response, high sensitivity capacitive humidity sensors. Nanotechnology, 2013, 24(8): 085501.

[105] Borini S, White R, Wei D, et al. Ultrafast graphene oxide humidity sensors. ACS Nano, 2013, 7(12): 11166.

[106] Mogera U, Sagade A A, George S J, et al. Ultrafast response humidity sensor using supramolecular nanofibre and its application in monitoring breath humidity and flow. Scientific Reports, 2014, 4(7): 4103.

[107] Choi K H, Sajid M, Aziz S, et al. Wide range high speed relative humidity sensor based on PEDOT: PSS - PVA composite on an IDT printed on piezoelectric substrate. Sensors & Actuators a Physical, 2015, 228: 40 - 49.

[108] Itoh E, Yuan Z. Comparative study of all-printed polyimide humidity sensors with single- and multiwalled carbon nanotube gas-permeable top electrodes. Japanese Journal of Applied Physics, 2017, 56(5S2): 05EC03.

[109] Ueda M, Nakamura K, Tanaka K, et al. Water-resistant humidity sensors based on sulfonated polyimides. Sensors & Actuators B Chemical, 2007, 127(2): 463 - 470.

[110] Sakai Y, Matsuguchi M, Yonesato N. Humidity sensor based on alkali salts of poly(2 - acrylamido - 2 - methylpropane sulfonic acid). Electrochimica Acta, 2001, 46(10): 1509 - 1514.

[111] Su P G, Uen CL. A resistive-type humidity sensor using composite films prepared from poly (2 - acrylamido - 2 - methylpropane sulfonate) and dispersed organic silicon sol. Talanta, 2005, 66(5): 1247 - 1253.

[112] Yao Z, Yang M. A fast response resistance-type humidity sensor based on organic silicon containing cross-linked copolymer. Sensors & Actuators B: Chemical, 2006, 117(1): 93 - 98.

[113] Chen Y S, Li Y, Yang M J. A fast response resistive thin film humidity sensor based on poly (4 - vinylpyridine) and poly(glycidyl methacrylate). Journal of Applied Polymer Science, 2010, 105(6): 3470 - 3475.

[114] Yoo K P, Lim L T, Min N K, et al. Novel resistive-type humidity sensor based on multiwall

carbon nanotube/polyimide composite films. Sensors & Actuators B: Chemical, 2010, 145(1): 120 – 125.

[115] Tang Q Y, Chan Y C, Zhang K. Fast response resistive humidity sensitivity of polyimide/ multiwall carbon nanotube composite films. Sensors & Actuators B: Chemical, 2011, 152(1): 99 – 106.

[116] Bedo Ya M, Diez M T, Moreno-Bondi M C. Humidity sensing with a luminescent Ru(II) complex and phase-sensitive detection. Sensor Actuators (B), 2006, 113: 573 – 581.

[117] Kersey A D. A review of recent developments in fiber optic sensor technology. Optical Fiber Technology, 1996, 2(3): 291 – 317.

[118] Giallorenzi T G, Dandridge A. Optical fiber sensor technology. Amsterdam: Kluwer Academic Publisher, 2000.

[119] Narayanaswamy R. Current developments in optical biochemical sensors. Biosensors & Bioelectronics, 1991, 6(6): 467 – 475.

[120] Yuan J, El-Sherif M A. Fiber-optic chemical sensor using polyaniline as modified cladding material. IEEE Sensors Journal, 2003, 3(1): 5 – 12.

[121] El-Sherif M A. On-fiber sensor and modulator. IEEE Transactions on Instrumentation & Measurement, 2002, 38(2): 595 – 598.

[122] Li X, Rinaldi G, Packirisamy M, et al. Polyimide-based fiber optic humidity sensor. Proceedings of SPIE — The International Society for Optical Engineering, 2004, 5579: 205 – 212.

[123] Yeo T L, Sun T, Grattan K T V, et al. Characterisation of a polymer-coated fibre Bragg grating sensor for relative humidity sensing. Sensors & Actuaors B: Chemical, 2005, 110(1): 148 – 156.

[124] Sutapun B, Tabib-Azar M, Kazemi A. Pd-coated elastooptic fiber optic Bragg grating sensors for multiplexed hydrogen sensing. Sensors & Actuators B: Chemical, 1999, 60(1): 27 – 34.

[125] Cong J, Zhang X, Chen K, et al. Fiber optic Bragg grating sensor based on hydrogels for measuring salinity. Sensors & Actuators B: Chemical, 2002, 87(3): 487 – 490.

[126] Spirin V V, Shlyagin M G, Miridonov S V, et al. Fiber Bragg grating sensor for petroleum hydrocarbon leak detection. Optics & Lasers in Engineering, 1999, 32(5): 497 – 503.

[127] Zhang X, Li Y, Peng W, et al. Design and realization of temperature and relative humidity sensor based on FBG. Acta Photonica Sinica, 2003.

[128] Huang X F, Sheng D R, Cen K F, et al. Low-cost relative humidity sensor based on thermoplastic polyimide-coated fiber Bragg grating. Sensors & Actuators B: Chemical, 2007, 127(2): 518 – 524.

[129] Limberger H G, Kronenberg P. Influence of humidity and temperature on polyimide-coated fiber Bragg gratings//OSA — Bragg Gratings, Photosensitivity, and Poling in Glass Waveguides, 2001: 69 – 102.

[130] Bai W, Yang M, Dai J, et al. Novel polyimide coated fiber Bragg grating sensing network for relative humidity measurements. Optics Express, 2016, 24(4): 3230.

[131] Yuan W, Wang X, Nie Y, et al. Optical relative humidity sensor with high sensitivity based on a polyimide-coated symmetrical metal-cladding waveguide. Applied Optics, 2015, 54(4): 834 – 838.

第**8**章

理论模拟与机器学习在聚酰亚胺
材料研究中的应用

8.1 引言

聚合物材料的服役性能主要取决于高分子的链结构、链间相互作用及聚集态结构,如何通过分子结构精确地预测和调控聚酰亚胺材料的服役性能,是一个尚未厘清的科学难题,这在很大程度上抑制了聚酰亚胺新材料的研发速度。近年来,随着计算能力的提高、先进计算方法的发展,以及新的数学算法的出现,多尺度分子模拟方法和人工智能算法在材料结构设计与性能优化中的应用日益频繁,逐步成为和实验研究同等重要的一种科研手段,是目前新材料开发的最新范式。本章节将围绕基于分子模拟和机器学习的聚酰亚胺材料设计,简要阐述计算机和大数据时代背景下,聚酰亚胺新材料的设计与性能预测方面的最新研究趋势。

8.2 基于分子模拟的聚酰亚胺材料设计

计算机模拟在高分子领域的应用已经有 30 多年的历史,随着分子力场、计算机软硬件和模拟算法的发展,在 20 世纪 90 年代初进入一个新的阶段,从以往只能描述材料的性质发展到可以对材料的结构性能进行定量的预测[1-3]。图 8-1 是近年来高分子领域的分子模拟文献的粗略统计,可见自 2000 年以来,分子模拟在高分子材料研究中的应用取得了突飞猛进的发展,一个突出的体现是能从分子水平上比较精确地预测高分子材料的微观构型和宏观性质,预测高分子共混体系的相分离和相容性等,还可以进行新材料的分子设计和筛选优化,从而减少了新材料研究的周期和成本。

分子模拟的方法有四种[4-7]:① 描述体系电子结构变化的量子力学方法(Quantum Mechanics, QM),如密度泛函理论(Density Functional Theory, DFT)方法;② 描述体系基态原子结构变化的分子力学方法(Molecular Mechanics, MM);

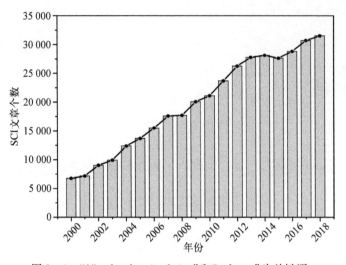

图 8 - 1　以"molecular simulation"和"polymer"为关键词，
使用 Scifinder 检索，得到的每年发表的文章数

③ 描述各温度下体系物理变化过程的分子动力学方法(Molecular Dynamics, MD)；
④ 描述体系各温度下平均结构的蒙特卡洛方法(Monte Carlo, MC)。各种尺度下使用的分子模拟方法如图 8 - 2 所示。在对高分子材料微观结构的分子模拟中，比较常用的有量子力学、蒙特卡洛和分子动力学等方法；在介观尺度上，则比较常用介观动力学(Mesodyn)和散耗粒子动力学(Dissipative Particle Dynamics, DPD)等方法。

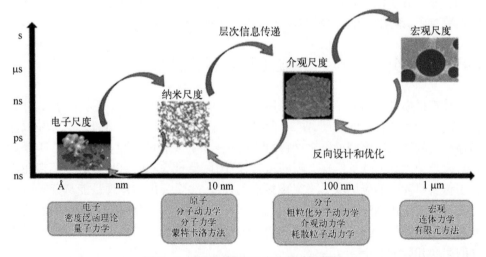

图 8 - 2　不同时间和尺度下的分子模拟

分子模拟方法不仅可以辅助新材料的设计、筛选和优化，减少新材料研究的周期和成本，还可以从分子水平对聚合物的微观构型、分子间相互作用以及分子链的

堆积形态等因素进行探究,从而分析比如氢键作用、电荷转移作用、分子极性、分子链刚性等微观因素对材料宏观性能的影响,对于设计具有特定性能的 PI 新材料的分子结构具有指导意义。

8.2.1　分子模拟介绍

8.2.1.1　分子模拟方法

分子模拟就是在实验的基础上通过理论原理和计算方程建立相应的数学模型并进行计算,利用计算机研究分子的微观结构和内部相互作用,从而由微观角度来解释宏观性质。分子模拟技术已经发展成化学、生命科学、材料学等众多领域的重要研究手段。

(1) 量子力学方法[4]:量子化学计算以求解电子运动方程为基础,根据第一性原理来计算分子构象、电荷密度、轨道能级等各项性质。受限于计算机处理电子尺度方程式的速度,量子力学方法仅适合用于计算含有简单的分子或少部分电子的体系。

(2) 分子动力学方法[5]:分子动力学计算通过分子间的作用力改变分子的坐标和动量,通过求解分子运动方程,得到体系的动力学信息。分子动力学的计算与分子力场的选取和牛顿力学原理息息相关,因此人们建立了多种力场使其能够应用于生化分子体系、聚合物、金属和非金属材料的计算中,分子动力学方法可以精准计算出复杂体系的热、机械和动力学等性质。

(3) 分子力学方法[6]:分子力学计算以经验势函数为基础来计算体系间的相互作用,通过求解牛顿运动方程,得到实体相点运动轨迹的相关信息,最终计算得到能量极值点和对应的分子构象。分子力学方法常被用于药物、团簇体、生化大分子的研究。

(4) 蒙特卡洛方法[7]:蒙特卡洛计算首先让体系中的质子或分子随机分布,按照统计学概率分布方式随机生成不同的构象,计算产生构象的能量并根据能量是否符合标准来确定产生构象的合理性。蒙特卡洛方法适合于复杂体系、金属结构及其相变化的研究。

8.2.1.2　力场

作为分子力学、分子动力学、蒙特卡洛方法的基础,力场利用经验势函数将分子间的相互作用势通过数学解析式描述出来,它可以看作是势能面的经验表达式[8]。复杂分子的总势能一般包括非键结势能、键伸缩势能、键角弯曲势能、二面角扭曲势能、离平面振动势能、库伦静电势能。下面介绍一些常见的力场和它们适用的领域。

(1) AMBER(Assisted Model Building with Energy Minimization)力场:主要适用于计算蛋白质、核酸、多糖等生化分子体系,通过 AMBER 力场的计算可以得到合理的分子构型、振动频率、能量以及溶剂化自由能。

(2) CVFF(Consistent Valence Force Field)力场:主要适用于计算蛋白质、多

肽、有机分子体系,通过 CVFF 力场的计算可以准确地得出体系的结构、结合能、构型能以及振动频率。

(3) ESFF(Extensive Systematic Force Field)力场:作为通用力场基本上涵盖了元素周期表中的所有元素,主要适用于有机分子、无机分子、有机金属分子以及一些环形化合物体系,通过 ESFF 力场的计算可以准确得到分子中原子所带的部分电荷量,还可以得到较优的分子结构。

(4) COMPASS(Condensed-phase Optimized Molecular Potentials for Atomistic Simulation Studies)力场:作为第一个从头算力场,适用于各种小分子、金属离子、金属氧化物、高分子等新型材料的体系[11,12]。COMPASS 力场可以准确地计算出体系的结构、构象、振动频率以及热力学性质。

(5) Dreiding 力场:是一个通用性分子力场,将分子的势能假设为由化学键作用项和非键作用项构成,具有合理预测分子结构的能力。但其力场参数并未涵盖周期表的全部元素,适用于主族元素,以及有机、生物、部分无机体系的计算。

(6) UFF(Universal Force Field)力场:可以计算元素周期表上所有元素的参数,适用于任何分子和原子的系统。一般而言,以 UFF 力场计算得到的分子结构优于用 Dreiding 力场得到的结果。

在对聚酰亚胺材料微观结构的分子模拟中,比较常用的有量子力学、蒙特卡洛和分子动力学等方法;与高分子模拟有关的力场主要有 COMPASS 力场、CVFF 力场,以及包括 Dreiding 力场、UFF 力场和 ESFF 力场在内的通用力场,其中 COMPASS 力场是目前聚酰亚胺分子模拟中使用较为广泛的力场。

8.2.2 分子模拟用于聚合物计算的分析方法

目前,用于分子模拟的软件包主要有 Gaussian、Gamess、Insight II、Cerius、LAMMPS 和 Materials Studio 等。而专门针对材料科学领域的计算软件主要是 Cerius、LAMMPS 和 Materials Studio(MS)。MS 是 Accelrys 专为材料科学领域开发的新一代的材料计算软件,能方便地建立 3D 分子模型,它整合了四种分子模拟的经典计算方法,能够深入分析有机和无机晶体、无定形材料及聚合物,该软件已经被应用在高分子科学的各个方面,其工作流程如图 8-3 所示。在此我们以 MS 为例概述分子模拟用于聚酰亚胺性质计算的各类分析方法。

8.2.2.1 前线分子轨道能量计算

聚酰亚胺重复单元的 HOMO-LUMO 能量采用密度泛函理论(DFT)方法计算。首先运用 Materials Studio 2016 软件包中的 Visulizer 模块建立相应的 PI 重复单元结构的分子模型,然后采用 DMol3 模块,在广义梯度近似 GGA/PW91 理论和 DNP4.4 基组函数下进行模型的结构优化。全局最优结构以振动频率分析中不存在虚频率作为判断标准。以此最优结构作为研究对象,计算结构的前线分子轨道能量(HOMO、LUMO)。

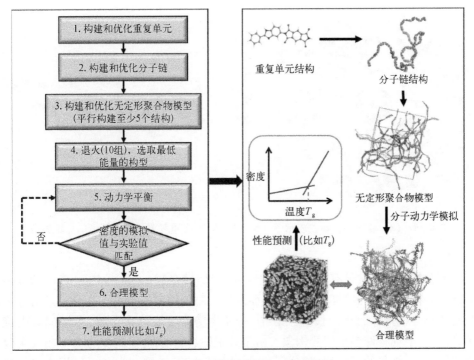

图 8 - 3　分子模拟的基本工作流程图

8.2.2.2　径向分布函数

径向分布函数(Radial Distribution Function, RDF)[图 8 - 4(a)]给出了一种概率的度量,在给定任意参考系的原点处存在原子 α 的情况下,将另一个原子 β,其中心位于厚度为无穷小的球形壳中,与参考原子之间的距离设为 r。这两种原子可以具有不同的化学类型。因此径向分布函数可表示为在距离 α 原子 (r + dr) 处出现 β 原子的概率[9],径向分布反映的是有序性问题,存在近程有序就会出现峰,若峰高而尖,说明有序性强,原子之间联系密切。可用如下方程表示:

$$g_{\alpha\beta}(r) = \frac{1}{4\pi r^2 \rho_{\alpha\beta}} \frac{\sum_{t=1}^{K} \sum_{j=1}^{N_{\alpha\beta}} \Delta N_{\alpha\beta}(r \to r + dr)}{N_{\alpha\beta} \times K}$$

其中,$\rho_{\alpha\beta}$ 是堆密度;K 是时间步长;$N_{\alpha\beta}$ 是非晶包装模型中 α 和 β 的总量;$\Delta N_{\alpha\beta}$ 是从距离 β(或 α)原子 r 到 r + dr 处出现的 α(或 β)原子数量。

以 PMDA/ODA 为例,在分析羰基氧原子与氮原子的径向分布时,首先需要选取整个无定型晶胞单元的羰基氧原子和氮原子,由于结构中氧元素除了羰基氧原子外,还有醚基氧原子,因此需要通过元素的电荷、力场或坐标等加以区分,如选用力场来区分这两种氧原子。如图 8 - 4(b),羰基氧原子的力场类型为 O1=,而醚基氧原子的立场类型为 o2e。然后通过 Forcite 的 Analysis 选项选择最后 50 帧平衡结构作为分析对象,计算径向分布所包含的分子内和分子间作用及包含周期性镜像。

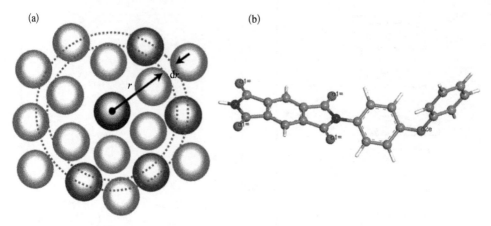

图 8-4　(a) 径向分布函数表示图;(b) PMDA/ODA 重复单元中氧原子的力场类型

8.2.2.3　回转半径

聚合物分子通常具有大量的空间排列,而回转半径(radius of gyration, R_g)是根据某些特征性质的整体统计平均值而给出的对链构型的描述。高分子是由许多个单体小分子聚合而成的长链大分子,分子中势必含有许多单键,单键能够内旋转,导致分子具有许多不同的构象。由于分子的热运动,分子构象也会不断发生改变,随着分子构象的不断改变,分子尺寸也会随之改变,回转半径可以用来表示分子尺寸,从而反映高分子链柔顺性的大小。回转半径值越大,表示分子链延展得越开,因而刚性越大。回转半径 R_g 定义为分子中原子距其共同质心的均方根距离[10],即:

$$R_g = \sqrt{\frac{\sum mr^2}{\sum m}}$$

其中,r 代表的是原子到质心的距离。

采用与径向分布函数一致的方法选取需要分析的原子或基团,使用 Forcite 模块中回转半径分布的分析选项,选择分子动力学平衡的最后 50 帧平衡结构作为分析对象,并设置计算回转半径时考虑原子的质量,将每条链整体分析,即可得到回转半径的分布值。

8.2.2.4　自由体积分数

Fox 和 Flory[11-13] 提出的自由体积理论认为液体或固体物质的体积皆由两部分组成,一部分是分子之间存在的供分子链运动的自由体积 V_f,另一部分为分子链实际占据的空间,即占有体积。MS 软件采用扫描探针法对自由体积进行计算,将不同半径大小的硬球探针对聚合物体系单元逐个扫描,硬球能够接触到的部分是聚合物体系中存在的"孔洞",也就是所谓的自由体积(图 8-5),可根据如下公式计算自由体积分数[14]:

$$\mathrm{FFV} = \frac{V_\mathrm{f}}{V} = 1 - \frac{1.3V_\mathrm{w}}{V}$$

其中，V_f 为自由体积；V 为聚合物晶胞体积；V_w 为聚合物的范德华体积。

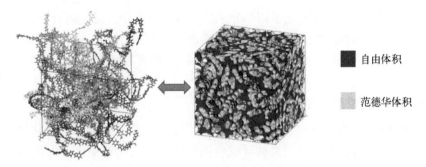

自由体积

范德华体积

图 8 - 5　分子模拟中聚合物模型自由体积的示意图

8.2.2.5　均方位移

均方位移(mean square displacement，MSD)表示在某一时刻体系中确定粒子的位置与其初始位置的偏移量的平均。当体系达到平衡后，虽然粒子还在运动，但整体上的均方位移维持在某一个值附近。通过均方位移分析可以确定体系中的粒子所处的状态(自由扩散、运输或结合)。除此之外通过 MSD 分析还可以计算曲线斜率得到体系中粒子的扩散系数(图 8 - 6)。如果 $r(t)$ 是粒子在时间 t 处的位置，并且 $r(t + \Delta t)$ 是粒子在时间间隔 Δt 之后的位置，则在该时间间隔 Δt 内粒子的平方位移为 $[r(t + \Delta t) - r(t)]^{2}$[15]。因此 MSD 可表示如下：

$$\mathrm{MSD}(\Delta t) = \frac{1}{\tau - \Delta t}\int_{0}^{\tau - \Delta t}[r(t + \Delta t) - r(t)]^{2}\mathrm{d}t = <[r(t + \Delta t) - r(t)]^{2}>$$

其中，τ 是总模拟时间。

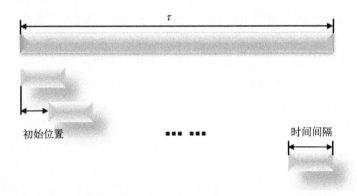

初始位置　　　　　　■■■ ■■■　　　　　　　时间间隔

图 8 - 6　MSD 计算原理图

使用 Forcite 模块中的均方位移分析选项,设置时间原点与时间间隔,时间间隔长度不超过总模拟时间 τ 的一半,对指定粒子进行分析。

MSD 分析经常用于计算气体小分子体系的扩散系数,只需要做出 MSD 与 t 的关系图,进行线性拟合将曲线的斜率除以 6 即扩散系数,因此通过作不同小分子的 $MSD-t$ 图即可根据斜率对比不同小分子的扩散速率大小。对于聚合物体系,MSD 也可以用于考察聚合物的自扩散能力,同样做出不同聚合物的 $MSD-t$ 图,对比斜率大小,斜率越大说明聚合物的自扩散能力越强,单链旋转的自由度更大,因而具有更强的柔性。

8.2.2.6 内聚能密度

Hildebrand[16,17] 和 Scatchard[18] 首先将内聚能 E_{coh} 和内聚能密度 CED 的概念引入混合物的理论处理中,被用来估计混合两种物质时的能量变化。内聚能与汽化热(或焓) ΔH_{vap} 密切相关,ΔH_{vap} 是物质从流体状态变为气态时吸收的热量。内聚能可以看作是这种热量的能量部分,可以通过从焓中减去 pV 项来获得,表达式如下:

$$E_{coh} = -\langle E_{inter} \rangle = \langle E_{intra} \rangle - \langle E_{total} \rangle$$

$$E_{coh} = \Delta H_{vap} - \Delta(pV) = \Delta H_{vap} - RT$$

$$CED = \frac{E_{coh}}{V}$$

内聚能密度是 1 mol 凝聚体克服分子间作用力变为气态所需要的能量。一般情况下,内聚能密度越大需要克服的分子间作用力就越大,所需要的能量越多。

8.2.2.7 玻璃化转变温度

当聚合物分子运动的温度很低时,链段处于冻结状态,其力学性质与玻璃相似,被称为玻璃态;当温度逐渐升高到一定值时,链段运动激活,能够在外力作用下进行链段运动,被称为高弹态。我们把从玻璃态到高弹态的转变称为玻璃化转变,所对应的温度即为玻璃化转变温度[19]。玻璃化转变温度是无定型塑料的使用上限温度,能够从微观上体现出高分子材料中链段的运动状态,它的大小将直接影响材料的加工方式和使用方式。

高分子材料在玻璃态和高弹态下的各项属性有较大的区别,并在玻璃化转变温度的温度点产生较大幅度的变动,因此可以通过改变温度,将 PI 从高弹态下的温度逐渐降低到玻璃态下的温度,计算密度、体积、比体积等属性的数值,观察密度、体积、比体积随温度变化的曲线中性质变化值最为明显的点,即找出曲线的拐点,来预测 PI 的玻璃化转变温度[20],如图 8-7 所示。

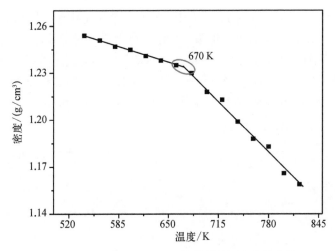

图 8-7　PMDA/ODA 型 PI 的密度随温度变化曲线

8.3　分子模拟在聚酰亚胺材料中的应用

高分子材料领域的分子模拟,又称为计算材料学,正逐渐成为继实验和理论研究之后的第三种研究方法。目前,用于分子模拟的软件包主要有 Gaussian、Gamess、Insight II、Cerius、LAMMPS 和 Materials Studio 等。其中适用于量子化学计算的有 Gaussian 和 Gamess;专门用于生命科学领域的分子模拟和设计的软件包是 Insight II;而专门针对材料科学领域的计算软件主要是 Cerius、LAMMPS 和 Materials Studio。这些软件已经被应用在高分子科学的各个方面,包括模拟高分子溶液、表面和薄膜、非晶态、晶态、液晶态、共混体、嵌段共聚体、界面、生物聚合物、高分子中的局部运动、液晶高分子的流变学、力学性质和电活性等[21]。下面,我们从聚酰亚胺材料的微观结构和宏观性能等方面,对基于分子模拟方法的聚酰亚胺新材料的设计及结构-性能预测方面的研究进行简要概述。

8.3.1　微观结构和性能的预测

8.3.1.1　分子链的微观结构

聚酰亚胺材料多为无定型构型,我们可以通过扫描电镜(SEM)等实验手段获得高分子材料形貌方面的信息,但对于分子层面的构型,实验方法并不能提供详细的信息,因此借助分子模拟的方法构建高分子材料的微观构型,能够为我们提供实验难以获得的信息。采用分子模拟方法,研究人员可以很直观地获得与 PI 分子链相关的微观结构信息,比如通过侧链和主链之间的夹角研究 PI 的预倾角[22,23];通过模拟分子链的均方末端矩($<r_{ee}^2>$)预测 PI 分子链的尺寸[24];通过模拟均方末端矩和均方回转半径($<s^2>$),利用特征比$<r_{ee}^2>/<s^2>$预测 PI 的分子链的柔顺性[25-27]。

Xia[28]等使用 MS 软件对聚砜(PSU)和两个含有砜基且结构相似的聚醚酰亚胺 Ultem 和 Extem 的结构进行了预测。从模拟所得单链段形貌可知[图 8-8(a)],三个聚合物的刚性大小依次为:Ultem>Extem>PSU。对于它们的双链段形貌而言,Ultem 和 Extem 具有相似的平行堆积构型,而 PSU 没有这种平行构型[图 8-8(b)],因此 Ultem 和 Extem 对气体分子的透过率都低于 PSU。

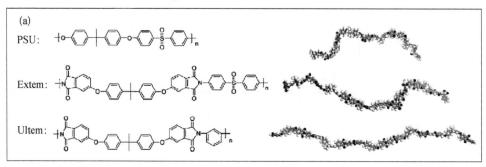

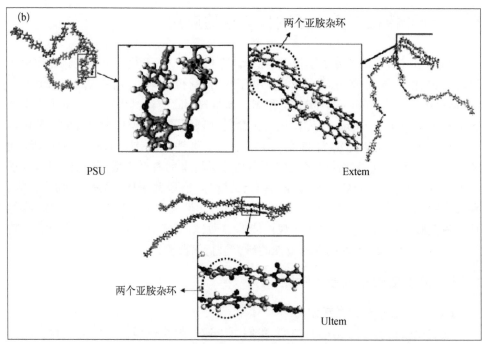

图 8-8　PSU、Extem 和 Ultem 的(a)化学结构、单链段形貌以及(b)链段形貌[28]

当高分子链中的单键内旋转被阻止,或者高分子链中的单键虽然有内旋转但是不足以改变链的方向时,高分子链不会弯曲并呈现出一种刚性棒状的形态,从而影响其材料的性能。因此借助分子模拟的方法考察 PI 分子链的刚度十分有必要,它不仅可以从微观角度观察高分子链的单链形态,还可以计算分子链中单键二面角能垒[29,30]、势能等高图[26,31]等参数。

均方回转半径(R_g)可用来表征线性聚合物的尺寸,同时也可表示分子链的柔顺性,聚合物链越柔软,R_g就越小[10,32]。从图8-9(c)中PI的单链构象看出,PI-b2的分子链扭曲程度最大,PI-a次之,PI-b1的分子链更能伸展开,说明分子链的刚性顺序为PI-b1>PI-a>PI-b2[结构见图8-9(d)]。计算出所有PI的回转半径,并利用回转半径除以聚合度除以一个重复单元的长度,得到Kuhn参数[33],结果如图8-9(a)和(b)所示。从柱状图可以比较出刚性大小为PI-b1>PI-a>PI-b2,这与单链的构象图结果一致[34]。

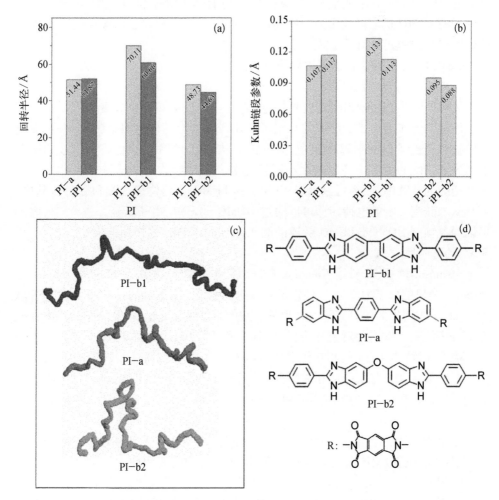

图8-9 (a) PI的回转半径值;(b) Kuhn参数值;(c) 顺式PI的单链构象;(d) PI结构单元

8.3.1.2 二胺和二酐的反应活性

二胺和二酐的分子结构从本质上决定了聚酰亚胺材料的性能,是PI新材料设计的基石。但是并非所有的二胺和二酐都能作为候选单体用来聚合,因此了解单体的反应活性对于开发新的单体至关重要。通过分子模拟对 PI 单体的活性进行预测,是一种有效的方法。Karzazi 等[35]运用 Silicon Graphics 4D / 340VGX 工作站上的 DMol 程序,通过量子化学方法中密度泛函理论方法及从头计算法计算出二胺单体的分子轨道(最高占据轨道 HOMO 和最低未被占据轨道 LUMO)能量,确定了作为电子给体的二胺单体的 HOMO 轨道能量越低,化学反应活性也越低,这些结果与实验结果相当吻合。二酐的电子亲和能(E_a),即接受电子的能力,也可以通过 DFT 方法计算。目前对 Ea 的计算,主要是通过计算中性二酐分子与带一个负电荷的二酐阴离子分子的能量差算得[36,37],也有通过分子轨道法算得,即计算二酐分子的 LUMO 轨道能量作为亲和能的方法[38]。这两种方法均被证明与由极谱还原数据得到的实验值[39]趋势相符。

8.3.1.3 二胺和二酐的前线分子轨道能量

1. 对 PI 薄膜透明性的影响

传统聚酰亚胺呈现出浅黄色到棕色的颜色,聚酰亚胺带色的主要原因是二胺链节的给电子作用与二酐链节的吸电子作用产生的电荷转移络合物导致的,而电荷转移作用越强会导致 PI 的颜色越深,因此从理论上 PI 的颜色将与二胺的给电子能力和二酐的吸电子能力的大小直接相关。从半经验分子轨道方法[40,41]对电子跃迁能的计算中,已经可以确定 HOMO 和 LUMO 分别位于二胺和二酐残基中,并且从二胺到二酐的电荷转移可以通过 HOMO - LUMO 电子跃迁来进行[42],因此可以通过预测 HOMO - LUMO 跃迁的能量来预测电荷转移作用的大小,进一步说明 PI 的透明性。

Atsutoshi 教授[43]利用 Gaussian 03 软件通过 DFT 方法及 Material Studio 中 Discover 模块的分子力学方法对分子结构进行优化,优化过的结构用 GAMESS 软件的 LC - TDDFT 方法计算了三种聚酰亚胺的紫外吸收光谱,以及二胺与二酐在交互下分子间相互作用和对紫外光谱的影响(图 8 - 10)。结果证明,分子间 PMDA 与 PMDA、ODA 与 ODA 的相互作用会影响薄膜的透明度,通过 LC - TDDFT 方法计算的紫外截止波长与实验值相差无几。并利用 Material Studio 的分子动力学方法进行了径向分布函数分析,结果表明对于半芳香族 PI,分子间相互作用的影响并不大。

本书作者课题组合成的七种 PI 均聚物(图 8 - 11),以 BPDMA 为二胺,改变不同二酐结构,通过测定 PI 的紫外透过曲线,知道它们的透明性大小顺序为 PI - 7>PI - 6>PI - 5>PI - 4>PI - 2>PI - 3>PI - 1[44]。在此实验基础上,我们对这些 PI 的均聚体系进行了 HOMO - LUMO 的能隙计算,研究不同二酐的吸电子效应对 PI 透明性的影响。

从表 8 - 1 中看出,这些 PI 的 HOMO 轨道主要位于 BPDMA 二胺的联苯基团上,LUMO 轨道主要位于二酐基团中,与电荷转移理论一致。由于采用同样的二

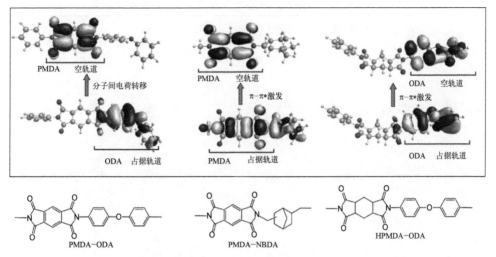

图 8 − 10　链间相互作用对紫外/可见光吸收引起的电子激发的影响

图 8 − 11　用于前线分子轨道分析的 PI 均聚物重复单元结构

胺,这七种 PI 的 HOMO 轨道能量差距很小。而不同的二酐造成了 LUMO 轨道图形和轨道能量存在较大的差异,这是由于二酐结构具有不同的吸电子基团,从而具有不同的亲核能。当发生电荷转移跃迁时,电子从二胺残基的 HOMO 轨道跃迁至二酐残基的 LUMO 轨道,HOMO − LUMO 之间的能隙越大,说明 HOMO 轨道上的电子要跃迁到 LUMO 轨道上需要的能量就越高,意味着发生电荷转移的难度越大,薄膜会表现出高的透明性[45]。这七种 PI 的 HOMO-LUMO 的能隙与实验所得的紫外截止波长呈现出很好的对称性,即能隙越高,紫外截止波长越短,PI 的透过率越大,从而拥有更好的透明性。由此可见,可以通过计算 HOMO-LUMO 的能隙可对此类 PI 的透明性进行预测。

表 8 − 1 **PIs 的 HOMO、LUMO 轨道图及对应的分子轨道能量**

PIs	$\Lambda_{cut-off}$ nm	HOMO eV	LUMO eV	LUMO 轨道示意图	HOMO 轨道示意图
PI − 1	403	−5.420	−4.134		
PI − 2	377	−5.393	−3.669		
PI − 3	391	−5.388	−3.987		
PI − 4	359	−5.346	−3.474		
PI − 5	353	−5.456	−3.647		
PI − 6	306	−5.404	−2.457		
PI − 7	302	−5.382	−3.660		

2. 对 PI 存储器件易失性的影响

聚酰亚胺中二胺残基的给电子作用和二酐残基的吸电子作用会形成电荷转移络合物。当 PI 用于存储器件时,易失性存储行为取决于撤去外加电压后的电荷转移络合物的稳定性,一旦形成的电荷转移络合物不稳定,PI 器件就易呈现出易失

性存储行为。Ling 等[46]通过使用 Gaussian 03 软件的 DFT 方法计算了 TP6F‑PI
［图 8‑12(A)］的 HOMO、LUMO、LUMO1、LUMO2、LUMO3 轨道；研究了电荷转移
的途径：由 LUMO3 直接跃迁至 LUMO，从 LUMO3 跃迁至 LUMO2 再到 LUMO；确定
了 HOMO 上的电子受到激发后会跃迁到与 HOMO 轨道有最大重叠的 LUMO3 轨道
［图 8‑12(B)］，电荷也会在电场作用下分离并离域到共轭三苯胺上实现电荷转移
络合物的稳定，最终实现 PI 器件用于存储材料时的存储稳定性。而根据场致电荷
转移原理，存储器件的稳定性就取决于撤去外加电压后电荷转移络合物的稳定性。

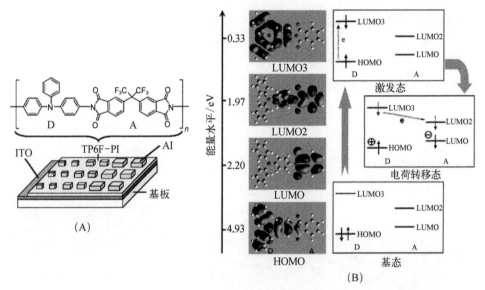

图 8‑12 (A) TP6F‑PI 的分子结构和单层存储设备的示意图；(B) TP6F‑PI 基本
单元的分子轨道(左)和电场诱导的从基态到 CT 状态的跃迁(右)

8.3.2 宏观性能的预测

分子模拟也可以用来模拟和测算聚合物的多种宏观性能，其中最重要的要数
热性能和力学性能，因为这些性能和材料的大多数应用场合息息相关。

8.3.2.1 玻璃化转变温度

玻璃化转变温度(T_g)是由高弹态转变为玻璃态所对应的温度。使用分子动力
学方法计算高分子材料的 T_g 通常是选取合适的温度范围逐步降温，计算这些温度
点在平衡状态下的密度或比体积，从而得到密度或比体积随温度变化的曲线，曲线
中的拐点即为 T_g 值[20]。Liang 等[47]利用 Cerius 2软件及 Dreiding 力场进行模型构
建计算模拟，通过分子动力学方法计算了三组 PI 的 T_g(表 8‑2)，虽然降温过快会
导致 T_g 的计算值整体偏大，但与实验测量值基本吻合。他们还研究了当其具有较
大的取代基时，将会具有较高垒势，因而具有更高的 T_g。Lyulin 等[48]利用 Insight II

和 GROMOS96 力场进行微秒级分子动力学计算,模拟了密度随温度变化的曲线,计算出 R-BAPS 的热性能(图 8-13),对比了关闭和接通部分电荷下的 PI 的 T_g,解释了偶极-偶极性质的强分子内和分子间静电相互作用导致的 T_g 升高现象。

表 8-2　三组 PI 玻璃化转变温度的分子模拟数值和实验值

PI 结构	T_g模拟值 /K	T_g实验值 /K
	563	549
	601	597
	549	535

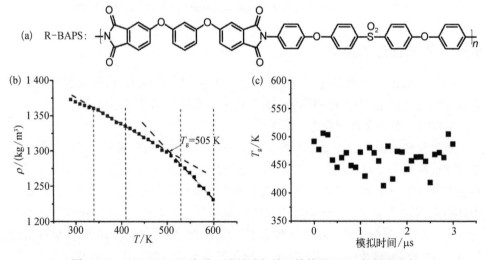

图 8-13　(a) R-BAPS 聚酰亚胺的重复单元结构图;(b) 密度随温度变化的曲线;(c) 在 600 K 下 PI 的 T_g 随模拟时间的变化

不少研究人员尝试使用分子模拟方法建立聚酰亚胺分子结构与 T_g 之间的关联性。荷兰埃因霍芬理工大学的 Lyulin 研究组通过改变 PI 链段中的二胺结构（R-BAPB 和 R-BAS[49,50]、ULTEMTM 和 EXTEMTM[51]）以及二酐结构（aBPDA-P3、BPDA-P3 和 ODPA-P3[52]），采用微秒级的全原子分子动力学方法对聚酰亚胺聚合物结构与 T_g 之间的关系展开了一系列的分子模拟。他们发现这些聚酰亚胺分子链中的静电相互作用（electrostatic interactions）[49-51,53]和局部取向流动（local orientational mobility）[52,54]，都是决定聚酰亚胺 T_g 的主要因素；同时，Lyulin 研究组也提出了在预测聚酰亚胺 T_g 的分子模拟时应该注意的要点，如：建模过程[55]、冷却速率[56]等因素也会影响 PI 玻璃化转变温度的模拟值。以上研究证实了分子模拟预测的聚酰亚胺 T_g 值与实验值相吻合，是一种有效的理论预测手段。

本书作者课题组采用全原子分子动力学对三组具有相同氢键给体(—NH)数目的异构化 PI(图 8-14)结构进行模型构建和玻璃化转变温度的计算，并从微观角度出发研究结构中各项因素，如：分子间相互作用、刚性、电荷转移作用，以及异构作用对玻璃化转变温度的影响[34]。对比了顺反异构体，当顺式 PI 的分子间氢键数目增多时，会引起分子链堆砌的紧密，进而增大玻璃化转变温度，内聚能密度也表现出相同的趋势；对比三个顺式结构，PI-b1 拥有最强的刚性，因此具有最好的耐热性。从微观结构上分析，PI 均聚物普遍表现为：分子链构象受链内氢键的

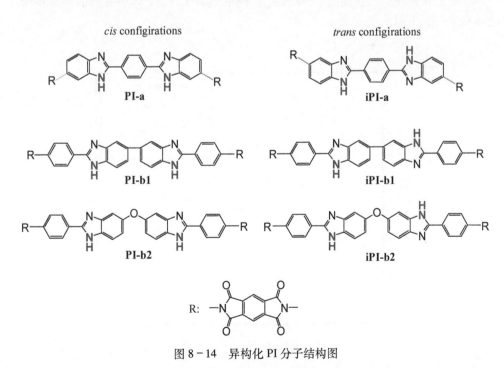

图 8-14　异构化 PI 分子结构图

影响,当链内氢键增多时,分子链的自由度减小;代表分子间相互作用力的内聚能密度受分子链间氢键数目的影响,其随链间氢键数目的增加而增大;刚性作为影响耐热性的重要指标,与玻璃化转变温度呈现出较良好的正相关性;自由体积分数由于同时受到分子间作用力和刚性的影响而表现出部分数据的偏离现象;以及刚性参量和分子间作用力的协同作用会直接影响 PI 的 T_g。

8.3.2.2 机械性能

材料的机械性能是指在外力作用下材料的变形能力大小,一般用模量来表示。在分子动力学模拟中模量主要通过静态法和动态法进行计算。在静态法计算中对平衡系统施加一个很小的应变,使材料在 xy、yz、xz 平面产生剪切形变,利用刚度矩阵求出模量[57]。动态法是直接对体系施加变形,从而模拟在拉伸过程中应力随应变变化的曲线,曲线斜率即为杨氏模量[58]。Yang 等[59] 利用 Material Studio 5.0 软件和 COMPASS 力场进行了原子间和原子内相互作用的计算,通过 Parrinello-Rahman 涨落方法在五个不同的刚度张量上平均了弹性刚度张量,用于计算接枝纳米二氧化硅的 s-BPDA/1,3,4-APB 型 PI 复合材料的杨氏模量,并发现杨氏模量随纳米颗粒半径的减小而增加[图 8-15(a)]。Jiang 等[60] 通 Materials Studio 5.5 软件构建模型并利用 LAMMPS 软件进行分子动力学模拟,采用力场为 PCFF 力场。该研究通过动态法计算了掺杂三壁碳纳米管(TWCNT)的 BPDA/PDA 型 PI 的模量,在沿 TWCNT 方向施加单轴应变得到了应力-应变曲线并计算出弹性模量,发现弹性模量随着 TWCNT 体积分数的增加而增加[图 8-15(b)]。

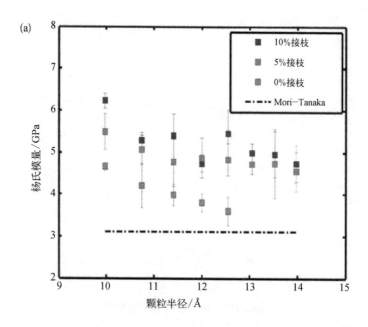

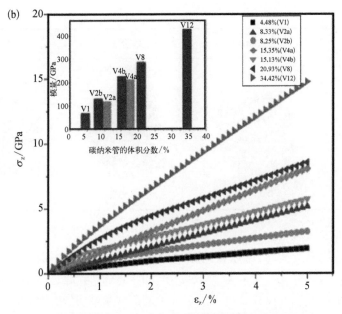

图 8 - 15　(a) 接枝不同含量与半径纳米二氧化硅的 PI 杨氏模量值;(b) 不同
体积分数的 PI/TWCNT 纳米复合材料的应力-应变曲线

8.3.2.3　自由体积

1. 对透明性的影响

本课题组基于如图 8 - 16 所示三种 PI 结构(22DMB、33DMB 和 2255TMB),研究了甲基结构的引入和取代位置对 PI 透明性的影响,其透明性大小顺序为 2255TMB>22DMB≈33DMB[61]。从自由体积(FFV)的结果看出(表 8 - 3),由于两处位阻效应的作用,2255TMB 的 FFV 明显大于 22DMB 和 33DMB,分子链堆砌的紧密程度低于后两种聚酰亚胺,进而降低了分子链间共轭作用,从而减少分子间电荷转移络合物的形成。因此 2255TMB 是这三种 PI 中透明性最高的,22DMB 与 33DMB 的位阻效应带来的分子链堆砌作用相差不大,透明度也相差不大。

图 8 - 16　甲基结构影响的三组 PI 结构

表 8 - 3　三组 PI 的二面角度数和自由体积参数

参　数	22DMB	33DMB	2255TMB
α	38	70	61
β	82	48	90

参　数	22DMB	33DMB	2255TMB
$\Lambda_{\text{cut-off}}/\text{nm}$	338	338	308
自由体积分布			
FFV	0.414 0	0.413 2	0.428 9

2. 对气体透过性的影响

由于聚合物链的运动,可以在间隙中形成通道(即自由体积),小分子因此可以通过自由体积通道从一个间隙扩散到下一个间隙[62]。通过分子模拟手段不但可以对小分子进行均方位移分析得到小分子的扩散系数,还可以模拟 PI 膜中自由体积的大小和分布。Heuchel 等[63]应用 COMPASS 力场进行模型构建和分子动力学计算。利用过渡态理论,通过跳变机制使用跃迁概率对气体扩散进行了蒙特卡洛模拟,计算了 6FDA/ 2,4,6 -三甲基苯胺型 PI 中氮气、氧气、二氧化碳的气体扩散均方位移(MSD)随时间变化的曲线[图 8 - 17(a)],并计算了扩散系数。Chang 等[64]利用 Cerius² 及 COMPASS 力场进行能量最小化和分子动力学计算,将各个横截面的自由空间面积转换为等效直径,统计数个横截面对应的等效直径数目,得到 H_BAPB、H_BAPTB、H_BAPDTB 型 PI 的自由体积尺寸分布图[图 8 - 17(b)],并对比了三组 PI 自由体积截面图[图 8 - 17(c)],其中 H_BAPDTB 型 PI 膜拥有更宽、更连续的自由空间,更易于输送较大的分子。

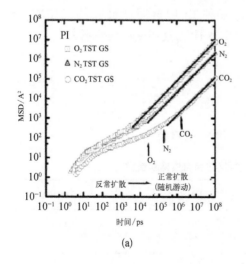

(a)

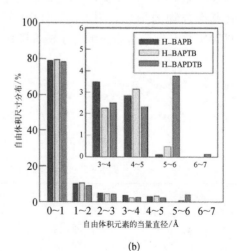

(b)

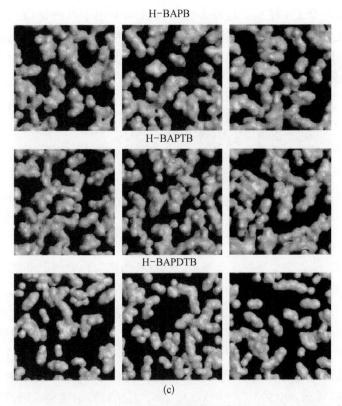

图 8 - 17　(a) 6FDA/ 2,4,6 -三甲基苯胺型 PI 中 O_2、N_2、CO_2 的 MSD 与模
　　　　　拟时间的关系 H_BAPB、H_BAPTB、H_BAPDTB 型 PI 的(b) 自
　　　　　由体积尺寸分布图和(c) 自由体积截面图

8.4　基于机器学习的聚酰亚胺材料设计

　　近年来,"材料基因组计划(MGI)"提出了"理论预测在先,实验验证在后"的
材料研发新理念[65],旨在材料结构数据共享和共存基础上,建立材料结构数据库,
实现材料定量的结构-性能关系(quantitative structure-property relationship, QSPR)
的预测。QSPR 方法可以从材料结构数据,即分子结构描述符(molecular
descriptors)中预测材料的物理化学性质,可对影响材料物理化学性质的主要因素
进行深入探究,进而通过计算机筛选化合物分子结构,指导人工合成新的物质和材
料,因此可显著加速新材料的研制进度。

　　目前,采用机器学习方法构建材料的 QSPR 模型被认为是最为准确和高效的
材料性能预测方法,其基本流程如图 8 - 18 所示[66],首先采用多种信息化软件将
材料的物理化学性质及拓扑形貌特征等指纹图谱类指标进行参数化(即描述符,
Descriptors),使之变成为计算机可读的数字;然后,使用材料描述符来训练计算机

进行学习,建立 QSPR 模型。这种方法已经成功应用于可视化识别潜在多孔材料[67]、识别无序固体材料中和塑性相关的普适特性[66]以及从失败的实验数据中进行设计的材料研制[68]等领域,表现出预测准确度高、耗时短、成本低、可对新结构进行批量预测等优点。

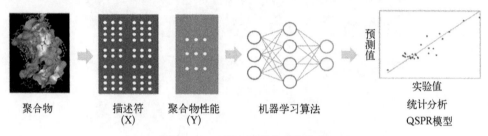

图 8-18　QSPR 模型的建立流程

　　研究表明,该方法也适用于有机聚合物材料结构与性能的定量预测,能准确预测聚合物的耐热性能(T_g)。Yu 和 Huang[69]使用机器学习中的人工神经网络(ANN)算法开发了基于 107 个聚苯乙烯样本的 QSPR 模型,其相关系数为 $R_2 = 0.912$,均方根误差为 RMSE = 17.7 K。Mercader 等[70]采用 126 个聚丙烯酸酯样本,使用增强替换法(ERM)开发了一个八描述符的 QSPR 模型,$R = 0.973$,误差为 $S = 0.1697$;此后该课题组[71]对一组 153 个卤化聚合物样品,开发了一个七描述符的 ERM-QSPR 模型,$R_2 = 0.978$,$S = 0.6693$。除了上述对特定类别或同源系列聚合物的 T_g 预测外,研究人员也对不同类型的聚合物进行 QSPR 建模,以推导具有普适性的共识模型,比如最近 Kim 等[72]积累了一组有机聚合物的数据集,以高斯进程回归(GPR)算法开发了多个 QSPR 模型;Khan 和 Roy[73]则使用 206 个不同聚合物的数据集生成基于偏最小二阶回归(PLS)的 QSPR 模型;Chen 等[74]对于 80 种不同聚合物,结合了基因算法(GA)和多元线性回归(MLR)开发了由 1~10 个描述符组成的模型,并指出具有 7 个描述符的 QSRP 模型具有最佳相关系数,$R_2 = 0.770$。该方法正在被聚酰亚胺领域的科研人员所采用,目前为止基于机器学习的聚酰亚胺材料设计和性能预测的研究如下。

8.4.1　热性能(T_g)

　　湖南科技大学刘万强等[75]于 2010 年报道用人工神经网络算法建立了一个三描述符的 QSPR 模型,用以预测聚酰亚胺的 T_g,其中收集了 54 种聚酰亚胺结构,三个描述符分别代表了分子间相互作用力、分子链的移动性以及分子主链的相对刚性。用此模型预测的 T_g 值与实验值非常吻合,训练集和测试集的测试误差分别为 12.4 K($R_2 = 0.935$)和 16.4 K($R_2 = 0.937$)。最近,Wen 等研究人员[76]将聚酰亚胺结构数据集扩大至 220 个,T_g 值分布在 466~583 K 之间[图 8-19(b)],将 PI 分子结构用 SMILES(Simplified Molecular Input Line Entry System,简化的分子线性输入系统)命名[图 8 - 19(a)],根据此命名计算相应的分子描述符,分别使用 LASSO(最小绝对值收敛)正则化方法和 Bagging 算法(装袋算法)筛选和优化描述符,分别建立了四种 QSPR 模型。研究人员发现,如果采用统计计算法将 PI 数据集分为测试集和训练集,且采用 Bagging 算法增强模型稳定后,所获得的预测模型效果最佳,预测误差为 20 K 左右[图 8 - 19(c)]。

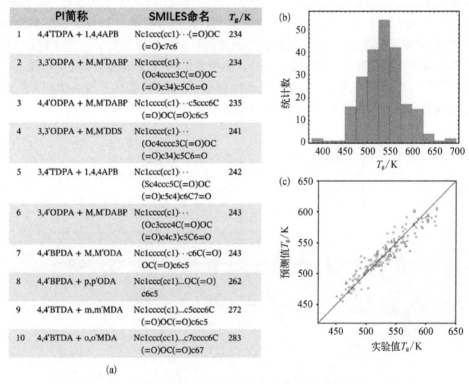

(a)

图 8 - 19　(a) SMILES 命名的示例;(b) 聚酰亚胺 T_g 实验值的分布范围;
(c) 基于"统计分类+Bagging 稳定"的 QSPR 模型

8.4.2　热分解温度

Ajloo 等研究人员[77]采用包括聚酰胺酰亚胺、聚酯酰亚胺和聚氨酯酰亚胺在内的 80 个聚合物作为数据集,建立了分子结构与热分解温度($T_{d10\%}$)之间的基于多元线性回归的 MLR-QSPR 模型。研究人员从最初获取的 1 400 多个基于拓扑、构型、电子和其他混合描述符中,筛选优化最佳描述符,通过构建基于四个描述符和基于十三个描述符的模型,对比了描述符个数对于模型的相关系数(R_2)和最大单向自由度 F-比(F-ratio)的影响。结果表明,四描述符模型具有较低的相关系数、较低的交叉优化度以及较高的 F-比,预测效果更佳。

8.4.3 折射率

纽约州立大学的 Afzal 等[78]采用机器学习研究了将不同的极化基团引入 PI 过价的方法,以克服现有化合物的技术限制,重点放在将硫掺入 PI 中,并以此来创建一类新的高折射率(RI)聚合物。为此,研究人员基于图 8-20 所示的 29 个构建基块和绑定规则创建了一个 PI 库,构建模块可以分为连接基团(B1~B6)和(杂)芳族基团(B7~B29)。使用 ChemLG 分子库生成器代码通过系统的组合链接方案,最初生成 38 619 个 R_1 结构和 171 172 个 R_2 结构,然后筛选了 10 000 个最终的 PI 候选者,并采用包括 10 个已知实验数据的高折射率聚酰亚胺分子结构在内的 112 个非共轭聚合物构建机器学习模型,结合使用分子模拟、高通量计算,对聚酰亚胺新结构进行折射率的预测。最终通过预测确定了与高 RI 值相关的基团(如蒽、二苯并噻吩、蒽)和结构模式(如 S 和 O 作为桥联基团)。

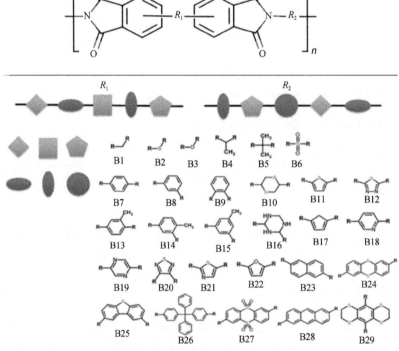

图 8-20 PI 新结构的构建模块示意图:连接基团(B1~B6)和
(杂)芳族基团(B7~B29)

8.4.4 介电性能

中山大学许家瑞等[79]采用 61 种聚酰亚胺结构和 5 个描述符,建立了预测聚酰亚胺介电性能的两种 QSPR 模型:基于线性回归分析的 MLR-QSPR 模型和基于人工神经网络的 ANN-QSPR 模型。这两种模型均具有良好的预测性和适用性,可应用于指导新型结构的低介电常数聚酰亚胺薄膜的设计。其中,MLR-QSPR 模型揭示了 5 种结构参数与材料介电常数之间的内在关系,即:含氟量的自然律 $e^{-F\%}$、偶极距 μ、溶度参数 δ 与介电常数之间存在正相关关系,而最负原子净电荷 q^-、侧基长度 L 则与介电常数存在着负相关关系;而 ANN-QSPR 模型具有更高的预测精度。

8.4.5 气体透过率

Hasnaoui 等[80]对聚酰亚胺等聚合物的气体透过性开展了 QSPR 建模研究。他们收集了包括 70 种聚酰亚胺、8 种聚醚酰亚胺和 12 种聚硅氧烷酰亚胺在内的 149 种聚合物,使用由 Yampolskii 等[81]开发的基团贡献法所获取的 21 种描述符建立了 ANN-QSPR 模型,用以预测如 O_2、N_2、CO_2 和 CH_4 等气体的透过率。值得注意的是,由基团贡献法所获取的描述符是将聚合物的重复单元结构分解为最小的结构单元(表 8-4),重复单元可用如图 8-21 所示方式进行描述。相比于由分子信息学软件所获取的描述符而言,此法的优势在于可以省去从数以千计的描述符中进行描述符的筛选和优化,但缺乏对电子和三维构型等特征的表达。

表 8-4 由基团贡献法所获取的描述符结构及其符号

中心链中的原子	符 号	侧链中的原子	符 号
芳环上的 C	C_A1	芳环上的 C	C_A2
$=C-$	C_21	$-C-$	C_32
$-C-$	C_31	$-C-(Ar)$	$C_{3A}2$
N	N_11	$-O-$	O_12
$-O-$	O_11	$-O-(Ar)$	$O_{1A}2$
$-S-$	S_11	$O-$	O_22
$-S-$	S_61	$F-$	F_2
$-Si-$	$Si1$	$F-(Ar)$	F_A2
		$Cl-(Ar)$	Cl_A2
		$Br-(Ar)$	Br_A2
		$H-$	$H2$
		$H-(Ar)$	H_A2

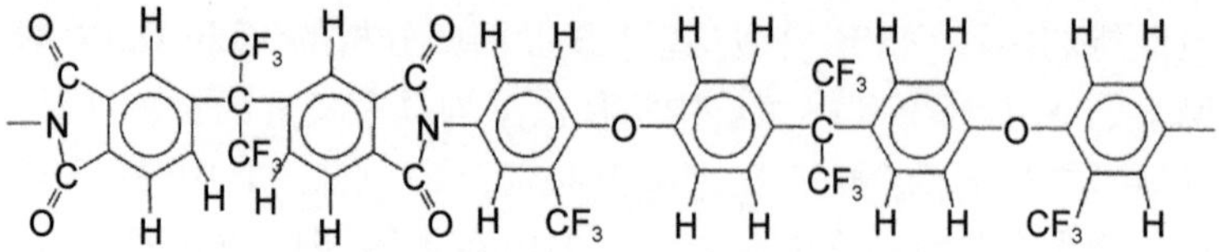

主链原子：$2N_11+4C_21+36C_A1+2C_31+2O_11$

侧基原子：$4O_21+4C_31+2C_{3A}2+20H_A2+18F2$

图 8-21　由基团贡献法所获取的描述符以及 PI 结构命名示意图

参 考 文 献

[1] Chien H W, Wu G M, Chiue C W, et al. Surface modification of polyimide alignment films by ion beams for liquid crystal displays. Surface and Coatings Technology, 2011, 206(5): 797-800.

[2] Liaw D J, Wang K L, Huang Y C, et al. Advanced polyimide materials: syntheses, physical properties and applications. Progress in Polymer Science, 2012, 37(7): 907-974.

[3] Sotoyama S, Tatsuura S, Yoshimura T. Electro-optic side-chain polyimide system with large optical nonlinearity and high thermal stability. Applied Physics Letters, 1994, 64(17): 2197-2199.

[4] 曾谨言. 量子力学（下册）. 北京：科学出版,1981.

[5] Heerman D W. Computer simulation methods in theoretical physics. Berlin Heidelberg: Springer-Verlag, 1987.

[6] Murrell J N, Carter S, Farantos S C, Molecular potential energy functions. New York: Wiley, 1985.

[7] Frenkel D, Smit B. Understanding molecular simulation: from algorithms to applications. Salt Lake City: Academic Press, 2002.

[8] 杨小震. 分子模拟与高分子材料.北京：科学出版社, 2002.

[9] Soper A K. The radial distribution functions of water and ice from 220 to 673 K and at pressures up to 400 MPa. Chemical Physics, 2000,258(2-3): 121-137.

[10] Fixman M. Radius of gyration of polymer chains. Journal of Chemical Physics, 1962, 36(2): 306-310.

[11] Fox T G, Flory P J. Second-order transition temperatures and related properties of polystyrene. I. Influence of molecular weight. Journal of Applied Physics, 1950, 21(6): 581-591.

[12] Fox T G, Flory P J, Further studies on the melt viscosity of polyisobutylene. The Journal of Physical and Colloid Chemistry, 1951, 55(2): 221-234.

[13] Fox T G, Flory P J. The glass temperature and related properties of polystyrene. Influence of molecular weight. Journal of Polymer Science, 1954, 14(75): 315-319.

[14] Thran A, Kroll G, Faupel F. Correlation between fractional free volume and diffusivity of gas molecules in glassy polymers. Journal of Polymer Science, Part B: Polymer Physics, 1999, 37(23): 3344-3358.

[15] Song Y, Luo M, Dai L L. Understanding nanoparticle diffusion and exploring interfacial

nanorheology using molecular dynamics simulations. Langmuir, 2010, 26(1): 5-9.

[16] Hildebrand J H. Solubility. Journal of the American Chemical Society, 1916, 38(8): 1452-1473.

[17] Hildebrand J H, Solubility. III. Relative values of internal pressures and their practical application. Journal of the American Chemical Society, 1919, 41(7): 1067-1080.

[18] Scatchard G. Equilibria in non-electrolyte solutions in relation to the vapor pressures and densities of the components. Chemical Reviews, 1931, 8(2): 321-333.

[19] Napolitano S, Glynos E, Tito N B. Glass transition of polymers in bulk, confined geometries, and near interfaces. Reports on Progress in Physics, 2017, 80(3): 036602.

[20] Fan H B, Yuen M M F. Material properties of the cross-linked epoxy resin compound predicted by molecular dynamics simulation. Polymer, 2007, 48(7): 2174-2178.

[21] 庄吕清,岳红,张慧军. 分子模拟方法及模拟软件 Materials Studio 在高分子材料中的应用. 塑料, 2010, 39: 81-84.

[22] Li M, Lai H, Chen B, et al. Effect of a biphenyl side chain of polyimide on the pretilt angle of liquid crystal molecules: molecular simulation and experimental studies. Liquid Crystal, 2010, 37(2): 149-158.

[23] Wang X, Wang H, Luo L, et al. Dependence of pretilt angle on orientation and conformation of side chain with different chemical structure in polyimide film surface. RSC Advances, 2012, 2(25): 9463-9472.

[24] Wang Y, Yang Y, Jia Z, et al. Effect of pre-imidization on the aggregation structure and properties of polyimide films. Polymer, 2012, 53(19): 4157-4163.

[25] Goyal S, Park H H, Lee S H, et al. Characterizing the fundamental adhesion of polyimide monomers on crystalline and glassy silica surfaces: a molecular dynamics study. Journal of Physics Chemistry C, 2016, 120(41): 23631-23639.

[26] Kang J W, Choi K, Jo W H, et al. Structure-property relationships of polyimides: a molecular simulation approach. Polymer, 1998, 39(26): 7079-7087.

[27] Zhang R, Mattice W L. Flexibility of a new thermoplastic polyimide studied with molecular simulations. Macromolecules, 1993, 26(22): 6100-6105.

[28] Xia J, Liu S, Pallathadka P K, et al. Structural determination of Extem XH 1015 and its gas permeability comparison with polysulfone and Ultem via molecular simulation. Industrial & Engineering Chemistry Research, 2010, 49(23): 12014-12021.

[29] Liang T, Yang X, Zhang X. Prediction of polyimide materials with high glass-transition temperatures. Journal of Polymer Science, Part B: Polymer. Physics, 2001, 39(19): 2243-2251.

[30] Cao L, Zhang M, Niu H, et al. Structural relationship between random copolyimides and their carbon fibers. Journal of Materials Science, 2017, 52(4): 1883-1897.

[31] Chantawansri T L, Yeh I C, Hsieh A J. Investigating the glass transition temperature at the atom-level in select model polyamides: a molecular dynamics study. Polymer, 2015, 81: 50-61.

[32] Mohammadi M, Davoodi J, Javanbakht M, et al. Glass transition temperature of PMMA/modified alumina nanocomposite: molecular dynamic study. Materials Research Express, 2019, 6(3): 035309/1-035309/7.

[33] Ronova I, Alentiev A Y, Bruma M. Influence of voluminous substituents in polyimides on their physical properties. Polymer Reviews, 2018, 58(2): 376 - 402.

[34] Ma X, Zheng F, van Sittert C G C E, et al. Role of intrinsic factors of polyimides in glass transition temperature: an atomistic investigation. Journal of Physics Chemistry B, 2019, 123 (40): 8569 - 8579.

[35] Karzazi Y, Vergoten G, Surpateanu G. A density functional theory study on the reactivity of monosubstituted cycloimmonium ylides. Journal of Molecular Structure, 1999, 476(1 - 3): 105 - 119.

[36] Anta JA, Marcelli G, Meunier M, et al. Models of electron trapping and transport in polyethylene: Current-voltage characteristics. Journal of Applied Physics, 2002, 92 (2): 1002 - 1008.

[37] Serra S, Tosatti E, Iarlori S, et al. Interchain states and the negative electron affinity of polyethylene//1998 Annual Report Conference on Electrical Insulation and Dielectric Phenomena (Cat. No. 98CH36257), Vol. 1: IEEE, 1998: 19 - 22.

[38] Paz C V, Vasquez S R, Flores N, et al. Reactive sites influence in PMMA oligomers reactivity: a DFT study. Materials Research Express, 2018, 5(1): 015314/1 - 015314/10.

[39] 丁孟贤. 聚酰亚胺: 化学、结构与性能的关系及材料. 北京: 科学出版社, 2006.

[40] LaFemina J P, Arjavalingam G, Hougham G. Electronic structure and ultraviolet absorption spectrum of polyimide. Journal of Chemical Physics, 1989, 90(9): 5154 - 5160.

[41] LaFemina J P, Kafafi S A. Photophysical properties and intramolecular charge-transfer in substituted polyimides. Journal of Physical Chemistry, 1993, 97(7): 1455 - 1458.

[42] Sato Y, Yoshida M, Ando S. Optical properties of rod-like fluorinated polyimides and model compounds derived from diamines having high electron-donating properties. Journal of Photopolymer Science and Technology, 2006, 19(2): 297 - 304.

[43] Abe A, Nakano T, Yamashita W, et al. Theoretical and experimental studies on the mechanism of coloration of polyimides. Chemphyschem, 2011, 12(7): 1367 - 1377.

[44] Wu Q, Ma X, Zheng F, et al. Synthesis of highly transparent and heat-resistant polyimides containing bulky pendant moieties. Polymer International, 2019, 68(6): 1186 - 1193.

[45] Fujiwara E, Fukudome H, Takizawa K, et al. Pressure-induced variations of aggregation structures in colorless and transparent polyimide films analyzed by optical microscopy, UV-Vis absorption, and fluorescence spectroscopy. Journal of Physical Chemistry B, 2018, 122(38): 8985 - 8997.

[46] Ling Q D, Chang F C, Song Y, et al. Synthesis and dynamic random access memory behavior of a functional polyimide. Journal of the American Chemical Society, 2006, 128 (27): 8732 - 8733.

[47] Liang T, Yang X, Zhang X. Prediction of polyimide materials with high glass - transition temperatures. Journal of Polymer Science, Part B: Polymer Physics, 2001, 39(19): 2243 - 2251.

[48] Lyulin S V, Gurtovenko A V, Larin S V, et al. Microsecond atomic-scale molecular dynamics simulations of polyimides. Macromolecules, 2013, 46(15): 6357 - 6363.

[49] Lyulin S V, Larin S V, Gurtovenko A A, et al. Effect of the SO_2 group in the diamine fragment of polyimides on their structural, thermophysical, and mechanical properties. Polymer. Science, Series A, 2012, 54(8): 631 - 643.

[50] Nazarychev V M, Larin S V, Yakimansky A V, et al. Parameterization of electrostatic interactions for molecular dynamics simulations of heterocyclic polymers. Journal of Polymer Science, Part B: Polymer Physics, 2015, 53(13): 912-923.

[51] Falkovich S G, Lyulin S V, Nazarychev V M, et al. Influence of the electrostatic interactions on thermophysical properties of polyimides: Molecular-dynamics simulations. Journal of Polymer Science, Part B: Polymer Physics, 2014, 52(9): 640-646.

[52] Nazarychev V M, Dobrovskiy A Y, Larin S V, et al. Simulating local mobility and mechanical properties of thermostable polyimides with different dianhydride fragments. Journal of Polymer Science, Part B: Polymer Physics, 2018, 56(5): 375-382.

[53] Lyulin S V, Gurtovenko A A, Larin S V, et al. Microsecond atomic-scale molecular dynamics simulations of polyimides. Macromolecules, 2013, 46(15): 6357-6363.

[54] Nazarychev V M, Lyulin A V, Larin S V, et al. Correlation between the high-temperature local mobility of heterocyclic polyimides and their mechanical properties. Macromolecules, 2016, 49(17): 6700-6710.

[55] Larin S V, Falkovich S G, Nazarychev V M, et al. Molecular-dynamics simulation of polyimide matrix pre-crystallization near the surface of a single-walled carbon nanotube. RSC Advances, 2014, 4(2): 830-844.

[56] Lyulin S V, Larin S V, Gurtovenko A A, et al. Thermal properties of bulk polyimides: insights from computer modeling versus experiment. Soft Matter, 2014, 10(8): 1224-1232.

[57] Theodorou D N, Suter U W. Atomistic modeling of mechanical properties of polymeric glasses. Macromolecules, 1986, 19(1): 139-154.

[58] Brown D, Clarke J H R. Molecular dynamics simulation of an amorphous polymer under tension. 1. Phenomenology. Macromolecules, 1991, 24(8): 2075-2082.

[59] Yang S, Choi J, Cho M. Elastic stiffness and filler size effect of covalently grafted nanosilica polyimide composites: Molecular dynamics study. ACS Applied Materials & Interfaces, 2012, 4(9): 4792-4799.

[60] Jiang Q, Tallury S S, Qiu Y, et al. Molecular dynamics simulations of the effect of the volume fraction on unidirectional polyimide — carbon nanotube nanocomposites. Carbon, 2014, 67: 440-448.

[61] Wu Q, Ma X, Zheng F, et al. High performance transparent polyimides by controlling steric hindrance of methyl side groups. European Polymer Journal, 2019, 120: 109235.

[62] Powell C E, Qiao G G. Polymeric CO_2/N_2 gas separation membranes for the capture of carbon dioxide from power plant flue gases. Journal of Membrane Science, 2006, 279(1-2): 1-49.

[63] Heuchel M, Hofmann D, Pullumbi P. Molecular modeling of small-molecule permeation in polyimides and its correlation to free-volume distributions. Macromolecules, 2004, 37(1): 201-214.

[64] Chang K S, Huang Y H, Lee K R, et al. Free volume and polymeric structure analyses of aromatic polyamide membranes: a molecular simulation and experimental study. Journal of Membrane Science, 2010, 354(1-2): 93-100.

[65] Afzal M A F, Hachmann J. Benchmarking DFT approaches for the calculation of polarizability inputs for refractive index predictions in organic polymers. Physical Chemistry Chemical

Physics, 2019, 21(8): 4452 – 4460.

[66] Cubuk E D, Ivancic R J S, Schoenholz S S, et al. Structure-property relationships from universal signatures of plasticity in disordered solids. Science, 2017, 358(6366): 1033 – 1037.

[67] Haranczyk M, Sethian J A. Automatic structure analysis in high-throughput characterization of porous materials. Journal of Chemical Theory and Computation, 2010, 6(11): 3472 – 3480.

[68] Raccuglia P, Elbert K C, Adler P D F, et al. Machine-learning-assisted materials discovery using failed experiments. Nature, 2016, 533(7601): 73 – 76.

[69] Yu X, Huang X. A quantitative relationship between T_g s and chain segment structures of polystyrenes. Polímeros, 2017, 27: 68 – 74.

[70] Mercader A G, Duchowicz P R. Encoding alternatives for the prediction of polyacrylates glass transition temperature by quantitative structure-property relationships. Materials Chemistry and Physics, 2016, 172: 158 – 164.

[71] Bacelo D E, Duchowicz P R. Different encoding alternatives for the prediction of halogenated polymers glass transition temperature by quantitative structure — property relationships AU - Mercader, Andrew G. International Journal of Polymer Analysis and Characterization, 2017, 22(7): 639 – 648.

[72] Kim C, Chandrasekaran A, Huan T D, et al. Polymer genome: a data-powered polymer informatics platform for property predictions. The Journal of Physical Chemistry C, 2018, 122 (31): 17575 – 17585.

[73] Khan P M, Roy K. QSPR modelling for prediction of glass transition temperature of diverse polymers. SAR and QSAR in Environmental Research, 2018, 29(12): 935 – 956.

[74] Chen M, Jabeen F, Rasulev B, et al. A computational structure-property relationship study of glass transition temperatures for a diverse set of polymers. Journal of Polymer Science, Part B: Polymer Physics, 2018, 56(11): 877 – 885.

[75] Liu W. Prediction of glass transition temperatures of aromatic heterocyclic polyimides using an ANN model. Polymer Engineering & Science, 2010, 50(8): 1547 – 1557.

[76] Wen C, Liu B, Wolfgang J, et al. Determination of glass transition temperature of polyimides from atomistic molecular dynamics simulations and machine-learning algorithms. Journal of Polymer Science, 2020, 58(11): 1521 – 1534.

[77] Ajloo D, Sharifian A, Behniafar H. Prediction of thermal decomposition temperature of polymers using QSPR methods. Bulletin of the Korean Chemical Society, 2008, 29(10): 2009 – 2016.

[78] Afzal M A F, Haghighatlari M, Ganesh S P, et al. Accelerated discovery of high-refractive-index polyimides via first-principles molecular modeling, virtual high-throughput screening, and data mining. Journal of Physical Chemistry C, 2019, 123(23): 14610 – 14618.

[79] 范振国, 陈文欣, 魏世洋, 等. 聚酰亚胺介电常数的定量构效关系研究及其低介电薄膜的分子结构设计. 高分子学报, 2019, 50: 179 – 188.

[80] Hasnaoui H, Krea M, Roizard D. Neural networks for the prediction of polymer permeability to gases. Journal of Membrane Science, 2017, 541: 541 – 549.

[81] Yampolskii Y, Shishatskii S, Alentiev A, et al. Group contribution method for transport property predictions of glassy polymers: focus on polyimides and polynorbornenes. Journal of Membrane Science, 1998, 149(2): 203 – 220.

索 引